骆驼乳营养与功效研究

吉日木图 明 亮 斯仁达来 伊 丽 何 静/著

中国轻工业出版社

图书在版编目（CIP）数据

骆驼乳营养与功效研究 / 吉日木图等著 . --北京：
中国轻工业出版社，2025. 2. -- ISBN 978-7-5184-5384-
9

Ⅰ . TS252. 2

中国国家版本馆 CIP 数据核字第 2025598UH2 号

责任编辑：邹婉羽

策划编辑：伊双双　　　责任终审：许春英　　整体设计：锋尚设计
排版制作：砚祥志远　　　责任校对：吴大朋　　责任监印：张　可

出版发行：中国轻工业出版社（北京鲁谷东街 5 号，邮编：100040）
印　　　刷：北京君升印刷有限公司
经　　　销：各地新华书店
版　　　次：2025 年 2 月第 1 版第 1 次印刷
开　　　本：787×1092　1/16　印张：15.5
字　　　数：406 千字　插页：9
书　　　号：ISBN 978-7-5184-5384-9　定价：88. 00 元
邮购电话：010-85119873
发行电话：010-85119832　010-85119912
网　　　址：http://www.chlip.com.cn
Email：club@chlip.com.cn

前　言

　　骆驼是世界上少数几种能够在戈壁沙漠地区生存的大型家畜之一，主要分布在亚洲中部和东部的干旱地区。长期的自然选择使其具备了能够适应戈壁荒漠半荒漠地区环境的生物学特性。对于当地居民而言，骆驼在日常生活中发挥着重要的作用，它不仅是维系农村和城市之间短途运输的重要工具，也是重要的乳肉来源。

　　骆驼乳被称为"沙漠白金"，具有丰富的营养与保健功效，深受广大消费者喜爱。然而，骆驼乳产量低、收集有难度、加工困难，并且受养殖范围、养殖规范性等要求的限制。目前，我国具有骆驼乳加工能力的企业数量有限，加之骆驼乳产量较低，所以行业尚未形成大规模生产，且产品形式较为单一。随着相关科学研究的深入，消费者意识的转变，以及相关部门的重视和相关政策的颁布与出台，我国骆驼存栏数量逐年上涨，骆驼乳产量也逐年提高，骆驼乳消费一直保持着缓慢而稳定的增长。据国家统计局数据显示，2000 年，我国骆驼数量为 32.62 万峰；2009 年降至最低点 22.59 万峰；2019—2023 年，开始逐年增加；2023 年，达到 57.97 万峰，骆驼乳年产量为 2.1 万 t。国家乳业振兴发展战略也给骆驼乳制品行业带来了发展机遇。骆驼乳行业作为乳制品行业的细分行业，其发展可以有效带动骆驼养殖、骆驼饲料种植、骆驼乳制品设备设计开发等行业发展，对吸收边疆地区剩余劳动力、增加农牧民收入、促进现代农业发展具有重要意义。

　　目前，我国骆驼乳企业面临的主要问题是缺乏系统性的理论基础，以及如何将国外先进技术与我国传统生产技术相结合，对生产工艺进行优化，以便让传统的骆驼乳制品现代化，使骆驼乳制品既能保留产品的口感、营养与风味，又能高产高效、安全、健康。因此，本书系统地介绍了骆驼的泌乳特性，骆驼乳的微生物学特性、营养成分与加工特性及其功效作用研究进展，以期为骆驼乳产业上、中、下游发展提供参考资料。

　　因编写人员学识与水平有限，书中难免有不妥之处，敬请广大读者批评指正！

编者

2024 年 10 月

目录

第七章　骆驼乳的功效/171

第一章

骆驼泌乳概述

第一节　骆驼的乳房结构及泌乳特性

一、骆驼的乳房结构

骆驼乳房与牛、羊乳房的生理结构不太一样。骆驼乳房位于耻骨间，共有四个乳头，每个乳头基部都有两个乳池。乳房借助提乳房肌、乳房侧韧带、悬韧带和皮肤来固定，乳房后两个乳头间距离比较窄，前两个乳头间距离比较宽。骆驼乳房的容量在骆驼乳的形成和蓄积过程中具有重要作用，它是全部乳蓄积系统的内部容量，包括乳腺泡和输乳管的腔在内（郝麟，2015）。

骆驼乳房分为前区和后区，各左右两半，而每个1/4区均由两个乳腺组成（图1-1）。大型乳房不仅乳围大，而且乳丘深。骆驼的乳房分为两种类型：联合型和小叶型，前者乳围65~70cm，乳丘深度平均15cm，后者乳围70~75cm，乳丘深度13.5cm（В. П. Ч 等，1985）。联合型乳房的前区和后区相连，表现为附着面积大，长度和宽度发育良好，前、后区匀称，乳头大且散开排列。这种类型的乳房产乳量比小叶型的乳房高50.9%。这说明各乳区的乳腺组织发育良好，也说明乳道和容量系统发育良好。小叶型乳房的后区显著低于前区，乳头靠得很近。当骆驼长到13~15岁时，其乳房随着年龄的增长而增大。骆驼的品种不同，其乳腺构造，特别是乳腺的分泌活动存在显著差异，这对于骆驼的排乳性能有影响。

骆驼泌乳属于反射性分泌，排乳特点为细流性，即乳不是一次可以挤完，而是需要挤2次或3次。牛乳储存在牛乳房里，而骆驼乳储存在身体里。只有母驼嗅到驼羔气味才会分泌乳汁，且持续时间短，只有几十秒（图1-2）。通常对母驼挤乳前需要先让驼羔接近母驼。排乳的潜伏期为26~86s，平均为52s。此后，乳房容量增大，每个乳头开始分泌2股乳，有的分泌3股乳，即在25~90s内可分泌0.6~1.2kg乳，然后出现排入间隔（25s）。即使是同一峰骆驼，在不同时间这一间隔也是不同的。在间隔时间内继续挤乳，则长达约1min的第2次泌乳开始，排乳0.8~1.5kg。在间隔不长时间后，发现一些骆驼出现第3次排乳，其时间为10~30s，排乳0.3~0.8kg（吉日木图等，2016）。

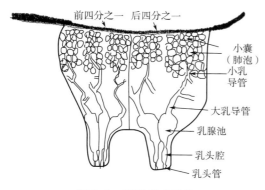

图1-1　骆驼乳房结构

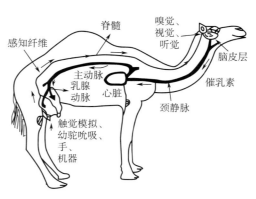

图1-2　骆驼泌乳过程

二、骆驼的泌乳特性

动物分娩后从开始泌乳至泌乳结束期间称为一个泌乳期。单峰驼的泌乳能力高于双峰驼和杂交驼，哈萨克杂交驼的泌乳量比吐库曼杂交驼高。泌乳期为 18 个月的骆驼，大部分乳是在泌乳期的前 7 个月内产的，这与饲料的获得有关。草好的季节泌乳量多，天寒雪大的季节泌乳量少。第二个泌乳期的泌乳量高于第一个泌乳期，以后每一个泌乳期的泌乳量均比前一个泌乳期高些。据估测，泌乳期第 3～6 个月的泌乳量是 879～1572kg，到泌乳期后期只能得到少量的乳，有 43.6%～56.4% 的乳是在泌乳期的头几个月得到的（周万友等，1987）。表 1-1 所示是部分品种骆驼的泌乳期及泌乳量。

表 1-1　　　　　　　　　　部分品种骆驼的泌乳期及泌乳量

分类	骆驼品种	泌乳期	日泌乳量	年泌乳量
双峰驼	青海骆驼	—	1～2kg	—
	阿拉善双峰驼	14～16 个月	1.68kg	757.7kg
	新疆准噶尔双峰驼	420d	2.4kg	—
	新疆塔里木双峰驼	360d	0.5～1kg	—
	木垒双峰驼	420d	4～5kg	—
	Tokhom-Tungalag 双峰驼	17 个月	—	300L
	伊朗双峰驼	9～12 个月	—	—
	嘎利宾戈壁红驼（蒙古双峰驼）	15～16 个月	—	301.4～340L
	哈那赫彻棕驼（蒙古双峰驼）	15～16 个月	—	340L
	突尼斯骆驼	（171.17 ± 89.7）d	（6.72 ± 2.46）L	1150.26L
单峰驼	索马里兰骆驼	—	3～10L	—
	埃及骆驼	—	3.5～4.5L	—
	肯尼亚骆驼	—	4～7L	—
	利比亚骆驼	—	8.3～10L	—
	阿尔及利亚骆驼	—	5.6L	—
美洲驼	羊驼	11.5 个月	—	—

资料来源：数据引自国家禽畜遗传资源委员会组（2011），牛春娥等（2007），Khademi 等（2017），Kamoun 等（2012），Farah 等（2004），El-Bahay（1962），Mehari 等（2007）。

第二节　骆驼泌乳量的影响因素

骆驼泌乳量受到诸多因素影响，如品种及个体、胎次、泌乳期及泌乳频率、挤乳方式、母驼乳房的形态结构、饲料营养、季节、环境、健康状况、饮水状况等。

一、品种及个体

泌乳量低的母驼，采食任何饲草都很难提高泌乳量。养驼牧民必须从泌乳量高的母驼后代里选出种公驼进行繁育以提升后代母驼的泌乳量。此外，身材较大的母驼瘤胃大，采食量多，泌乳量也会相对较高，即母驼的体格与其泌乳量呈正相关。但肥胖型的母驼并不一定泌乳量就高，因为母驼体重大，行动缓慢，能量消耗也大（照日格图等，2014）。不同品种骆驼泌乳量如表1-2所示。

表1-2　　　　　　　　　不同国家或地区骆驼的泌乳量　　　　　　　单位：kg

国家或地区	日泌乳量		泌乳期总泌乳量	泌乳期/月	推算305d泌乳量
	平均	最高			
中国	5	15~20	1254	—	—
俄罗斯	—	—	—	—	735
非洲之角	9	—	1800	—	—
肯尼亚北部	—	50	1897	—	—
埃塞俄比亚	5~13	—	1872~2592	12~18	1525~3965
索马里	5	—	1950	13	1525
利比亚	8.3~10	—	2700~4000	9~16	2532~3050
阿尔及利亚	4	10	—	—	—
突尼斯	4	—	—	—	—
印度	6.8~6.9	9.1~18.2	2430~8190	15~18	1373~5551
巴基斯坦	4~13.6	13.5~20.5	1350~3660	16~18	1068~4148
埃及	3.5~4.5	—	1600~2000		1068~1373
以色列	6.0~6.2	—	—	—	—

资料来源：数据引自周万友（1987）。

（一）阿拉善双峰驼

骆驼乳是牧民乳食品的重要来源之一。内蒙古畜牧科学院于1985年对阿拉善双峰驼（图1-3）的泌乳量及乳脂率进行了测定，表明骆驼除哺育幼驼外，在15个泌乳月中，可泌乳757.7kg，平均日泌乳1.68kg，乳脂率5.17%。骆驼乳中粒径2.5μm以下的小脂肪球占58.81%，而在牛乳中仅占26.56%，易被婴儿及幼畜消化吸收。2007年4月，阿拉善盟骆驼研究所测定了10峰母驼的泌乳量，除哺育幼驼外，每峰母驼平均泌乳（645.8±68.24）kg，泌乳天数500d。

图 1-3　阿拉善双峰驼

（二）苏尼特双峰驼

苏尼特双峰驼（图 1-4）体躯较长（最大体长 184cm），体质粗壮结实，结构匀称紧凑，骨骼坚实，肌肉发达，胸深而宽（最大胸围 280cm），腹大而圆，背长腰短，绒层厚密，体型呈高长方形。苏尼特双峰驼 15 个泌乳月中的泌乳量约为 740.6kg。

图 1-4　苏尼特双峰驼

（三）青海骆驼

青海骆驼（图 1-5，原名为柴达木双峰驼）是一个体大，善驮、挽，耐寒、耐旱、耐粗饲，集产绒、产毛、产乳、产肉及役用等多种经济性状于一体的优良地方品种，在 20世纪 50 年代初修建青藏公路时提供了强大的后勤支援。在交通工具日益发达的今天，青海骆驼仍是牧区生产不可缺少的重要驮载运输工具。其绒、乳、肉也是重要的外贸产品和牧民的生活资料。青海骆驼每年 3—4 月产羔、挤乳，其他时期多不挤乳，其乳主要为牧民饮用。牧草返青初始，挤乳一次可泌乳 0.5~0.7kg，青草盛期，挤乳一次可产乳 1kg 左右，经测定含脂率 5.0%~5.8%。

图 1-5　青海骆驼

（四）新疆塔里木双峰驼

新疆塔里木双峰驼（图 1-6）泌乳期为 1 年，牧民习惯于母驼产后 3 个月开始挤乳。在放牧条件下，通常每日挤乳一次，平均每日挤乳 0.5~1kg（不包括自然哺乳幼驼的量）。

图 1-6　新疆塔里木双峰驼

（五）新疆准噶尔双峰驼

新疆准噶尔双峰驼（图 1-7）在草原上自由采食的一般情况下，母驼每日平均泌乳 2.4kg，补饲时日泌乳量达 3.5~4kg。役用母驼一般在夏牧场挤乳 2~3 个月，每日平均泌乳 1.5~2.2kg（不包括自然哺乳幼驼的量）。木垒长眉驼泌乳量高，挤乳期 50~60d，日泌乳 4~5kg，总泌乳量比普通驼高，一个泌乳期（8~9 个月）日平均泌乳量约为 2.5kg。

图 1-7 新疆准噶尔双峰驼

（六）伊朗单峰驼

伊朗单峰驼（图 1-8）一般的泌乳量为 3.5~35kg，在泌乳高峰期，健康母驼的日泌乳量可高达 9kg。

图 1-8 伊朗单峰驼

二、胎次

骆驼的胎次对泌乳量有很大的影响（Musaad 等，2013）。Raziq 等（2010）研究了科希单峰驼（Kohi dromedary camel）的 8 个胎次，结果表明，第 1 胎泌乳期的泌乳量远低于随后胎次泌乳期的泌乳量，第 5 胎泌乳量最高，为 3168kg，其次是第 3 胎和第 4 胎。第 1 胎的泌乳量只有 1566kg。Bekele 等（2002 年）研究表明，在埃塞俄比亚东部的骆驼中，第 3~5 胎的母驼日泌乳量最高，第 1 胎和第 7 胎的母驼日泌乳量最低。Mal 等（2007）研究表明，印度的骆驼中，母驼的日泌乳量在第 3 胎时最高，其次是第 1 胎和第 2 胎时。Zeleke（2007）研究表明，肯尼亚的骆驼在第 3 胎时泌乳量更高。母驼在生长时，营养需求高，因此第 1 胎泌乳量低是合乎逻辑的。青年的母驼，由于自身还在生长，乳腺发育不充分。因此，头胎青年母驼泌乳量较低，仅相当于成年母驼的 60%~70%。随着胎次的增加，日泌乳量增加。当达到一个最高日泌乳量后，日泌乳量随着胎次的增加而减少，这可能是牙齿磨损，乳汁分泌细胞的数量和效力降低以及年老而导致的全身衰弱而引起的。第一次产犊的年龄对母驼终生的泌乳量有着非常重要的影响；第 1 次产犊年龄过早，除影响乳腺组织发育及泌乳量外，还会损害母驼的身体健康，第一次产犊年龄过晚，则会减少母驼泌乳时间、降低母驼产犊数量以及泌乳量。

三、泌乳期及泌乳频率

双峰驼的泌乳期长达 14~17 个月，日平均泌乳量为 5kg，其中一些双峰驼日平均泌乳量能达到 15~20kg，整个泌乳期的泌乳量可达 1300kg 左右，但是大多数双峰驼每天仅能挤乳 2~2.5kg，剩下的部分都用来喂饲幼驼。我国的单峰驼平均日泌乳量为 7.5kg，泌乳期为 16~17 个月，整个泌乳期的泌乳量可达 3300kg。在哈萨克斯坦的一些地区，母驼产犊后日泌乳量可达 25kg，10 个月平均日泌乳量为 15kg，305d 泌乳量可达 4575kg。

不同品种母驼的泌乳期不同，其乳的营养成分也不同。Xiao 等（2022）在产后第 1、7、21、35 和 90 天评估双峰驼乳的理化参数和成分变化。双峰驼乳的总固形物含量平均为 14.82%，非脂乳固体（SNF）含量平均为 10.89%，乳糖含量平均为 5.96%，蛋白质含量平均为 4.73%，脂肪含量平均为 3.88%，灰分含量平均为 0.88%。密度和折射率波动随着哺乳期的进展而下降（pH 在产后 21d 上升，随后下降），冰点、电导率和酸度相对稳定下降。较高的常量营养成分和理化参数主要出现在泌乳早期和中期。氨基酸以亮氨酸和谷氨酸为主，甲硫氨酸、半胱氨酸和甘氨酸次之，随着泌乳过程的进行，氨基酸分布呈相对下降趋势，脂肪酸以 $C_{18:1n9c}$、$C_{16:0}$ 和 $C_{14:0}$ 为主，随着泌乳期的推进而变化，尤其是泌乳第 1 天不饱和脂肪酸含量最高。

每日泌乳次数也会影响日产乳量。母驼一般每日泌乳 2 次，当每日泌乳次数由 2 次变为 4 次时，每次泌乳量可以由 1.0kg 增加到 1.5~2.0kg。可见，1d 多次泌乳有助于增加泌乳量。Al-Saiady 等（2012）对不同饲料喂养的四组母驼（A、B、C 和 D 组）进行早晚两次挤乳观测泌乳量的实验发现，与 A 组和 D 组相比，B 组和 C 组的泌乳量更高，泌乳率也较高。通常"晚上挤乳"（与早上挤乳间隔 10h）的泌乳率与"早上挤乳"（与晚上挤乳间隔 14h）相比较高，表明挤乳间隔时间增加，泌乳率下降（表 1-3）（Al-Saiady 等，

2012；Jemmali 等，2015）。

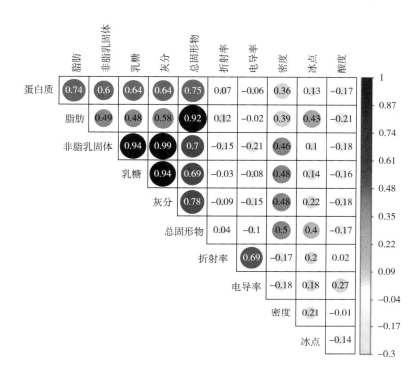

图 1-9　双峰驼乳中各成分之间的相关性

表 1-3　　　　　　　　　早上和晚上挤乳对泌乳量和泌乳率平均值的影响

项目	A 组	B 组	C 组	D 组
早上泌乳量/kg	3.95+0.12[b]	5.16+0.11[a]	4.93+0.14[a]	3.99+0.12[b]
晚上泌乳量/kg	3.09+0.11[b]	3.85+0.10[a]	3.98+0.12[a]	3.08+0.11[b]
早上泌乳率平均值/（g/h）	284+0.01[b]	385+0.01[a]	353+0.01[a]	285+0.01[b]
晚上泌乳率平均值/（g/h）	309+0.10[b]	386+0.10[a]	397+0.12[a]	308+0.11[b]

注：行内不同字母表明有显著性差异（$P<0.05$）。A 组饲料组成：13%粗蛋白和 2.4Mcal 代谢能；B 组饲料组成：13%粗蛋白和 3.0Mcal 代谢能；C 组饲料组成：15%粗蛋白和 2.4Mcal 代谢能；D 组饲料组成：15%粗蛋白和 3.5Mcal 代谢能。1Mcal=4.18MJ。

四、挤乳方式

目前来说，骆驼挤乳方式有两种，一种是手工挤乳，比较耗费时间和精力；另一种是用挤乳器挤乳，效率较高。不同的挤乳方式对骆驼的日泌乳量有影响。经过训练，骆驼一旦适应挤乳器，不仅挤乳效率提高，同时日泌乳量也有所增加。挤乳器挤乳的日泌乳量比手工挤乳的日泌乳量高出 38%，平均产量分别为（7.28±0.33）kg 和（5.29±0.53）kg（Mouhamed 等，2010）。

五、母驼乳房的形态结构

泌乳量与母驼的乳房深度（$r = 0.37$）、乳头距离（$r = 0.57$）和乳静脉直径（$r = 0.28$）呈正相关（$P < 0.05$），与乳房高度呈负相关（$r = -0.28$）（图1-10和表1-4）；与挤乳时间、每日泌乳量（$r = 0.61$，$P < 0.01$）以及乳头距离呈正相关（$r = 0.42$，$P = 0.06$）（Ayadi 等，2013）。乳房后半部分的泌乳量占总泌乳量的57.5%，而前半部分的泌乳量仅占总泌乳量的42.5%（Eisa 等，2009；Eisa 等，2010）。

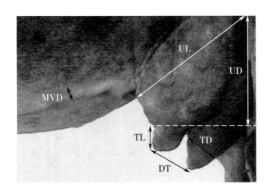

图1-10　母骆乳房的性能指数

MVD—乳静脉直径；UL—乳房长度；UD—乳房深度；TD—乳头直径；TL—乳头长度；DT—前后乳头之间的距离。

表1-4　　　　　　　　　采用机器挤乳时乳房性状与泌乳量的相关系数

特性	FTL	RTL	FTD	RTD	FTEF	RTEF	DT	UD	UL	UH	MVD	MY	DMY
FTL													
RTL	0.55**												
FTD	0.69**	0.52**											
RTD	0.38*	0.75**	0.59**										
FTEF	-0.08	-0.53	-0.14	-0.75**									
RTEF	-0.15	-0.54	-0.18	-0.82**	0.96**								
DT	0.02	-0.15	-0.22*	-0.23*	-0.14	-0.13							
UD	0.30	0.08	0.54**	0.35	0.30	0.24	0.06						
UL	-0.22	-0.34	-0.38	-0.51**	-0.42	-0.29	0.30	-0.31					
UH	0.17	0.03	0.34	0.19	0.75**	0.87**	-0.12	0.12	-0.28				
MVD	-0.03	-0.15	0.15	-0.06	0.15	0.09	0.37	0.36	0.07	-0.17			
MY	-0.04	-0.21	-0.12	-0.31	0.35	0.21	0.57**	0.37**	0.33	-0.26**	0.28**		
DMY	-0.06	-0.15	-0.13	-0.20	0.11	0.06	0.61**	0.29**	0.22	-0.19	0.34*	0.87**	

注：DT：前后乳头之间的距离；DMY：每日挤乳量（即每日挤乳两次，8：00和17：00的总量）；MVD：乳静脉直径；MY：挤乳后9h泌乳量；UD：乳房深度；UH：乳房高度；UL：乳房长度；FTD：前乳头直径；RTD：后乳头直径；FTEF：前乳头端距离；RTEF：后乳头端距离；FTL：前乳头长度；RTL：后乳头长度。* 表示 $P < 0.10$，** 表示 $P < 0.05$。

六、饲料营养

研究指出，泌乳的过程是一个依靠能量的过程，因此低蛋白质和高能量的饮食能够显著增加骆驼的日泌乳量。AL-Saiady 等进行了不同饲料喂养实验：A 组接受 13% 粗蛋白和 2.4Mcal 代谢能的饮食；B 组接受 13% 粗蛋白和 3.0Mcal 代谢能的饮食；C 组和 D 组分别接受 15% 粗蛋白和 2.4、3.5Mcal 代谢能的饮食（表 1-5、表 1-6）。结果显示，B 组的日泌乳量高于其他组（Al-Saiady 等，2012）。

表 1-5　　　　　　不同饲料喂养骆驼实验中的日粮组成（干物质基础）　　　单位：%

原料	A 组	B 组	C 组	D 组
玉米	—	26.47	—	26.09
大麦	—	18.0	—	16.0
麦麸	15.0	10.0	15.0	10.0
麦秸	13.64	—	13.56	—
大豆粉	—	4.2	7.45	8.5
大豆壳	13.85	15.0	8.61	15.0
油菜粉	4.2	—	—	—
棕榈仁	20.0	15.0	20.0	15.0
食盐	—	0.41	—	0.47
石灰石	1.47	1.22	1.5	1.24
酸缓冲液	1.0	1.0	1.0	1.0
苜蓿	27.14	3.0	29.18	3.0
糖蜜	3.0	5.0	3.0	3.0
黏合剂	0.5	0.5	0.5	0.5
预混料	0.2	0.2	0.2	0.2

表 1-6　　　　　　不同饲料喂养骆驼实验中日粮的营养价值　　　单位：%

营养素	A 组	B 组	C 组	D 组
干物质	93.36	89.71	93.34	90.09
蛋白质	12.85	13.06	14.72	14.91
纤维	23.5	11.27	22.21	11.27
钙	1.39	1.11	1.38	1.11
磷	0.46	0.44	0.46	0.46
代谢能/Mcal	2.37	3.00	2.38	2.99

补饲方式对放牧骆驼泌乳量的影响较大。粗放饲养条件下，产羔母驼对牧草中粗蛋白、钙、磷、氨基酸、食盐的需求量较大，尤其是枯草季节，草场上的牧草无法满足产羔

母驼泌乳所需的营养物质。饲料选择和补量必须科学适宜，补饲量 1.5L/（d·峰）时，玉米的增乳效果优于产羔母驼精料补充饲料；但当补饲量增加到 2L/（d·峰）以上，其增乳效果不如产羔母驼精料补充饲料，缓解泌乳量下降速率的效果也不如产羔母驼精料补充饲料。这表明放牧条件下，处于泌乳中后期的骆驼补饲玉米的最佳量以 1.5L/（d·峰）为宜，这与哈尔阿力等的研究结果相近；产羔母驼精料补充饲料补饲量以 3L/（d·峰）为宜。

补充特定的矿物质会增加母驼的泌乳量。Onjoro 等（2006）的矿物质补充研究表明，在试验的第一阶段，无论旱季和雨季，平均泌乳量从 3.4L/d 增加到（4.3±0.3）L/d。与旱季相比，骆驼在雨季的泌乳量更高。在第一阶段，接受高剂量钴的骆驼泌乳量更高。在旱季，添加钴增加了 15% 的泌乳量。在雨季，钴的这种影响更加明显，其他矿物质补充剂的添加没有很明显的影响。该研究结果显示，饲喂高钴和磷含量饲料的骆驼在整个试验期间泌乳量较高［旱季为（5.4±0.5）L/d，雨季为（6.5±0.7）L/d］，由此可知补充钴和磷可提高旱季结束时的泌乳量回收率，并在条件恶化时减缓泌乳量损失（Onjoro 等，2006）。

草场条件的好坏对泌乳量影响最为明显。每年阿拉善地区收草返青一般都在 4 月中旬以后，当母驼吃到青草后泌乳量明显提高。有报道指出，冬春季节饲喂母驼多汁青草，泌乳量可提高 50%～60%（照日格图等，2014）。所以，在冬季和春季应每天补饲青绿多汁的牧草和青贮饲料。此外，应尽量让母驼加大运动量，运动不足会降低泌乳能力和繁殖力。泌乳盛期的母驼采食量大，应适当延长采食时间。

七、季节

骆驼的泌乳量受季节影响。在雨季之后的冬季、温暖干燥的夏季和炎热的夏季，泌乳量均显著升高。骆驼乳中的脂肪和蛋白质含量在炎热干燥的夏季最高，在雨季则乳糖含量较高。这与骆驼的母性有关，由幼驼的需求所定。

八、环境

在集约化、半集约化和放牧补充耕作系统中，骆驼平均日泌乳量分别为（3.49±0.89）L/d、（2.76±1.24）L/d 和（2.08±0.87）L/d，可能是由于半集约化系统中饲料和水资源的可获得性和骆驼的健康保健服务充分。

九、健康状况

我国双峰驼基本为放牧饲养，在夜晚进入圈舍。每年 4—5 月是双峰驼发病高峰期，阴道蝇蛆病、腹泻等疾病会使双峰驼食欲下降、精神萎靡，严重影响母驼泌乳量以致不泌乳，甚至导致母驼死亡。所以，要定时进行驱虫、防疫工作。保证母驼身体健康，才能有稳定的泌乳量。

乳房炎是泌乳畜种的常见疾病之一。骆驼乳区可能有 3 个乳异管。每个乳头与 2 个不相通的腺体相连。乳导管通常很狭窄，直径约 1mm 的导管才能通过。这种双导管结构和狭窄的乳导管在某种程度上可以防止感染。泌乳骆驼经常要装备乳房罩以限制哺乳。乳房罩可以减少对乳头和乳房的损伤，防止乳房污染，并可以杜绝蚊蝇的侵扰。实际上，骆驼乳房发生感染的概率较小，与其分泌的骆驼乳成分有关。研究发现，骆驼乳中含有的一些蛋白质（如溶菌酶、免疫球蛋白、乳铁蛋白和乳过氧化物酶）可以阻止病原菌的生长（Barbour 等，1984；El Agamy 等，1992；Kappeler 等，1998）。且骆驼乳中这些蛋白质的浓度及活性均高于牛乳（EI-Hatmi 等，2006；Konuspayeva 等，2007）。Kappeler（1998）在骆驼乳中发现了一种新的小乳清蛋白，它是一种肽聚糖识别蛋白（PGRP），有助于新生幼驼建立肠道有益微生物种群，尤其能阻止革兰阳性菌的生长。乳房炎的诊断方法如表1-7所示。

骆驼的乳房炎可以分为病原学乳房炎和病理学乳房炎。骆驼发生病原学乳房炎的情况较少，发病过程与乳牛相同，特急性的、急性的、慢性的和亚临床型乳房炎均有报道，依据表1-7所列的检测指标做出乳房炎的诊断。两种形式的乳房炎有明确的界定。对于临床型乳房炎，乳房外观有明显改变，整个乳房或某个乳区有变化，这种变化在发生亚临床型乳房炎时是看不到的。骆驼的特急性（Kapur 等，1982）、亚急性（Quandil 等，1984）和坏疽性乳房炎，常见表象有淋巴结肿大（Bolbol A，1982）。急性乳房炎病例的乳房分泌物呈水样，微黄色或带血丝。

表1-7　　　　　　　　　　　乳房炎的诊断方法

隐性乳房炎试验（CMT）	体细胞数/（个/mL）	乳房炎病原微生物	
		−	+
−/+	<100000	健康	亚临床型乳房炎
++或+++	>100000	无特定病原临床型乳房炎	特定病原临床型乳房炎

注：−/+表示可疑，++或+++表示阳性或强阳性。

十、饮水状况

每日提供饮水较少的骆驼组的日平均泌乳量（5.39kg/d）高于提供实际每日需求饮水量组的骆驼，并且也比自由饮水组骆驼的日平均泌乳量（4.34kg/d）高（图1-11）。脱水骆驼最显著的特征之一是它们能够继续泌乳，并且比提供足够的饮水量时分泌更多稀释的乳。乳渗透压为（319±4）~（348±4）Pa（Bekele 等，2004）。

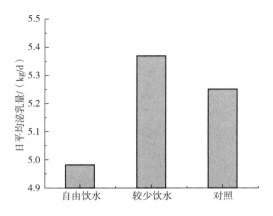

图1-11　不同组别饮水量的骆驼泌乳量

参考文献

[1] Al-Saiady M Y, Mogawer H H, Faye B, et al. Some factors affecting dairy she-camel performance [J]. Emirates Journal of Food and Agriculture, 2012, 24 (1): 85-91.

[2] Aly S A, Abo-Al-Yazeed H. Microbiological studies on camel milk in north Sinai [J]. Journal of Camel Practice and Research, 2003, 10 (2): 173-178.

[3] Bekele T, Zeleke M, Baars R M T. Milk production performance of the one humped camel (*Camelus dromedarius*) under pastoral management in semi-arid eastern Ethiopia [J]. Livestock Production Science, 2002, 76 (1-2): 37-44.

[4] Bakele T, Dahlborn K. The effect of water deprivation on milk production of camel [J]. Journal of Animal and Feed Science, 2004, 13: 459-462.

[5] Bolbol A E. Mastectomy in she-camel [J]. Assiut Veterinary Medical Journal, 1982, 10 (19): 215.

[6] Eisa M O, Hassabo A A. Variations in milk yield and composition between fore and rear Udder-Halves in She-Camel (*Camelus dromedarius*)[J]. Pakistan Journal of Nutrition, 2009, 8 (12): 1868-1872.

[7] Eisa M O, Ishag I A, Abu-nikhaila A M. A note on the relationships between udder morphometric and milk yield of Lahween camel (*Camelus dromedarius*) [J]. Livestock Research for Rural Development, 2010, 22 (10): 321-328.

[8] El-agamy E I, Nawar M, Shamsia S M, et al. Are camel milk proteins convenient to the nutrition of cow milk allergic children? [J]. Small Ruminant Research, 2009, 82 (1): 1-6.

[9] El-hatmi H, Levieux A, Levieux D. Camel (*Camelus dromedarius*) immunoglobulin G, α-lactalbumin, serum albumin and lactoferrin in colostrum and milk during the early post partum period [J]. Journal of Dairy Research, 2006, 73 (3): 288-293.

[10] Jemmali B, Ferchichi M, Faye B, et al. Milk yield and modeling of lactation curves of Tunisian she-camel [J]. Emirates Journal of Food and Agriculture, 2016, 28 (3): 208-211.

[11] Kappeler S. Compositional and structural analysis of camel milk proteins with emphasis on protective proteins [M] //Swiss Federal Institute of Technology. Zurich: ETH, 1998.

[12] Konuspayeva G, Faye B, Loiseau G, et al. Lactoferrin and immunoglobulin contents in Camel's milk (*Camelus bactrianus*, *Camelus dromedarius*, and Hybrids) from Kazakhstan [J]. Journal of Dairy Science, 2007, 90 (1): 38-46.

[13] Mal G, Sahani M S, Sena D S. Milk production potential and keeping quality of camel milk [J]. Journal of Camel Practice and Research, 2006, 13 (2): 175-178.

[14] Mouhamed H, Moufida A, Moez A, et al. Training period and short time effects of machine milking on milk yield and milk composition in Tunisian maghrebi camels (*Camelus dromedarius*) [J]. Journal of Camel Practice and Research, 2010, 17 (1): 1-7.

[15] Musaad A M, Faye B, Al-Mutairi S E. Seasonal and physiological variation of gross composition of camel milk in Saudi Arabia [J]. Emirates Journal of Food & Agriculture, 2013, 25 (8): 618-624.

[16] Onjoro P A, Njoka-njiru E N, Ottaro J M, et al. Effects of mineral supplementation on milk yield of free-ranging camels (*Camelus dromedarius*) in Northern Kenya [J]. Asian Australasian Journal of Animal Sciences, 2006, 19 (11): 1597-1602.

［17］ Quandil S S，Oudar J. Etude bacteriologique de quelques cas de mammites chez la chamelle （*Camelus dromedarius*） dans les Emirats Arabes Unis ［J］. Revue de Medecine Veterinaire，1984，13511：705-707.

［18］ Raziq A，Younas M，Khan M S，et al. Milk production potential as affected by parity and age in the Kohi dromedary camel ［J］. Journal of Camel Practice and Research，2010，17 （2）：195-198.

［19］ Younan M. Parenteral treatment of *Streptococcus agalactiae* mastitis in Kenyan Camels （*Camelus dromedarius*） ［J］. Revue d'élevage et de Médecine Vétérinaire des Pays Tropicaux，2002，55 （3）：177-181.

［20］ Zeleke Z M. Non-genetic factors affecting milk yield and milk composition of traditionally managed camels （*Camelus dromedarius*） in Eastern Ethiopia ［J］. Livestock Research for Rural Development，2007，19 （6）：85.

［21］ В П Черепанова，王新农. 骆驼的泌乳量与乳房形态特征及排乳性能的关系 ［J］. 国外畜牧学 （草食家畜），1985 （5）：15-16.

［22］ 吉日木图，王朝霞，伊丽，等. 骆驼乳与健康 ［M］. 北京：中国农业大学出版社，2016.

［23］ 照日格图，张文彬，张文兰，等. 影响阿拉善双峰驼泌乳的主要因素 ［J］. 当代畜牧，2014 （21）：82.

［24］ 周万友，张列兵. 骆驼的泌乳量和驼奶成分 （上） ［J］. 国外畜牧学 （草食家畜），1987 （1）：57-58.

第二章

骆驼乳的物理性质及化学组成

乳是新生哺乳动物营养物质的最佳来源，其组分能满足新生哺乳动物对营养的需求，参与机体各系统的生命活动。自20世纪中叶以来，骆驼乳的消费量在全球各国增加了17%（Metwalli et al.，2020）。相比其他畜种，骆驼可在干旱和牧草缺乏等极端环境中生存、繁衍，且具有更长的泌乳期。骆驼乳中各种营养物质丰富，高脂肪，低胆固醇，低乳糖，蛋白质主要由酪蛋白及乳清蛋白组成，氨基酸种类齐全，乳脂肪球小，易于消化吸收，不含致敏性的 β-乳球蛋白，适于婴幼儿及老年人和疾病患者饮用，是替代牛乳的佳品。从保健角度来看，骆驼乳不仅具有辅助抗高血压、抗糖尿病、抗癌、抗重金属中毒、抑菌、抗细菌和病毒感染等作用，还具有预防黄疸、哮喘、水肿、利什曼病、结核病等价值；此外，对非酒精性脂肪肝、孤独症也有一定的预防作用。骆驼乳鉴于具有较高的营养和药用价值，近年来在消费者中受到广泛的欢迎，也引起科研人员的研究兴趣。

第一节　骆驼乳的物理性质

骆驼乳的物理性质参数对加工工艺和设备的设计具有重要意义，可用来测定骆驼乳中特定成分的含量（如相对密度的测定可评估非脂乳固体含量），评价乳品在加工过程中的生化变化（如酶凝的变化）。由于骆驼乳的采集、分析方法，骆驼泌乳期、品种及饲喂条件的不同，骆驼乳的物理性质差异较大。

一、骆驼常乳的物理性质

骆驼常乳是指母驼产羔7d后至干乳期开始之前所产的乳。对泌乳期为70~90d的阿拉善双峰驼乳、蒙古戈壁红双峰驼乳和野生双峰驼乳物理性质的测定结果显示，野生双峰驼乳的相对密度和黏度显著高于阿拉善双峰驼乳和戈壁红驼乳（$P<0.05$），阿拉善双峰驼乳和戈壁红驼乳的相对密度和黏度间未呈现显著差异（$P>0.05$）。三个品种骆驼乳的pH、酸度以及电导率分别为6.300~6.349、0.171%~0.178%和5.303~5.471mS/cm，各项指标间无显著差异（$P>0.05$）（表2-1）。通常，影响骆驼乳相对密度和黏度的主要因素是乳中脂肪和无脂干物质的含量，脂肪含量的减少和无脂干物质含量的增加都会使骆驼乳相对密度增加。

表2-1　阿拉善双峰驼乳、蒙古戈壁红双峰驼乳和野生双峰驼乳物理性质指标（$x\pm SD$）

骆驼品种	泌乳期/d	相对密度/（g/mL）	黏度/cP	pH	酸度/%	电导率/（mS/cm）
阿拉善双峰驼	90	1.028±0.006ᵃ	6.794±0.210ᵃ	6.313±0.082ᵃ	0.171±0.013ᵃ	5.471±0.140ᵃ
蒙古戈壁红双峰驼	90	1.030±0.006ᵃ	6.810±0.187ᵃ	6.349±0.087ᵃ	0.178±0.016ᵃ	5.324±0.129ᵃ
野生双峰驼	76	1.040±0.002ᵇ	7.160±0.190ᵇ	6.300±0.010ᵃ	0.177±0.015ᵃ	5.303±0.117ᵃ

注：$x\pm SD$，平均值加减标准差；同列标有不同字母表示组间差异显著（$P<0.05$），标有相同字母表示差异不显著（$P>0.05$）。

二、泌乳期内骆驼乳物理性质的变化

泌乳期是影响骆驼乳物理性质的重要因素之一。双峰驼乳是白色不透明胶体，味甜，香味浓。从分泌后 2h 内第一次挤乳到泌乳期 90d，阿拉善双峰驼乳的相对密度为 1.044 ~ 1.028，泌乳期内呈下降趋势（表 2-2）。与初乳相比，三个骆驼群体的乳中 90d 常乳相对密度具有显著下降趋势（$P<0.01$），且泌乳期内的戈壁红驼乳相对密度均显著高于阿拉善双峰驼乳（$P<0.05$）。

阿拉善双峰驼乳和戈壁红驼乳的黏度在 2h~90d 的泌乳期内均呈下降趋势，而戈壁红驼乳的黏度在不同时期均略高于阿拉善双峰驼乳。在整个采样期间，阿拉善双峰驼乳和戈壁红驼乳的 pH 分别为 6.310~6.530 和 6.334~6.481，其电导率分别为 3.791~5.494mS/cm 和 0.380~5.332mS/cm（表 2-2）。

表 2-2　阿拉善双峰驼乳和蒙古戈壁红双峰驼乳物理性质指标动态变化情况（$x\pm SD$）

指标	采样时间	阿拉善双峰驼乳	戈壁红驼乳	显著性判断
相对密度/（g/mL）	2h	1.044 ± 0.002^a	1.066 ± 0.006^a	<0.0001
	24h	1.034 ± 0.002^d	1.051 ± 0.005^{cd}	<0.0001
	72h	1.037 ± 0.002^c	1.053 ± 0.003^c	<0.0001
	7d	1.035 ± 0.002^{cd}	1.048 ± 0.004^d	<0.0001
	30d	1.034 ± 0.002^d	1.041 ± 0.006^f	$=0.0042$
	60d	1.031 ± 0.003^f	1.035 ± 0.009^h	$=0.1969$
	90d	1.028 ± 0.002^h	1.030 ± 0.003^i	$=0.0204$
黏度/cP	2h	24.661 ± 0.208^a	25.121 ± 0.057^a	<0.0001
	24h	8.271 ± 0.042^e	8.585 ± 0.105^d	<0.0001
	72h	8.575 ± 0.061^c	8.680 ± 0.079^c	$=0.0025$
	7d	8.071 ± 0.045^g	8.273 ± 0.094^f	<0.0001
	30d	6.932 ± 0.167^i	7.121 ± 0.066^h	$=0.0018$
	60d	6.818 ± 0.162^j	7.022 ± 0.135^j	$=0.0043$
	90d	6.793 ± 0.079^j	7.161 ± 0.075^h	<0.0001
pH	2h	6.310 ± 0.016^i	6.334 ± 0.014^k	$=0.0015$
	24h	6.448 ± 0.013^e	6.472 ± 0.011^b	$=0.0002$
	72h	6.530 ± 0.008^a	6.481 ± 0.008^a	<0.0001
	7d	6.476 ± 0.012^c	6.451 ± 0.011^d	<0.0001
	30d	6.450 ± 0.012^e	6.381 ± 0.012^f	<0.0001
	60d	6.360 ± 0.015^g	6.370 ± 0.010^g	$=0.0797$
	90d	6.312 ± 0.024^i	6.350 ± 0.007^i	<0.0001

续表

指标	采样时间	阿拉善双峰驼乳	戈壁红驼乳	显著性判断
酸度/%	2h	0.239 ± 0.007^a	0.231 ± 0.020^a	=0.2409
	24h	0.181 ± 0.009^g	0.181 ± 0.008^f	=0.9631
	72h	0.221 ± 0.009^c	0.213 ± 0.015^c	=0.1388
	7d	0.181 ± 0.009^g	0.188 ± 0.005^{ef}	=0.0363
	30d	0.202 ± 0.011^e	0.193 ± 0.017^e	=0.1407
	60d	0.181 ± 0.009^g	0.180 ± 0.009^f	=0.7895
	90d	0.172 ± 0.011^g	0.178 ± 0.008^f	=0.1891
电导率/（mS/cm）	2h	3.791 ± 0.094^j	3.805 ± 0.091^j	=0.7895
	24h	4.482 ± 0.125^c	4.533 ± 0.173^c	=0.4123
	72h	4.292 ± 0.078^e	4.328 ± 0.091^e	=0.4740
	7d	4.143 ± 0.121^g	4.191 ± 0.168^{fh}	=0.4111
	30d	4.041 ± 0.113^h	4.124 ± 0.209^h	=0.2976
	60d	4.509 ± 0.114^c	4.556 ± 0.142^c	=0.3741
	90d	5.494 ± 0.148^a	5.322 ± 0.150^a	=0.0131

注：$x\pm SD$，平均值加减标准差；同行标有不同字母表示组间差异显著（$P<0.05$），标有相同字母表示差异不显著（$P>0.05$）。

第二节　骆驼乳的化学组成及其变化分析

一、骆驼乳化学组成分析

（一）骆驼乳中常规营养组成分析

双峰驼乳基本的化学组成变化范围较大，主要与骆驼品种、生存的自然环境、饲草种类及饲养管理条件、饮水以及样品的试验分析方法等多种因素有关。每100mL阿拉善双峰驼乳、蒙古戈壁红双峰驼乳和野生双峰驼乳的蛋白质、脂肪、乳糖含量分别为3.545g、3.563g、4.473g，5.645g、5.702g、6.387g和4.240g、4.348g及4.577g（表2-3）。其中，野生双峰驼乳的蛋白质、脂肪和乳糖含量分别显著高于阿拉善双峰驼乳和蒙古戈壁红双峰驼乳，呈显著差异（$P<0.05$），而后两者之间无显著性差异（$P>0.05$）。野生双峰驼乳的蛋白质含量高于家养双峰驼乳的蛋白质含量，这可能与种群及生存环境有关。野生动物为了预防外来袭击，需要促使幼小动物快速生长发育，因此，野生双峰驼需要大量蛋白质来满足其幼驼的生理需要。

表2-3 阿拉善双峰驼乳、蒙古戈壁红双峰驼乳及野生双峰驼乳的化学组成（每100mL，$x\pm SD$）

单位：g

骆驼品种	泌乳期/d	蛋白质	乳糖	脂肪	灰分	干物质
阿拉善双峰驼	90	3.545±0.032[b]	4.240±0.033[b]	5.645±0.060[b]	0.866±0.030[b]	114.311±0.071[b]
蒙古戈壁红双峰驼	90	3.563±0.033[b]	4.348±0.238[b]	5.702±0.100[b]	0.858±0.042[b]	114.488±0.065[b]
野生双峰驼	76	4.473±0.143[a]	4.577±0.055[a]	6.387±0.237[a]	0.923±0.035[a]	116.467±0.252[a]

注：$x\pm SD$，平均值加减标准差；同列标有不同字母表示组间差异显著（$P<0.05$），标有相同字母表示差异不显著（$P>0.05$）。

（二）骆驼乳中氨基酸组成分析

阿拉善双峰驼乳、蒙古戈壁红双峰驼乳和野生双峰驼乳（90d）中各种氨基酸含量的测定结果如表2-4所示。三个不同骆驼群体的乳中含有人体必需氨基酸（色氨酸未能测定）和非必需氨基酸，测定值间无显著差异（$P>0.05$）。联合国粮食及农业组织（FAO）和世界卫生组织（WHO）曾提出理想蛋白质中的必需氨基酸含量以及对1岁儿童的推荐量。与之相比，阿拉善双峰驼乳蛋白质中的必需氨基酸含量高于FAO和WHO的推荐摄入量（表2-4）。由此可假设一个人的体重为60kg，除了甲硫氨酸（Met）+半胱氨酸（Cys）以外，1名成年人1d饮用500mL骆驼乳就可以满足身体1d对必需氨基酸的需要（表2-5）。

表2-4 阿拉善双峰驼乳、蒙古戈壁红双峰驼乳及野生双峰驼乳中必需氨基酸含量和FAO/WHO氨基酸推荐摄入量对比

单位：%

氨基酸	阿拉善双峰驼乳	蒙古戈壁红双峰驼乳	野生双峰驼乳	FAO/WHO对1岁儿童推荐摄入量	FAO/WHO理想值
Ile	5.61±0.56	5.56±0.45	5.31±0.37	4.60	4.00
Leu	9.48±1.21	9.14±1.02	9.29±1.30	9.30	7.00
Lys	7.75±0.79	7.65±0.98	7.81±0.91	6.60	5.50
Met+Cys	4.24±0.56	3.55±0.71	3.39±0.32	4.20	3.50
Phe+Tyr	8.69±0.79	8.05±1.13	8.35±0.96	7.20	6.00
Phe	4.73±0.44	4.37±0.47	4.53±0.67	—	4.00
Try	—	—	—	1.70	1.00
Val	6.20±0.69	6.25±0.99	6.21±0.94	5.50	5.00
Thr	4.52±0.42	4.36±0.69	4.81±0.85	4.30	—
His	2.63±0.20	2.65±0.37	2.75±0.12	2.60	—

注：—为未检测到相关数据。Ile为异亮氨酸，Leu为亮氨酸，Lys为赖氨酸，Met为甲硫氨酸，Cys为半胱氨酸，Phe为苯丙氨酸，Tyr为酪氨酸，Try为色氨酸，Val为缬氨酸，Thr为苏氨酸，His为组氨酸。

表 2-5　　　　　　　　　双峰驼乳可提供给成年人的必需氨基酸　　　　　　单位：mg

氨基酸	FAO/WHO 推荐摄入量/（mg/kg 体重）	60kg 体重成年人需要量	500mL 骆驼乳可提供量
ILe	10	600	981.8
Leu	14	840	1659
Lys	12	720	1356.3
Met+Cys	13	780	742
Phe+Tyr	14	840	1520.8
Try	4	240	—
Val	10	600	1085
Thr	7	420	791

注：阿拉善双峰驼乳蛋白质含量按 35g/L 计算。Ile 为异亮氨酸，Leu 为亮氨酸，Lys 为赖氨酸，Met 为甲硫氨酸，Cys 为半胱氨酸，Phe 为苯丙氨酸，Tyr 为酪氨酸，Try 为色氨酸，Val 为缬氨酸，Thr 为苏氨酸。

（三）骆驼乳中脂肪酸组成分析

野生双峰驼乳中饱和脂肪酸（$C_{12:0} \sim C_{18:0}$）和不饱和脂肪酸（$C_{18:1} \sim C_{18:3}$）含量最高，其次是蒙古戈壁红双峰驼乳和阿拉善双峰驼乳。三个骆驼群体的乳中主要的偶数长链饱和脂肪酸为 $C_{14:0}$、$C_{16:0}$ 和 $C_{18:0}$，而多不饱和脂肪酸以 $C_{18:1}$ 为主（表 2-6）。骆驼乳脂肪酸的组成在一定程度上受生存环境条件、饲料营养与饲养条件、泌乳期、品种、生理条件和遗传特性等多种因素的影响。

表 2-6　　　阿拉善双峰驼乳、蒙古戈壁红双峰驼乳及野生双峰驼乳的脂肪酸组成

单位：mg/g 脂肪

脂肪酸	阿拉善双峰驼乳	蒙古戈壁红双峰驼乳	野生双峰驼乳
$C_{12:0}$	0.78±0.3	3.2±0.4	5.4±0.1
$C_{14:0}$	11.49±0.2	49.3±2.6	70.1±2.1
$C_{16:0}$	30.12±0.5	165.0±1.7	198.6±1.3
$C_{18:0}$	15.15±0.4	158.6±0.8	173.0±0.4
$C_{18:1}$	26.05±0.6	161.0±0.3	175.6±1.5
$C_{18:2}$	2.04±0.1	12.3±0.4	17.8±0.5
$C_{18:3}$	2.16±0.1	7.6±0.3	8.8±0.2

（四）骆驼乳中矿物质组成分析

三个骆驼群体的乳中，野生双峰驼乳钙含量（1849.67mg/L）显著高于阿拉善双峰驼乳（1579.19mg/L）和蒙古戈壁红双峰驼乳（1563.24mg/L），而两个家养双峰驼品种

（阿拉善双峰驼和戈壁红驼）的乳之间无显著性差异（$P>0.05$）。蒙古戈壁红双峰驼乳中磷的含量最高（1530.64mg/L），其次是野生双峰驼乳（1355.33mg/L）和阿拉善双峰驼乳（1229.09mg/L），相比较均呈显著性差异（$P<0.05$）（表2-7）。从钙磷比来看，野生双峰驼乳为1.36:1，阿拉善双峰驼乳和戈壁红双峰驼乳分别为1.28:1和1.02:1；其中，野生双峰驼乳钙磷比率最接近理论值2:1，这有利于幼龄骆驼钙和磷的吸收。

表2-7　阿拉善双峰驼乳、蒙古戈壁红双峰驼乳和野生双峰驼乳的矿物质组成（$x\pm SD$）

单位：mg/L

矿物质	阿拉善双峰驼乳	蒙古戈壁红双峰驼乳	野生双峰驼乳
Ca	1579.19±37.57[a]	1563.24±92.11[a]	1849.67±37.18[b]
P	1229.09±48.74[c]	1530.64±123.64[a]	1355.33±45.07[b]
Na	769.50±38.49[a]	601.61±27.12[b]	578.77±34.70[b]
Cl	1520.46±16.83[a]	1464.55±39.38[b]	1457.67±10.55[b]
K	1912.99±34.90[a]	1842.53±93.76[a]	1849.67±37.18[a]
S	392.11±15.15[a]	374.93±33.99[a]	398.53±19.01[a]
Mg	89.20±4.44[b]	82.15±7.92[b]	118.03±6.55[a]
Fe	<0.1	<0.1	<0.1
Cu	<0.5	<0.5	<0.5
Mn	<0.5	<0.5	<0.5
Zn	7.26±0.59[a]	6.43±0.82[a]	6.83±0.35[a]

注：$x\pm SD$，平均值加减标准差；同行标有不同字母表示组间差异显著（$P<0.05$），标有相同字母表示差异不显著（$P>0.05$）。

从表2-7看出，野生双峰驼乳和蒙古戈壁红双峰驼乳中钠和氯的含量无显著差异（$P>0.05$），但显著高于阿拉善双峰驼乳中的钠含量（$P<0.05$）。三个骆驼群体的乳中K、S和Zn含量分别为1842.53~1912.99mg/L、374.93~398.53mg/L和6.43~7.26mg/L，相比较无显著性差异（$P>0.05$）。野生双峰驼乳中镁的含量显著高于其他两个骆驼群体乳中的含量（$P<0.05$）。

（五）骆驼乳中维生素组成分析

蒙古戈壁红双峰驼乳中维生素A含量（1.068mg/mL）高于野生双峰驼乳（1.040mg/mL，$P>0.05$）和阿拉善双峰驼乳（0.974mg/mL）；阿拉善双峰驼乳中维生素C含量显著低于蒙古戈壁红双峰驼乳和野双峰驼乳（$P<0.05$），这可能与阿拉善双峰驼以采食干草为主，蒙古戈壁红双峰驼和野生双峰驼以采食青草为主有一定关系（表2-8）。三个双峰驼群体的乳中维生素D、维生素E和维生素B_2含量无显著差异（$P>0.05$）。此外，蒙古戈壁红双峰驼乳和野生双峰驼乳中维生素B_1和维生素B_6含量显著高于阿拉善双峰驼乳（$P<0.05$）。研究中获得的阿拉善双峰驼乳、蒙古戈壁红双峰驼乳及野生双峰驼乳中维生素D含量分别为640.10IU/L、639.50IU/L和638.33IU/L，均显著高于牛乳中维生素D含量的平均值

（20～30IU/L）。维生素 D 对儿童生长发育过程中骨骼的形成具有重要作用，以此含量来计算每天饮用 500mL 双峰驼乳即可满足人体对维生素 D 的需求。双峰驼乳中维生素 C 的含量也远高于牛乳中的含量，这对于长期生活在缺乏蔬菜和水果的干旱地区的人们来说十分重要。

表2-8　阿拉善双峰驼乳、蒙古戈壁红双峰驼乳和野生双峰驼乳的维生素组成（$x\pm$SD）

矿物质	阿拉善双峰驼乳	蒙古戈壁红双峰驼乳	野生双峰驼乳
维生素 A/（mg/L）	0.974±0.041[b]	1.068±0.081[a]	1.040±0.075[ab]
维生素 D/（IU/L）	640.10±15.80[a]	639.50±15.88[a]	638.33±18.34[b]
维生素 E/（mg/L）	1.45±0.21[a]	1.41±0.17[a]	1.48±0.25[a]
维生素 C/（mg/L）	29.55±2.02[b]	33.55±2.49[a]	33.70±1.54[a]
维生素 B$_1$/（mg/L）	1.21±0.17[b]	1.57±0.22[a]	1.65±0.17[a]
维生素 B$_2$/（mg/L）	1.24±0.15[a]	1.51±0.22[a]	1.44±0.29[a]
维生素 B$_6$/（mg/L）	0.54±0.07[b]	0.68±0.12[a]	0.71±0.21[a]

注：$x\pm$SD，平均值加减标准差；同行标有不同字母表示组间差异显著（$P<0.05$），标有相同字母表示差异不显著（$P>0.05$）。

二、不同泌乳期骆驼乳化学组成变化

（一）不同泌乳期骆驼乳基础营养成分变化

骆驼乳的总固形物、非脂乳固体、脂肪、蛋白质、乳糖、灰分的含量在不同泌乳期均存在显著差异（$P<0.05$），其中脂肪、蛋白质和总固形物的含量分别为 2.11%～6.59%、3.86%～5.29% 和 12.26%～17.88%；乳糖（5.59%～6.23%）、非脂乳肪固体（10.37%～11.36%）和灰分（0.83%～0.92%）含量随着泌乳期的延长呈下降趋势（表2-9）。乳成分间的相关性分析表明，骆驼乳脂肪与总固形物之间（$r=0.92$，$P<0.05$），灰分、非脂乳固体和乳糖三者之间均存在高度正相关（分别为 $r=0.99$，$P<0.05$；$r=0.94$，$P<0.05$ 和 $r=0.94$，$P<0.05$），且变化趋势一致；而蛋白质与总固形物、脂肪、乳糖、灰分均呈正相关（分别为 $r=0.75$，$P<0.05$；$r=0.74$，$P<0.05$；$r=0.64$，$P<0.05$ 和 $r=0.64$，$P<0.05$）。

表2-9　　　　　　　不同泌乳期骆驼乳的主要营养成分　　　　　　单位：%

营养成分	C	S	T	M	L
蛋白质	5.29±0.79[a]	4.78±0.61[ab]	4.95±0.45[a]	4.8±0.15[ab]	3.86±0.41[b]
脂肪	6.59±2.67[a]	3.72±1.38[b]	3.6±1.4[b]	3.38±0.94[b]	2.11±0.32[b]
非脂乳固体	11.13±0.75[ab]	10.37±0.5[b]	11.2±0.26[ab]	11.36±0.72[a]	10.39±0.33[b]
乳糖	6.1±0.41[ab]	5.72±0.28[ab]	6.14±0.14[ab]	6.23±0.39[a]	5.59±0.36[b]

续表

营养成分	C	S	T	M	L
灰分	0.91± 0.07[ab]	0.85 ± 0.04[ab]	0.91 ± 0.02[ab]	0.92 ± 0.06[a]	0.83 ± 0.03[b]
总固形物	17.88 ± 3.51[a]	14.08 ± 0.9[b]	15.26 ± 1.26[ab]	14.63 ± 1.68[b]	12.26 ± 0.81[b]

注：C 组为第 1 天，S 组为第 7 天，T 组为第 21 天，M 组为第 35 天，L 组为第 90 天；同行标有不同字母表示组间差异显著（$P<0.05$），标有相同字母表示差异不显著（$P>0.05$）。

（二）不同泌乳期骆驼乳氨基酸组成变化

乳蛋白含量由氨基酸等多种成分确定，不同泌乳期的骆驼乳测出的氨基酸均有 17 种（表 2-10），其中必需氨基酸（EAA）8 种、非必需氨基酸（NEAA）9 种，必需氨基酸、非必需氨基酸、总氨基酸（TAA）含量均存在较大差异（$P<0.05$）。每 100mg 不同泌乳期骆驼乳总氨基酸含量为 3.79~5.12mg，平均为 4.59mg。骆驼泌乳期第 1 天总氨基酸含量最高，随后逐渐降低，泌乳期第 90 天含量最低。谷氨酸（Glu，20.41%）和亮氨酸（Leu，9.76%）为骆驼乳中的主要氨基酸，而半胱氨酸（Cys，1.26%）、甘氨酸（Gly，1.39%）则是微量存在。不同泌乳期骆驼乳中必需氨基酸和总氨基酸比值大于 40%、必需氨基酸和非必需氨基酸比值大于 75%，高于 FAO/WHO 理想蛋白质推荐值（Wang，et al.，2013）。

表 2-10　　　　　　　　不同泌乳期骆驼乳的氨基酸组成（每 100mg）　　　　　　单位：mg

分类	氨基酸	C	S	T	M	L
必需氨基酸	Leu	0.50±0.08[a]	0.45±0.08[ab]	0.48±0.05[a]	0.46±0.017[ab]	0.37±0.03[b]
	Lys	0.39±0.06[a]	0.35±0.06[ab]	0.37±0.03[a]	0.35±0.007[ab]	0.3±0.02[b]
	Val	0.31±0.05[a]	0.28±0.05[ab]	0.3±0.03[a]	0.28±0.012[ab]	0.23±0.01[b]
	Ile	0.27±0.04[a]	0.24±0.04[ab]	0.26±0.03[a]	0.25±0.009[ab]	0.2±0.02[b]
	Thr	0.26±0.04[a]	0.23±0.04[ab]	0.24±0.02[a]	0.23±0.003[ab]	0.18±0.02[b]
	Phe	0.23±0.04[a]	0.20±0.03[ab]	0.21±0.02[a]	0.20±0.005[ab]	0.17±0.01[b]
	His	0.14±0.02[a]	0.13±0.02[ab]	0.13±0.01[a]	0.13±0.002[ab]	0.11±0.01[b]
	Met	0.14±0.02[a]	0.12±0.02[a]	0.13±0.01[a]	0.12±0.01[a]	0.11±0.01[a]
必需氨基酸总量	—	2.24±0.35[a]	2.00±0.33[ab]	2.11±0.21[a]	2.02±0.061[ab]	1.66±0.12[b]
非必需氨基酸	Glu	1.03±0.14[a]	0.93±0.14[ab]	0.99±0.09[a]	0.96±0.026[ab]	0.79±0.06[b]
	Pro	0.52±0.09[a]	0.46±0.07[ab]	0.51±0.06[a]	0.49±0.021[a]	0.38±0.04[b]
	Asp	0.38±0.05[a]	0.34±0.06[a]	0.35±0.03[a]	0.33±0.006[ab]	0.27±0.03[b]
	Ser	0.26±0.03[a]	0.23±0.04[ab]	0.24±0.02[a]	0.23±0.005[ab]	0.19±0.02[b]
	Tyr	0.23±0.04[a]	0.20±0.03[ab]	0.21±0.02[a]	0.19±0.004[ab]	0.16±0.01[b]
	Arg	0.21±0.03[a]	0.19±0.04[ab]	0.2±0.02[a]	0.19±0.005[ab]	0.15±0.01[b]
	Ala	0.13±0.02[a]	0.12±0.02[a]	0.12±0.01[a]	0.11±0.003[ab]	0.09±0.01[b]
	Gly	0.08±0.01[a]	0.07±0.01[ab]	0.07±0.01[abc]	0.06±0.002[bc]	0.05±0.01[c]

续表

分类	氨基酸	C	S	T	M	L
	Cys	0.07±0.01[a]	0.06±0.01[ab]	0.06±0.005[ab]	0.05±0.003[ab]	0.05±0.004[b]
非必需氨基酸总量	—	2.88±0.4[a]	2.59±0.43[ab]	2.73±0.27[a]	2.60±0.066[ab]	2.12±0.17[b]
TAA		5.12±0.75[a]	4.59±0.77[ab]	4.84±0.48[a]	4.62±0.126[ab]	3.79±0.29[b]
EAA/TAA		43.69%	43.52%	43.61%	43.70%	43.87%
NEAA/TAA		56.31%	56.48%	56.39%	56.30%	56.13%
EAA/NEAA		77.60%	77.05%	77.35%	77.63%	78.17%

注：TAA 为总氨基酸，EAA 为必需氨基酸，NEAA 为非必需氨基酸，Leu 为亮氨酸，Lys 为赖氨酸，Val 为缬氨酸，Ile 为异亮氨酸，Thr 为苏氨酸，Phe 为苯丙氨酸，His 为组氨酸，Met 为甲硫氨酸，Glu 为谷氨酸，Pro 为脯氨酸，Asp 为天冬氨酸，Ser 为丝氨酸，Tyr 为酪氨酸，Arg 为精氨酸，Ala 为丙氨酸，Gly 为甘氨酸，Cys 为半胱氨酸。C 组为第 1 天，S 组为第 7 天，T 组为第 21 天，M 组为第 35 天，L 组为第 90 天。同行标有不同字母表示组间差异显著（$P<0.05$），标有相同字母表示差异不显著（$P>0.05$）。

表 2-11 显示了 FAO（2018）建议的三类人群氨基酸评分模式及不同泌乳期骆驼乳中的必需氨基酸含量。除对于 0~0.5 岁婴儿外，各组骆驼乳中氨基酸含量均显著高于人群需要量（$P<0.05$），其中赖氨酸（Lys）和含硫氨基酸（Met+Cys）含量差异显著（$P<0.05$），二者均在 L 组中含量较高。必需氨基酸总量均高于 FAO/WHO 对 0~0.5 岁婴儿、0.5~3 岁人群的要求。芳香族氨基酸（Phe+Tyr）、Lys、Val 分别是 0~0.5 岁、0.5~3 岁和 3 岁以上人群模式的第一限制氨基酸（LAA），而且除了 Leu、Phe+Tyr、Ile 在 0~0.5 岁模式下的评分偏低，其他模式下所有必需氨基酸评分均大于 100。综合来看，泌乳期第 90 天的骆驼乳中的氨基酸可完全满足所有 0.5 岁以上人群对必需氨基酸的营养需求，但对于 0~0.5 岁婴儿略显不足。

表 2-11　　FAO（2018 年）建议的三类人群氨基酸评分模式和不同泌乳期
骆驼乳中的必需氨基酸含量　　　　　　　单位：mg/g 蛋白质

氨基酸种类	三类人群的氨基酸需要量			泌乳期				
	0~0.5岁	0.5~3岁	>3岁	C	S	T	M	L
Leu	96	66	61	94.0±1.8[a]	92.7±5.9[a]	96.2±2.3[a]	95.2±2.5[a]	95.0±6.3[a]
Phe+Tyr	94	52	41	85.8±1.7[a]	82.7±4.7[a]	83.9±1.6[a]	81.5±1.5[a]	84.2±5.7[a]
Lys	69	57	48	74.6±0.5[ab]	73.1±3.2[b]	74.7±1.1[ab]	73.7±1.4[ab]	77.6±5.9[a]
Val	55	43	40	59.0±1.6[a]	58.4±4.1[a]	59.8±1.4[a]	59.1±1.9[a]	60.4±4.2[a]
Ile	55	32	30	51.1±1.0[a]	50.5±2.3[a]	52.6±1.0[a]	52.2±0.9[a]	52.5±2.6[a]
Thr	44	31	25	48.7±0.9[a]	47.5±2.7[a]	47.8±0.9[a]	47.2±1.1[a]	47.8±2.7[a]
Met+Cys	33	27	23	38.2±2.9[ab]	38.5±3.9[ab]	37.7±2.1[ab]	37.0±2.3[b]	41.6±5.8[a]
His	21	20	16	26.7±0.7[a]	26.5±1.5[a]	26.9±0.4[a]	26.5±0.5[a]	27.8±2.6[a]

续表

氨基酸种类	三类人群的氨基酸需要量			泌乳期				
	0~0.5岁	0.5~3岁	>3岁	C	S	T	M	L
必需氨基酸总量	467.0	328.0	284.0	478.1 ± 7.4^a	470 ± 27.4^a	479.7 ± 6.6^a	472.4 ± 9.1^a	486.8 ± 34.6^a

注：Leu 为壳氨酸，Phe 为苯丙氨酸，Tyr 为酪氨酸，Val 为缬氨酸，Ile 为异亮氨酸，Thr 为苏氨酸，Met 为甲硫氨酸，Cys 为半胱氨酸，His 为组氨酸。C 组为第 1 天，S 组为第 7 天，T 组为第 21 天，M 组为第 35 天，L 组为第 90 天。

（三）不同泌乳期骆驼乳脂肪酸组成变化

如表 2-12 所示，不同泌乳期骆驼乳中均检测到 23 种脂肪酸，主要为油酸（$C_{18:1n9c}$）、棕榈酸（$C_{16:0}$）、肉豆蔻酸（$C_{14:0}$）和硬脂酸（$C_{18:0}$）。

骆驼泌乳期内，乳中饱和脂肪酸（SFA）含量具有线性增加趋势（$P<0.05$），而单不饱和脂肪酸（MUFA）和多不饱和脂肪酸（PUFA）含量的变化趋势则相反（图 2-1）。饱和脂肪酸是最常见的脂肪酸（50.71%~58.84%），其主要代表是 $C_{16:0}$（29.8%）、$C_{14:0}$（21.05%）和 $C_{18:0}$（17.12%）。饱和脂肪酸 $C_{6:0}$、$C_{8:0}$ 和 $C_{10:0}$（$S_{C6+C8+C10}$）含量大幅增加主要归因于 $C_{6:0}$，其在 L 组高至 0.14%（$P<0.05$）。此外，$C_{15:0}$、$C_{17:0}$ 和 $C_{20:0}$ 等微量饱和脂肪酸（<1%）的含量基本呈持续性增长趋势。单不饱和脂肪酸是含量较丰富的脂肪酸（37.75%~45.10%），主要由油酸（$C_{18:1n9}$）代表，占总脂肪酸组成的 26.81%~34.79%。不同泌乳期骆驼乳中多不饱和脂肪酸的含量远小于单不饱和脂肪酸的含量，多不饱和脂肪酸主要包括亚油酸（$C_{18:2n6t}$ 0.31%~0.39%、$C_{18:2n6c}$ 2.24%~2.8%）和 α-亚麻酸（$C_{18:3n3}$，0.72%~1.03%），其中 $C_{18:2n6c}$ 和 $C_{18:3n3}$ 的含量随着泌乳期的延长呈下降趋势（$P<0.05$）（图 2-1）。

表 2-12　　　　　　　　不同泌乳期骆驼乳的脂肪酸组成（每 100mg）　　　　　　单位：mg

脂肪酸	C	S	T	M	L
$C_{4:0}$	0.04 ± 0.02^b	0.07 ± 0.04^b	0.1 ± 0.06^{ab}	0.07 ± 0.02^b	0.14 ± 0.01^a
$C_{6:0}$	0.05 ± 0.03^b	0.06 ± 0.04^b	0.06 ± 0.02^b	0.05 ± 0.03^b	0.13 ± 0.06^a
$C_{8:0}$	0.09 ± 0.04^a	0.09 ± 0.04^a	0.12 ± 0.04^a	0.08 ± 0.03^a	0.12 ± 0.02^a
$C_{10:0}$	0.11 ± 0.04^a	0.12 ± 0.04^a	0.15 ± 0.05^a	0.12 ± 0.02^a	0.16 ± 0.02^a
$C_{12:0}$	0.59 ± 0.12^b	0.67 ± 0.1^{ab}	0.78 ± 0.16^{ab}	0.71 ± 0.09^{ab}	0.87 ± 0.11^a
$C_{14:0}$	9.28 ± 1.41^b	10.59 ± 1.61^{ab}	11.18 ± 2.11^{ab}	10.97 ± 1.23^{ab}	12.43 ± 0.61^a
$C_{14:1}$	0.62 ± 0.22^a	0.74 ± 0.17^a	0.75 ± 0.19^a	0.64 ± 0.18^a	0.83 ± 0.05^a
$C_{15:0}$	0.95 ± 0.13^b	0.97 ± 0.18^b	1.08 ± 0.19^{ab}	1.05 ± 0.14^{ab}	1.32 ± 0.12^a
$C_{16:0}$	27.33 ± 1.61^a	28.4 ± 2.27^a	27.91 ± 1.72^a	29.45 ± 1.08^a	29.82 ± 0.94^a
$C_{16:1}$	8.25 ± 1.77^a	8.97 ± 1.31^a	8.43 ± 1.26^a	8.18 ± 1.5^a	9.09 ± 0.77^a
$C_{17:0}$	0.68 ± 0.07^a	0.64 ± 0.07^a	0.7 ± 0.08^a	0.73 ± 0.05^a	0.74 ± 0.05^a

续表

脂肪酸	C	S	T	M	L
$C_{17:1}$	0.76 ± 0.06^a	0.7 ± 0.09^{ab}	0.71 ± 0.02^{ab}	0.65 ± 0.03^b	0.64 ± 0.03^b
$C_{18:0}$	8.77 ± 1.78^a	8.21 ± 0.98^a	8.62 ± 1.55^a	9.71 ± 1.19^a	8.73 ± 0.59^a
$C_{18:1n9t}$	0.16 ± 0.25^a	0.3 ± 0.33^a	0.47 ± 0.4^a	0.34 ± 0.27^a	0.52 ± 0.02^a
$C_{18:1n9c}$	33.08 ± 3.64^a	30.84 ± 4.48^{ab}	30.05 ± 4.25^{ab}	27.94 ± 3.53^{ab}	24.29 ± 1.62^b
$C_{18:2n6t}$	0.35 ± 0.1^a	0.37 ± 0.05^a	0.36 ± 0.23^a	0.33 ± 0.02^a	0.29 ± 0.01^a
$C_{18:2n6c}$	2.67 ± 0.27^a	2.5 ± 0.13^{ab}	2.13 ± 0.14^c	2.17 ± 0.12^c	2.24 ± 0.02^{bc}
$C_{18:3n3}$	0.98 ± 0.06^a	0.82 ± 0.11^b	0.71 ± 0.1^b	0.72 ± 0.04^b	0.68 ± 0.04^b
$C_{20:0}$	0.2 ± 0.01^b	0.21 ± 0.06^b	0.18 ± 0.14^b	0.29 ± 0.03^{ab}	0.36 ± 0.04^a
$C_{20:1}$	0.22 ± 0.04^a	0.19 ± 0.1^a	0.15 ± 0.13^{ab}	0.23 ± 0.04^a	—
$C_{22:0}$	0.05 ± 0.04^a	0.05 ± 0.05^a	0.03 ± 0.05^a	0.07 ± 0.06^a	—
$C_{23:0}$	0.16 ± 0.04^a	0.17 ± 0.02^a	0.15 ± 0.01^a	0.15 ± 0.02^a	0.14 ± 0.02^a
$C_{24:0}$	0.12 ± 0.06^a	0.07 ± 0.08^a	0.07 ± 0.1^a	0.11 ± 0.09^a	0.11 ± 0.08^a
SFAs	48.44 ± 1.78^c	50.33 ± 3.85^{bc}	51.13 ± 3.27^{abc}	53.56 ± 1.86^{ab}	55.04 ± 1.77^a
MUFAs	43.09 ± 1.93^a	41.73 ± 3.96^{ab}	40.55 ± 3.28^{ab}	37.99 ± 2.31^{bc}	35.31 ± 1.83^c
PUFAs	4 ± 0.36^a	3.69 ± 0.27^a	3.2 ± 0.38^b	3.23 ± 0.14^b	3.19 ± 0.03^b
UFAs	47.09 ± 1.87^a	45.43 ± 4.16^{ab}	43.76 ± 3.53^{ab}	41.21 ± 2.36^{bc}	38.5 ± 1.82^c
SCFAs	0.29 ± 0.11^b	0.34 ± 0.14^b	0.43 ± 0.15^{ab}	0.31 ± 0.07^b	0.54 ± 0.08^a
MCFAs	48.47 ± 4.92^a	51.69 ± 4.41^a	51.54 ± 5.14^a	52.38 ± 3.61^a	54.4 ± 1.8^a
LCFAs	46.77 ± 5.03^a	43.72 ± 4.81^{ab}	42.92 ± 5.74^{ab}	42.08 ± 4.39^{ab}	38.6 ± 1.34^b
OCFAs	2.56 ± 0.14^{ab}	2.49 ± 0.29^b	2.64 ± 0.23^{ab}	2.58 ± 0.16^{ab}	3.01 ± 0.47^a
$n-6$ FAs	3.02 ± 0.35^a	2.87 ± 0.17^{ab}	2.49 ± 0.29^c	2.51 ± 0.13^{bc}	2.52 ± 0.02^{bc}
$n-3$ FAs	0.98 ± 0.06^a	0.82 ± 0.11^b	0.71 ± 0.1^{bc}	0.72 ± 0.04^{bc}	0.67 ± 0.04^c
$trans-FA$	0.51 ± 0.29^a	0.67 ± 0.3^a	0.83 ± 0.4^a	0.68 ± 0.25^a	0.81 ± 0.01^a
脂肪酸总量	95.53 ± 1.00^a	95.75 ± 0.50^a	94.89 ± 0.88^{ab}	94.77 ± 1.10^{ab}	93.54 ± 1.17^b
PUFAs/SFAs	0.08 ± 0.01^a	0.07 ± 0.01^{ab}	0.06 ± 0.01^{bc}	0.06 ± 0.004^c	0.06 ± 0.002^c
MUFAs/SFAs	0.89 ± 0.07^a	0.84 ± 0.14^{ab}	0.8 ± 0.12^{abc}	0.71 ± 0.72^{bc}	0.64 ± 0.07^c
$n-6/n-3$PUFAs	3.09 ± 0.35^b	3.52 ± 0.35^{ab}	3.52 ± 0.26^{ab}	3.48 ± 0.22^{ab}	3.76 ± 0.21^a

注：SFA 为饱和脂肪酸，UFAs 为不饱和脂肪酸，MUFA 为单不饱和脂肪酸，PUFA 为多不饱和脂肪酸，SCFA 为短链脂肪酸 $C_{4:0}$ 至 $C_{10:0}$ 之和，MCFA 为中链脂肪酸 $C_{12:0}$ 至 $C_{17:1}$ 之和；LCFA 为长链脂肪酸 $C_{18:0}$ 至 $C_{24:0}$ 之和。OCFAs 为奇碳链脂肪酸，$trans-FA$ 为反式脂肪酸，$n-6$ PUFAs 为 $n-6$ 多不饱和脂肪酸，$n-3$ PUFAs 为 $n-3$ 多不饱和脂肪酸。同行标有不同字母表示组间差异显著（$P<0.05$），标有相同字母表示差异不显著（$P>0.05$）。C 组为第 1 天，S 组为第 7 天，T 组为第 21 天，M 组为第 35 天，L 组为第 90 天。

　　骆驼乳中的短链脂肪酸（SCFA，$C_{4:0} \sim C_{10:0}$）和长链脂肪酸（LCFA，$C_{18:0} \sim C_{24:0}$）组成在不同泌乳期具有显著变化（$P<0.05$）。短链脂肪酸中含量最丰富的是癸酸（$C_{10:0}$，

0.11%~0.17%），但泌乳期内变化显著的是 $C_{4:0}$ 和 $C_{6:0}$（$P<0.05$）；含量最丰富的中链脂肪酸（MCFA，$C_{12:0}$~$C_{17:1}$）为 $C_{16:0}$，其次是 $C_{14:0}$，而 $C_{17:1}$ 含量最低。LCFA 是骆驼乳脂肪酸的主要组成成分，随着泌乳期的延长呈持续下降趋势（$P<0.05$），这主要取决于其含量最丰富的 $C_{18:1n9c}$ 下降了 8.37%，而短链脂肪酸和中链脂肪酸的含量变化则相反（图 2-1）。

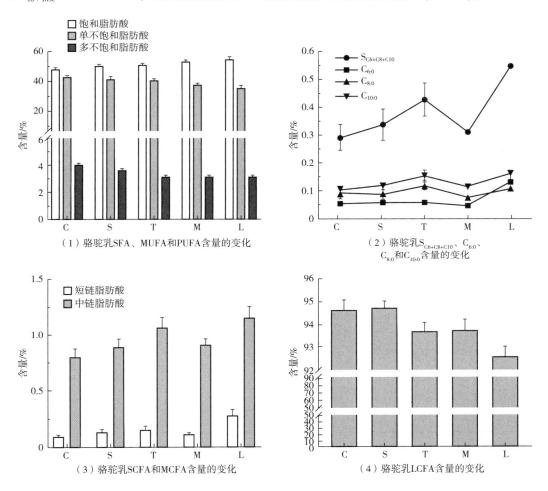

图 2-1　不同泌乳期骆驼乳中脂肪酸含量变化

第三节　不同地区及不同品种双峰驼乳化学组成分析

一、中国不同地区双峰驼乳化学组成分析

（一）中国不同地区双峰驼乳常规营养成分分析

如表 2-13 所示，中国不同地区（呼伦贝尔，锡林郭勒，乌兰察布，新疆维吾尔自治

区南疆和北疆地区，阿拉善盟阿拉善左旗、右旗和额济纳旗，巴彦淖尔以及鄂尔多斯）双峰驼乳中脂肪、蛋白质、乳糖、总固形物和灰分的含量分别为 3.96%~7.11%、3.03%~3.76%、4.52%~5.64%、13.24%~16.71% 和 0.66%~0.84%（质量分数），平均值分别为（5.60±1.14）%、（3.42±0.21）%、（5.10±0.32）%、（14.99±0.99）% 和（0.76±0.05）%（质量分数，表 2-13）。比较不同地区双峰驼乳之间各成分的含量发现，锡林郭勒、南疆、阿拉善右旗和巴彦淖尔的双峰驼乳中脂肪含量显著高于其他地区（$P<0.05$）；阿拉善左旗的双峰驼乳中乳糖和蛋白质含量显著高于其他地区（$P<0.05$），然而阿拉善右旗和巴彦淖尔的双峰驼乳中乳糖和蛋白质含量显著低于其他地区（$P<0.05$）；乌兰察布和鄂尔多斯的双峰驼乳中总固形物含量显著低于其他地区（$P<0.05$），而其他地区之间无显著差异（$P<0.05$）；各地区双峰驼乳中灰分含量无显著差异（$P<0.05$）。

表 2-13　　　　　中国不同地区双峰驼乳中常规营养成分比较　　　单位:%（质量分数）

地区	脂肪	蛋白质	乳糖	总固形物	灰分
呼伦贝尔	5.47±2.32[b]	3.49±0.34[b]	5.21±0.50[b]	14.96±2.50[a]	0.79±0.07
锡林郭勒	7.11±2.03[a]	3.53±0.26[b]	5.28±0.39[b]	16.71±2.02[a]	0.78±0.05
乌兰察布	3.96±1.30[b]	3.58±0.19[b]	5.35±0.29[b]	13.71±1.20[b]	0.80±0.04
南疆	6.71±2.60[a]	3.38±0.15[b]	5.05±0.22[b]	15.91±2.42[a]	0.78±0.03
北疆	4.84±1.51[b]	3.50±0.16[b]	5.16±0.23[b]	15.34±5.61[a]	0.72±0.03
额济纳旗	5.41±1.36[b]	3.43±0.20[b]	5.13±0.30[b]	14.74±1.52[a]	0.76±0.04
阿拉善右旗	6.99±0.98[a]	3.03±0.13[c]	4.52±0.19[c]	15.21±0.82[a]	0.66±0.03
阿拉善左旗	4.91±1.26[b]	3.76±0.28[a]	5.64±0.43[a]	15.15±1.10[a]	0.84±0.07
巴彦淖尔	6.37±1.18[a]	3.14±0.26[c]	4.70±0.40[c]	14.91±1.63[a]	0.69±0.06
鄂尔多斯	4.23±1.18[b]	3.33±0.16[b]	4.98±0.24[b]	13.24±1.38[b]	0.74±0.04
平均值±标准差	5.60±1.14	3.42±0.21	5.10±0.32	14.99±0.99	0.76±0.05

注：同列不同字母表示差异不显著（$P<0.05$），相同字母表示差异不显著（$P>0.05$）。

根据双峰驼分布地区的不同，将样品收集地区分为四个部分进行分析，如图 2-2 所示，分别为内蒙古西部地区（阿拉善左旗、阿拉善右旗、额济纳旗、巴彦淖尔和鄂尔多斯）、内蒙古中部地区（锡林郭勒和乌兰察布）、内蒙古东部地区（呼伦贝尔）和新疆地区（南疆和北疆）。内蒙古中部地区双峰驼乳中脂肪、蛋白质和乳糖含量显著高于内蒙古西部地区（$P<0.05$），分别为 6.01% 和 5.20%、3.55% 和 3.33% 以及 5.30% 和 4.99%；内蒙古中部和新疆地区双峰驼乳中总固形物含量显著高于内蒙古东部和西部地区（$P<0.05$），分别为 15.66%、15.54%、14.96% 和 14.25%；各地区双峰驼乳中灰分含量无显著差异（$P>0.05$）。

与其他哺乳动物乳常规营养成分相比，如图 2-3 所示，双峰驼乳中的脂肪含量（5.60%）高于单峰驼乳、人乳、奶牛乳、驴乳和马乳中的含量；蛋白质含量与单峰驼乳中的含量相近，分别为 3.42% 和 3.27%，高于人乳、牛乳、驴乳和马乳中的含量；双峰驼乳中乳糖的含量（5.10%）与水牛乳中的含量（5.13%）相近，高于单峰驼乳、奶牛乳、

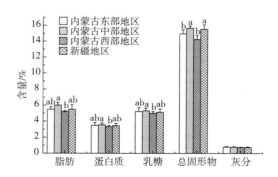

图2-2　内蒙古和新疆不同地区双峰驼乳中常规营养成分含量比较

不同字母表示差异显著（$P<0.05$），相同字母表示差异不显著（$P>0.05$）。

牦牛乳和山羊乳。此外，双峰驼乳中总固形物含量（14.99%）高于单峰驼乳、人乳、奶牛乳、驴乳和马乳中的含量，但显著低于牦牛和水牛乳中的含量，分别为18.25%和17.91%；双峰驼乳中灰分含量与单峰驼和山羊乳的含量相近，仅次于牦牛和水牛乳中的含量，高于人乳、驴乳和马乳中的灰分含量。总之，与单峰驼乳的常规营养成分含量相比，除了灰分，双峰驼乳中其他常规成分的含量均高于单峰驼乳中的含量；与人乳、马乳和驴乳相比较，除了乳糖，其他常规营养成分含量均更高；而骆驼乳中所有常规营养成分的含量均高于奶牛乳中的含量。

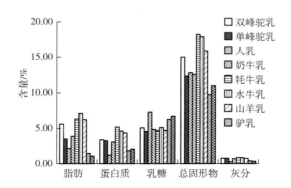

图2-3　不同哺乳动物乳中常规营养成分比较

资料来源：单峰驼数据引自Dianbo Z等，2015；其他数据引自李亚茹等，2016。

（二）内蒙古和新疆不同地区双峰驼乳氨基酸组成分析

内蒙古和新疆不同地区双峰驼乳氨基酸组成的分析结果如表2-14所示，不同地区的双峰驼乳中分别检测到了17种氨基酸，未检测到色氨酸。各地区骆驼乳中必需氨基酸中含量最高的均为亮氨酸，其次为赖氨酸和缬氨酸；非必需氨基酸中含量最高的均为谷氨酸，其次为脯氨酸和天冬氨酸。通过比较不同地区骆驼乳中氨基酸总量，发现阿拉善左旗双峰驼乳中的氨基酸总量（4.479±0.61）%最高，而北疆地区双峰驼乳中的氨基酸总量

表2-14　内蒙古和新疆不同地区双峰驼乳氨基酸组成分析

单位：%

类别	氨基酸	呼伦贝尔	锡林郭勒	乌兰察布	南疆	北疆	额济纳旗	阿拉善右旗	阿拉善左旗	巴彦淖尔	鄂尔多斯
EAA	Lys	0.347±0.06[a]	0.301±0.04[b]	0.326±0.05[a]	0.309±0.03[a]	0.268±0.06[b]	0.303±0.02[b]	0.281±0.02[b]	0.356±0.05[a]	0.276±0.05[b]	0.347±0.05[a]
	Leu	0.434±0.08[a]	0.385±0.05[a]	0.408±0.08[a]	0.384±0.05[a]	0.320±0.08[b]	0.366±0.03[b]	0.346±0.03[b]	0.441±0.07[a]	0.342±0.07[b]	0.442±0.08[a]
	Ile	0.237±0.04[a]	0.209±0.03[b]	0.223±0.04[a]	0.217±0.03[a]	0.182±0.04[b]	0.211±0.02[b]	0.198±0.01[b]	0.248±0.04[a]	0.191±0.04[b]	0.244±0.04[a]
	Val	0.273±0.04[a]	0.245±0.03[b]	0.256±0.04[a]	0.255±0.03[a]	0.219±0.05[b]	0.254±0.02[a]	0.241±0.02[b]	0.289±0.04[a]	0.219±0.05[b]	0.266±0.04[a]
	Thr	0.211±0.04[a]	0.185±0.02[b]	0.198±0.03[a]	0.197±0.02[a]	0.170±0.04[b]	0.189±0.01[a]	0.177±0.01[b]	0.221±0.03[a]	0.162±0.03[b]	0.120±0.03[b]
	His	0.125±0.02[a]	0.112±0.01[a]	0.118±0.02[a]	0.108±0.01[b]	0.092±0.02[b]	0.102±0.01[b]	0.095±0.01[b]	0.125±0.02[a]	0.095±0.02[b]	0.123±0.02[a]
	Phe	0.196±0.03[a]	0.175±0.02[a]	0.183±0.03[a]	0.173±0.02[a]	0.149±0.03[b]	0.166±0.01[b]	0.161±0.01[b]	0.198±0.02[a]	0.156±0.03[b]	0.193±0.03[a]
	Met	0.132±0.02[a]	0.113±0.01[a]	0.122±0.02[a]	0.094±0.02[a]	0.087±0.03[b]	0.097±0.01[b]	0.101±0.01[a]	0.121±0.02[a]	0.095±0.02[b]	0.116±0.02[a]
NEAA	Cys	0.060±0.01[a]	0.053±0.01[a]	0.055±0.01[a]	0.045±0.01[b]	0.043±0.01[b]	0.042±0.01[b]	0.045±0.01[b]	0.050±0.01[a]	0.026±0.02[b]	0.037±0.02[b]
	Asp	0.300±0.06[a]	0.266±0.03[b]	0.291±0.05[a]	0.280±0.03[a]	0.235±0.05[b]	0.256±0.02[b]	0.241±0.02[b]	0.308±0.04[a]	0.212±0.04[b]	0.280±0.04[a]
	Glu	0.900±0.17[a]	0.808±0.10[b]	0.857±0.15[a]	0.838±0.09[b]	0.721±0.15[b]	0.837±0.06[b]	0.769±0.05[b]	0.976±0.14[a]	0.761±0.15[b]	0.936±0.14[a]
	Ser	0.208±0.04[a]	0.189±0.02[b]	0.202±0.03[b]	0.208±0.02[a]	0.180±0.04[b]	0.198±0.01[b]	0.186±0.01[b]	0.233±0.03[a]	0.164±0.03[b]	0.203±0.03[a]
	Pro	0.435±0.08[a]	0.389±0.05[a]	0.404±0.08[a]	0.314±0.04[b]	0.261±0.06[b]	0.304±0.03[b]	0.290±0.02[b]	0.367±0.08[a]	0.360±0.07[b]	0.427±0.07[a]
	Gly	0.060±0.01[a]	0.053±0.01[a]	0.057±0.01[a]	0.057±0.01[a]	0.046±0.01[b]	0.048±0.01[b]	0.050±0.01[b]	0.058±0.01[a]	0.037±0.01[b]	0.049±0.01[b]
	Ala	0.105±0.01[a]	0.093±0.01[a]	0.100±0.02[a]	0.096±0.01[a]	0.080±0.02[b]	0.089±0.01[b]	0.088±0.01[b]	0.107±0.01[a]	0.072±0.02[b]	0.094±0.02[a]
	Tyr	0.186±0.03[a]	0.161±0.02[b]	0.173±0.03[b]	0.181±0.03[a]	0.155±0.03[b]	0.167±0.01[b]	0.164±0.01[b]	0.203±0.03[a]	0.157±0.03[b]	0.196±0.03[a]
	Arg	0.180±0.03[a]	0.162±0.02[a]	0.174±0.03[a]	0.156±0.02[a]	0.130±0.03[b]	0.141±0.01[b]	0.134±0.01[b]	0.178±0.02[a]	0.118±0.02[b]	0.168±0.03[a]
TAA	—	4.390±0.77[a]	3.907±0.49[a]	4.145±0.72[a]	3.908±0.46[a]	3.336±0.76[b]	3.769±0.30[b]	3.565±0.25[b]	4.479±0.61[a]	3.442±0.67[b]	4.318±0.70[a]
EAA	—	1.955	1.725	1.834	1.737	1.487	1.688	1.6	1.999	1.536	1.851
EAA/TAA	—	44.54	44.24	44.22	44.4	44.56	44.77	44.86	44.63	44.61	43.65
EAA/NEAA	—	80.32	79.35	79.29	79.86	80.38	81.08	81.34	80.6	80.55	77.45

注：同行不同字母表示差异显著（P<0.05），相同字母表示差异不显著（P>0.05）。TAA 为氨基酸总量；EAA 为必需氨基酸总量；NEAA 为非必需氨基酸总量。

（3.336±0.76）%最低；其中呼伦贝尔、锡林郭勒、乌兰察布、南疆、阿拉善左旗和鄂尔多斯地区双峰驼乳之间的氨基酸总量无显著差异（$P>0.05$），但其含量显著高于其他地区（$P<0.05$）。阿拉善左旗双峰驼乳中较高的氨基酸含量也与之前分析中较高的蛋白质含量相符合。此外，同一盟市不同旗县之间仍存在氨基酸含量的差异，如在阿拉善盟阿拉善左旗的双峰驼乳中氨基酸总含量（4.479±0.61）%显著高于在额济纳旗的双峰驼乳［（3.769±0.30）%，$P<0.05$］和在阿拉善右旗的双峰驼乳［（3.565±0.25）%，$P<0.05$］；新疆南疆地区双峰驼乳中氨基酸总量（3.908±0.46）%显著高于北疆地区［（3.336±0.76）%，$P<0.05$］，这可能与其牧场或饲料条件有关。

在必需氨基酸中，呼伦贝尔、乌兰察布、阿拉善左旗和鄂尔多斯地区双峰驼乳中Lys含量显著高于其他地区（$P<0.05$）；锡林郭勒、北疆、阿拉善右旗和巴彦淖尔地区双峰驼乳中Val含量显著低于其他地区（$P<0.05$）；呼伦贝尔、乌兰察布、南疆、阿拉善左旗和鄂尔多斯地区双峰驼乳中Ile和Thr含量显著高于其他地区（$P<0.05$）；呼伦贝尔、锡林郭勒、乌兰察布、阿拉善左旗和鄂尔多斯地区双峰驼乳中His和Met含量显著高于其他地区（$P<0.05$）；北疆、额济纳旗、阿拉善右旗和巴彦淖尔地区双峰驼乳中Leu和Phe含量显著低于其他地区（$P<0.05$）。总的来说，呼伦贝尔、乌兰察布、阿拉善左旗和鄂尔多斯四个地区双峰驼乳中所有必需氨基酸含量都较高。

非必需氨基酸中，呼伦贝尔、锡林郭勒、乌兰察布和阿拉善左旗地区双峰驼乳中Cys含量显著高于其他地区（$P<0.05$）；阿拉善左旗、鄂尔多斯、呼伦贝尔、乌兰察布和南疆地区双峰驼乳中Asp含量显著高于其他地区（$P<0.05$）；呼伦贝尔、乌兰察布、阿拉善左旗和鄂尔多斯地区双峰驼乳中Clu含量显著高于其他地区（$P<0.05$）；阿拉善左旗、呼伦贝尔和南疆地区双峰驼乳中的Ser含量显著高于其他地区（$P<0.05$）；呼伦贝尔、锡林郭勒、乌兰察布和鄂尔多斯地区双峰驼乳中Pro含量显著高于其他地区（$P<0.05$）；阿拉善左旗、呼伦贝尔、锡林郭勒、乌兰察布和南疆地区双峰驼乳中Gly含量显著高于其他地区（$P<0.05$）；北疆、额济纳旗、阿拉善右旗和巴彦淖尔地区双峰驼乳中Ala和Arg含量显著低于其他地区（$P<0.05$）；阿拉善左旗、鄂尔多斯、呼伦贝尔和南疆地区双峰驼乳中Tyr含量显著高于其他地区（$P<0.05$）。总的来说，呼伦贝尔双峰驼乳中所有非必需氨基酸都显现出较高的含量。

综上所述，呼伦贝尔双峰驼乳中所有必需氨基酸和非必需氨基酸含量都较高。

内蒙古和新疆不同区域双峰驼乳氨基酸组成的分析结果如表2-15所示。必需氨基酸中，内蒙古所有地区双峰驼乳中Leu、Lys、His、Met和Phe含量都显著高于新疆地区双峰驼乳中的含量，而内蒙古西部和新疆地区双峰驼乳中His含量显著低于内蒙古东部地区，其他地区双峰驼乳中Met含量显著低于内蒙古东部地区（$P<0.05$）；内蒙古东部和西部地区双峰驼乳中Ile显著高于新疆地区驼乳中的含量（$P<0.05$）；内蒙古东部地区双峰驼乳中Lys含量显著高于新疆地区驼乳中的含量（$P<0.05$）；内蒙古东部地区双峰驼乳中Thr含量显著高于内蒙古中部地区和新疆地区驼乳中的含量（$P<0.05$），其他地区之间差异不显著（$P>0.05$）。

表2-15　　　　内蒙古和新疆不同区域双峰驼乳氨基酸组成分析　　　　单位:%

类别	氨基酸种类	内蒙古东部	内蒙古中部	内蒙古西部	新疆
EAA	Lys	0.347 ± 0.06^a	0.316 ± 0.04^a	0.323 ± 0.04^a	0.283 ± 0.05^b
	Leu	0.434 ± 0.08^a	0.393 ± 0.06^a	0.404 ± 0.08^a	0.343 ± 0.07^b
	Ile	0.237 ± 0.04^a	0.214 ± 0.03^{ab}	0.226 ± 0.04^a	0.195 ± 0.04^b
	Val	0.273 ± 0.04^a	0.249 ± 0.03^{ab}	0.257 ± 0.04^{ab}	0.232 ± 0.04^b
	Thr	0.211 ± 0.04^a	0.190 ± 0.02^b	0.193 ± 0.03^{ab}	0.180 ± 0.03^b
	His	0.125 ± 0.02^a	0.114 ± 0.02^{ab}	0.112 ± 0.02^b	0.098 ± 0.01^c
	Phe	0.196 ± 0.03^a	0.178 ± 0.02^a	0.180 ± 0.03^a	0.158 ± 0.03^b
	Met	0.132 ± 0.02^a	0.116 ± 0.02^b	0.109 ± 0.02^b	0.090 ± 0.02^c
NEAA	Cys	0.060 ± 0.01^a	0.054 ± 0.01^a	0.039 ± 0.02^b	0.044 ± 0.01^b
	Asp	0.300 ± 0.06^a	0.275 ± 0.04^{ab}	0.265 ± 0.05^b	0.251 ± 0.05^b
	Glu	0.900 ± 0.05^a	0.825 ± 0.03^{ab}	0.764 ± 0.03^a	0.879 ± 0.02^b
	Ser	0.208 ± 0.04^a	0.193 ± 0.03^b	0.198 ± 0.03^b	0.190 ± 0.04^b
	Pro	0.435 ± 0.08^a	0.394 ± 0.06^{ab}	0.373 ± 0.08^{bc}	0.280 ± 0.06^c
	Gly	0.060 ± 0.01^a	0.054 ± 0.01^b	0.048 ± 0.01^b	0.050 ± 0.0^b
	Ala	0.105 ± 0.02^a	0.096 ± 0.01^{ab}	0.091 ± 0.02^b	0.086 ± 0.02^b
	Tyr	0.186 ± 0.03^a	0.165 ± 0.02^b	0.183 ± 0.03^{ab}	0.165 ± 0.03^b
	Arg	0.180 ± 0.03^a	0.166 ± 0.03^{ab}	0.154 ± 0.03^{bc}	0.139 ± 0.03^c
TAA	—	4.390 ± 0.77^a	3.992 ± 0.57^a	3.911 ± 0.71^a	3.671 ± 0.71^b
EAA	—	1.955	1.77	1.804	1.579
EAA/TAA/%	—	44.54	44.34	46.13	43.01
EAA/NEAA/%	—	80.32	79.66	85.62	75.48

注：同行不同字母表示差异显著（$P<0.05$），相同字母表示差异不显著（$P>0.05$）。TAA 为氨基酸总量，EAA 为必需氨基酸总量，NEAA 为非必需氨基酸总量。

非必需氨基酸中，内蒙古东部地区双峰驼乳中 Asp、Pro、Gly、Ala 和 Arg 含量显著高于内蒙古西部地区和新疆（$P<0.05$）；内蒙古西部地区和新疆双峰驼乳中 Cys 含量显著低于内蒙古东部和西部地区（$P<0.05$）；新疆双峰驼乳中 Glu 和 Ser 含量显著低于内蒙古东部和西部地区（$P<0.05$）；内蒙古东部地区双峰驼乳中 Tyr 含量显著高于内蒙古中部地区和新疆（$P<0.05$）。此外，氨基酸总量最高的地区为内蒙古东部地区（4.390mg/100mg），最低的为新疆（3.671mg/100mg）；其中新疆双峰驼乳中氨基酸总量显著低于内蒙古所有地区（$P<0.05$）。不同地区双峰驼乳 EAA/TAA 和 EAA/NEAA 分别在 40% 和 75% 以上，高于 FAO/WHO 理想蛋白质标准（40% 和 60% 以上，FAO/WHO/UNU①，2007）。

———————————

① UNU：联合国大学。

参照 FAO（2011）建议的三类人群氨基酸评分模式（FAO，2013），如表 2-16 所示，对各地区双峰驼乳中 EAA 含量进行归类分析。北疆、巴彦淖尔、锡林郭勒和额济纳旗双峰驼乳中 EAA 含量和婴儿（0~0.5 岁）需要量模式无显著差异（$P>0.05$），且其中 EAA 含量显著高于除婴儿外的人群需要量（$P<0.05$）。鄂尔多斯、呼伦贝尔、阿拉善左旗、南疆、阿拉善右旗、乌兰察布双峰驼乳中 EAA 含量显著高于所有人群需要量（$P<0.05$）。其中，鄂尔多斯和呼伦贝尔双峰驼乳中 EAA 含量显著高于其他地区，主要表现为 Leu 和 His 含量较高；呼伦贝尔双峰驼乳中 Met+Cys 含量较高，而北疆双峰驼乳中 EAA 含量显著低于其他地区，主要表现为 Leu、Phe+Tyr 和 Ile 含量较低。

表 2-16　　　　　　　　　　FAO（2011）氨基酸评分模式　　　　　单位：mg/g 蛋白质

氨基酸	三类人群氨基酸评分模式		
	0~0.5 岁	0.5~3 岁	>3 岁
Leu	96	66	61
Phe+Tyr	94	52	41
Lys	69	57	48
Val	55	43	40
Ile	55	32	30
Thr	44	31	25
Met+Cys	33	27	23
His	21	20	16
总和	467.0	328.0	284.0

进一步根据三类人群评分模式下的氨基酸评分方式对中国不同地区双峰驼乳进行打分。结果发现，在婴儿（0~0.5 岁）需要量模式下，第一限制性氨基酸均为 Phe+Tyr，鄂尔多斯、呼伦贝尔、阿拉善左旗、南疆、阿拉善右旗双峰驼乳中 Phe+Tyr 的氨基酸评分显著高于其他地区（$P<0.05$）；除了北疆，所有地区双峰驼乳的氨基酸评分均大于 100，北疆地区双峰驼乳中 Leu、Phe+Tyr 和 Ile 评分偏低，其他氨基酸评分均大于 100。

幼儿（0.5~3 岁）需要量模式下，呼伦贝尔、锡林郭勒和乌兰察布双峰驼乳第一限制性氨基酸为 Lys，南疆、北疆和阿拉善右旗双峰驼乳第一限制性氨基酸为 His，阿拉善左旗双峰驼乳第一限制性氨基酸为 Lys 和 His，巴彦淖尔和鄂尔多斯双峰驼乳第一限制性氨基酸为 Met+Cys，额济纳旗双峰驼乳第一限制性氨基酸为 Met+Cys 和 His，鄂尔多斯、呼伦贝尔和阿拉善左旗双峰驼乳中 Lys 的氨基酸评分显著高于其他地区（$P<0.05$），鄂尔多斯和呼伦贝尔双峰驼乳中 His 的氨基酸评分显著高于其他地区（$P<0.05$），呼伦贝尔双峰驼乳中 Met+Cys 的氨基酸评分显著高于其他地区（$P<0.05$），但是所有地区双峰驼乳的氨基酸评分均大于 100。

在 3 岁以上人群需要量模式下，呼伦贝尔、锡林郭勒和乌兰察布双峰驼乳第一限制性氨基酸为 Val，南疆、北疆、额济纳旗、阿拉善右旗和阿拉善左旗双峰驼乳第一限制性氨基酸为 Leu，巴彦淖尔和鄂尔多斯双峰驼乳第一限制性氨基酸为 Met+Cys，北疆、巴彦淖尔和锡林郭勒双峰驼乳中 Val 的氨基酸评分显著低于其他地区（$P<0.05$），鄂尔多斯和呼伦贝尔双峰驼乳中 Leu 的氨基酸评分显著高于其他地区（$P<0.05$），但是所有地区双峰驼乳的氨基酸评分均大于 100。除了北疆，所有地区双峰驼乳中的氨基酸可以满足所有人群的需求，其中最为突出的地区是鄂尔多斯和呼伦贝尔，而北疆双峰驼乳蛋白质对婴儿需要量的满足略显不足，但可以满足其他人群的需要。

（三）中国不同地区双峰驼乳脂肪酸组成分析

中国不同地区双峰驼乳脂肪酸含量分析结果如表 2-17 所示。不同地区的双峰驼乳中分别检测到了 19 种脂肪酸，其中饱和脂肪酸（SFA）11 种，单不饱和脂肪酸（MUFA）5 种，多不饱和脂肪酸（PUFA）3 种。SFA 含量最高的为棕榈酸（$C_{16:0}$），MUFA 含量最高的为油酸（$C_{18:1n9}$），PUFA 含量最高的为亚油酸（$C_{18:2n6}$）。中国不同地区双峰驼乳中 SFA、MUFA 和 PUFA 含量（表 2-7）显示，SFA 含量最高的地区为鄂尔多斯，含量最低的地区为阿拉善左旗。额济纳旗、巴彦淖尔和鄂尔多斯地区双峰驼乳中 SFA 含量显著高于阿拉善左旗双峰驼乳中的含量（$P<0.05$）。MUFA 含量最高的地区为呼伦贝尔，最低的地区为鄂尔多斯；呼伦贝尔、锡林郭勒、北疆和阿拉善左旗地区双峰驼乳中 MUFA 含量显著高于南疆和鄂尔多斯双峰驼乳中的含量（$P<0.05$）；PUFA 含量最高的地区为北疆，最低的地区为鄂尔多斯，其中北疆地区双峰驼乳中 PUFA 含量显著高于呼伦贝尔、额济纳旗、巴彦淖尔和鄂尔多斯双峰驼乳中的含量（$P<0.05$）。综上所述，鄂尔多斯地区双峰驼乳中的饱和脂肪酸含量比其他地区略高，北疆地区的双峰驼乳中不饱和脂肪酸含量比其他地区略高。SFA/UFA 可以评价脂肪酸的营养价值，SFA/UFA 越小，其营养价值越高。中国不同地区双峰驼乳中，阿拉善左旗双峰驼乳的 SFA/UFA 为最低（1.7），鄂尔多斯地区双峰驼乳的 SFA/UFA 为最高（2.19），表明阿拉善左旗双峰驼乳中的脂肪酸营养价值比其他地区要高。

中国不同地区双峰驼乳中主要的脂肪酸为 $C_{16:0}$、$C_{18:1n9}$、$C_{18:0}$、$C_{14:0}$、$C_{16:1}$、$C_{15:0}$、$C_{17:0}$ 和 $C_{12:0}$，即其中长链（$C_{12} \sim C_{18}$）脂肪酸含量较高，这与现有的骆驼乳脂肪酸报道一致（Gaukhar et al.，2008；吉日木图等，2005；郭建功等，2009）。鄂尔多斯双峰驼乳中的 $C_{16:0}$ 含量最高（32.276%），阿拉善左旗双峰驼乳中的最低（23.132%）；锡林郭勒双峰驼乳中的 $C_{18:1n9}$ 含量最高（22.570%），鄂尔多斯双峰驼乳中的最低（17.088%）；北疆双峰驼乳中的 $C_{18:0}$ 含量最高（18.236%），鄂尔多斯双峰驼乳中的最低（10.720%）；鄂尔多斯双峰驼乳中的 $C_{14:0}$ 含量最高（14.146%），北疆双峰驼乳中的最低（9.956%）；呼伦贝尔双峰驼乳中的 $C_{16:1}$ 含量最高（8.088%），北疆双峰驼乳中的最低（5.380%）；呼伦贝尔双峰驼乳中的 $C_{15:0}$ 含量最高（2.078%），乌兰察布双峰驼乳中的最低（1.298%）；巴彦淖尔双峰驼乳中的 $C_{17:0}$ 含量最高（1.186%），阿拉善左旗双峰驼乳中的最低（0.992%）；阿拉善左旗双峰驼乳中的 $C_{12:0}$ 含量最高（1.102%），南疆双峰驼乳中的最低（0.730%）。

表2-17 中国不同地区双峰驼乳脂肪酸组成分析

单位:%

脂肪酸	呼伦贝尔	锡林郭勒	乌兰察布	南疆	北疆	额济纳旗	阿拉善右旗	阿拉善左旗	巴彦淖尔	鄂尔多斯
$C_{6:0}$	0.382±0.06[b]	0.342±0.05[a]	0.286±0.06[b]	0.238±0.05[b]	0.296±0.07[ab]	0.180±0.04[b]	0.252±0.05[a]	0.260±0.04[a]	0.226±0.03[b]	0.186±0.05[b]
$C_{8:0}$	0.366±0.03[ab]	0.462±0.03[a]	0.418±0.04[a]	0.178±0.03[b]	0.224±0.06[b]	0.228±0.03[b]	0.290±0.09[a]	0.330±0.08[a]	0.286±0.06[ab]	0.238±0.05[b]
$C_{10:0}$	0.156±0.02[b]	0.204±0.04[a]	0.186±0.05[b]	0.108±0.03[b]	0.136±0.02[b]	0.158±0.02[ab]	0.116±0.06[b]	0.208±0.04[a]	0.205±0.03[ab]	0.180±0.05[ab]
$C_{12:0}$	1.010±0.05[a]	1.088±0.02[a]	1.058±0.03[a]	0.730±0.03[b]	0.778±0.03[b]	1.000±0.06[a]	1.006±0.03[a]	1.102±0.07[a]	1.026±0.06[a]	1.012±0.04[a]
$C_{14:0}$	13.666±0.78[a]	12.776±1.22[a]	12.364±1.03[a]	10.688±0.53[b]	9.956±1.83[b]	13.042±0.61[a]	12.464±1.19[a]	13.584±1.45[a]	13.714±0.51[a]	14.146±1.37[a]
$C_{14:1}$	0.712±0.04[a]	0.512±0.03[b]	0.495±0.04[b]	0.460±0.05[b]	0.334±0.08[b]	0.532±0.09[b]	0.486±0.05[b]	0.608±0.04[ab]	0.554±0.06[b]	0.642±0.05[a]
$C_{15:0}$	2.078±0.17[a]	1.346±0.17[b]	1.298±0.14[b]	1.750±0.41[a]	1.836±0.35[a]	2.032±0.12[a]	1.478±0.08[a]	1.968±0.10[a]	1.894±0.06[a]	1.886±0.12[a]
$C_{16:0}$	30.022±1.62[a]	27.656±1.67[ab]	27.268±1.05[ab]	25.398±0.94[b]	24.976±1.45[b]	30.360±1.24[a]	26.380±1.01[ab]	23.132±1.03[b]	30.284±1.03[a]	32.276±1.84[a]
$C_{16:1}$	8.088±0.49[a]	6.002±0.63[b]	5.896±0.56[b]	5.408±0.08[b]	5.380±0.52[b]	7.138±0.35[ab]	5.700±0.34[b]	7.092±0.77[ab]	7.054±0.56[ab]	7.936±0.89[a]
$C_{17:0}$	1.178±0.08[a]	1.024±0.25[a]	1.005±0.09[a]	1.124±0.13[a]	1.160±0.18[a]	1.226±0.09[a]	0.992±0.08[a]	1.086±0.07[a]	1.186±0.09[a]	1.232±0.05[a]
$C_{17:1}$	0.816±0.08[a]	0.544±0.08[b]	0.504±0.06[b]	0.568±0.03[b]	0.640±0.09[ab]	0.718±0.02[a]	0.490±0.06[b]	0.704±0.05[a]	0.668±0.08[a]	0.666±0.04[a]
$C_{18:0}$	11.232±0.69[b]	15.596±1.48[a]	15.198±1.01[a]	17.506±1.76[a]	18.236±1.26[a]	13.104±1.07[b]	16.996±0.99[a]	12.622±1.68[b]	12.840±0.83[b]	10.720±1.51[b]
$C_{18:1n9t}$	0.704±0.15[b]	1.548±0.51[a]	1.526±0.38[a]	1.834±0.28[a]	1.808±0.22[a]	1.388±0.27[a]	0.574±0.13[b]	1.504±0.33[a]	1.306±0.13[a]	1.040±0.29[b]
$C_{18:1n9c}$	19.342±0.91[a]	20.780±0.99[a]	19.876±0.87[a]	18.114±0.84[ab]	20.762±1.23[a]	17.354±0.83[ab]	19.738±0.78[a]	19.680±0.97[a]	17.492±1.01[ab]	16.048±1.04[b]
$C_{18:2n6t}$	0.234±0.02[ab]	0.306±0.08[a]	0.289±0.05[a]	0.302±0.04[a]	0.324±0.07[a]	0.178±0.02[b]	0.252±0.08[ab]	0.202±0.03[b]	0.190±0.04[b]	0.174±0.02[b]
$C_{18:2n6c}$	1.522±0.16[b]	2.220±0.20[a]	2.089±0.09[a]	1.490±0.19[b]	2.142±0.51[a]	1.704±0.11[b]	2.230±0.15[a]	1.862±0.30[b]	1.671±0.27[b]	1.622±0.15[b]
$C_{18:3n3}$	0.566±0.11[b]	0.656±0.25[b]	0.636±0.18[b]	1.116±0.10[a]	1.030±0.09[a]	0.450±0.03[b]	0.626±0.07[b]	0.628±0.12[b]	0.449±0.09[b]	0.466±0.05[b]
$C_{20:0}$	0.372±0.04[b]	0.598±0.08[b]	0.568±0.04[b]	1.240±0.09[a]	1.596±0.06[a]	0.620±0.05[b]	0.704±0.07[b]	0.466±0.08[b]	0.564±0.05[b]	0.548±0.06[b]
$C_{22:0}$	0.220±0.01[b]	0.202±0.03[b]	0.198±0.01[b]	0.612±0.04[a]	0.670±0.09[a]	0.172±0.07[b]	0.284±0.04[b]	0.150±0.02[b]	0.150±0.02[b]	0.246±0.02[b]
SFA	60.676±2.05[ab]	61.294±3.85[a]	59.847±3.23[ab]	59.574±2.99[ab]	59.866±3.11[ab]	62.116±2.35[a]	60.962±2.75[ab]	54.906±3.61[b]	62.376±2.81[a]	62.670±2.32[a]
MUFA	29.660±0.88[a]	29.386±1.62[a]	28.297±1.34[a]	26.384±2.98[a]	28.924±2.20[a]	27.130±1.45[a]	26.988±1.69[a]	29.584±2.24[a]	27.074±2.64[a]	26.332±1.39[b]
PUFA	2.322±0.26[b]	3.182±0.40[ab]	3.014±0.36[ab]	2.908±0.28[ab]	3.496±0.16[b]	2.332±0.3[b]	3.108±0.21[ab]	2.692±0.3[b]	2.312±0.28[b]	2.262±0.18[b]
SFA/UFA	1.9	1.88	1.91	2.03	1.85	2.11	2.03	1.7	2.12	2.19

注:同行不同字母表示差异显著（$P<0.05$），相同字母表示差异不显著（$P>0.05$）。

（四）中国不同地区双峰驼乳矿物质组成分析

呼伦贝尔、锡林郭勒、北疆、阿拉善右旗和鄂尔多斯地区双峰驼乳中钙含量最高；乌兰察布、南疆、额济纳旗、阿拉善左旗和巴彦淖尔地区双峰驼乳中钾含量最高。高玎玲（2017）的研究表明，呼伦贝尔和阿拉善左旗双峰驼乳中钙的含量高于钾的含量，其中阿拉善左旗的结果与本研究结果不一致，有可能是成分测定方法、泌乳期或者饲养方式等不同导致的。吉日木图（2005）等的研究表明，阿拉善左旗双峰驼分娩后第一次挤乳至第30天，乳中钙的含量均高于钾的含量，而在第90天，乳中钾的含量高于钙，这充分证明双峰驼乳矿物质的含量受泌乳期影响。赵璐（2017）的研究结果表明，新疆北部地区双峰驼乳中钾的含量高于钙。总之，双峰驼乳中钾和钙的含量变化较大，即使是同一个地区，其含量也有可能不一致。

如表 2-18 所示，每 100g 中国不同地区双峰驼乳中，阿拉善右旗双峰驼乳中钙含量（232.45mg）显著高于乌兰察布（149.40mg）、南疆（148.78mg）、额济纳旗（155.00mg）和巴彦淖尔（152.40mg）地区双峰驼乳中的含量（$P<0.05$）；阿拉善左旗（183.50mg）和巴彦淖尔（181.70mg）地区双峰驼乳中钾含量显著高于南疆（149.35mg）、北疆（145.30mg）和阿拉善右旗（151.15mg）双峰驼乳中的含量（$P<0.05$）；阿拉善右旗双峰驼乳中钠含量（85.11mg）显著高于呼伦贝尔（53.64mg）、锡林郭勒（45.78mg）、乌兰察布（56.66mg）、北疆（52.31mg）和额济纳旗（52.10mg）双峰驼乳中的含量（$P<0.05$）；阿拉善右旗双峰驼乳中锌含量（1.276mg）显著高于额济纳旗（0.488mg）、巴彦淖尔（0.368mg）和鄂尔多斯（0.448mg）双峰驼乳中的含量（$P<0.05$）；不同地区双峰驼乳中镁含量无显著差异（$P>0.05$）；总的来说，阿拉善右旗双峰驼乳中钙、钠和锌含量较其他地区高。

表 2-18　　　　中国不同地区双峰驼乳中矿物质含量分析（每100g）　　　　单位：mg

地区	钙	钾	镁	钠	锌
呼伦贝尔	185.90±8.24[ab]	162.10±2.03[ab]	10.07±1.83[a]	53.64±4.76[bc]	0.861±0.17[ab]
锡林郭勒	176.50±21.35[ab]	160.95±23.40[ab]	11.92±0.54[a]	45.78±1.69[c]	0.886±0.07[ab]
乌兰察布	149.40±9.19[b]	172.30±15.274[ab]	10.67±1.99[a]	56.66±9.43[bc]	0.683±0.14[ab]
南疆	148.78±23.63[b]	149.35±13.01[b]	11.20±2.83[a]	64.38±12.46[abc]	0.718±0.42[ab]
北疆	192.65±37.12[ab]	145.30±12.02[b]	10.56±0.29[a]	52.31±7.90[bc]	0.606±0.28[ab]
额济纳旗	155.00±14.14[b]	161.80±13.43[ab]	10.75±0.30[a]	52.10±3.29[bc]	0.488±0.08[b]
阿拉善右旗	232.45±51.97[a]	151.15±12.80[b]	9.16±0.28[a]	85.11±21.12[a]	1.276±0.20[a]
阿拉善左旗	180.15±52.68[ab]	183.50±0.85[a]	11.85±0.53[a]	74.20±18.60[abc]	0.844±0.60[ab]
巴彦淖尔	152.40±80.88[b]	181.70±4.10[a]	9.04±3.53[a]	61.27±7.07[abc]	0.368±0.14[b]
鄂尔多斯	194.40±62.37[ab]	169.25±14.64[ab]	10.23±1.39[a]	60.42±11.33[abc]	0.448±0.27[b]
平均值±标准差	174.73±39.38	162.42±15.76	10.58±1.45	60.61±13.78	0.724±0.34

注：同列不同字母表示差异显著（$P<0.05$），相同字母表示差异不显著（$P>0.05$）。

二、中国不同品种双峰驼乳化学组成分析

品种特性是影响乳成分的主要因素之一，以下对阿拉善双峰驼乳（来自额济纳旗、阿拉善左旗、阿拉善右旗和鄂尔多斯）、苏尼特双峰驼乳（来自呼伦贝尔、锡林郭勒和乌兰察布）、新疆塔里木双峰驼乳（来自新疆南疆地区）、新疆准噶尔双峰驼乳（来自新疆北疆地区）和乌拉特戈壁红驼乳（来自巴彦淖尔乌拉特后旗）进行化学组成分析。

（一）中国不同品种双峰驼乳常规营养成分分析

中国不同品种双峰驼乳常规营养成分分析结果如表 2-19 所示，新疆塔里木双峰驼乳脂肪含量最高，为（6.71±2.60）%，新疆准噶尔双峰驼乳脂肪含量最低，为（4.84±1.51）%。新疆塔里木双峰驼和乌拉特戈壁红驼乳中的脂肪含量显著高于苏尼特双峰驼和新疆准噶尔双峰驼乳中的含量（$P<0.05$）。苏尼特双峰驼乳中蛋白质［（3.52±0.28）%］和乳糖［（5.27±0.42）%］含量最高，而乌拉特戈壁红驼乳中蛋白质［（3.14±0.26）%］和乳糖［（4.70±0.42）%］含量最低；乌拉特戈壁红驼乳中蛋白质和乳糖含量显著低于其他品种骆驼乳中的含量（$P<0.05$），而其他品种之间无显著差异（$P<0.05$）。新疆塔里木双峰驼乳中总固形物含量最高（15.91±2.42）%，阿拉善双峰驼乳中的含量最低（14.13±1.55）%；阿拉善双峰驼乳中总固形物含量和乌拉特戈壁红驼乳中的含量无显著差异（$P>0.05$），但显著低于其他 3 个品种（$P<0.05$）。苏尼特双峰驼乳中灰分含量为最高（0.79±0.06）%，乌拉特戈壁红驼乳中的灰分含量最低（0.69±0.06）%，不同品种之间灰分含量无显著差异（$P>0.05$），和不同地区分析结果一致。

表 2-19　　　　　　　　中国不同品种双峰驼乳常规营养成分分析　　　　　　　单位:%

成分	阿拉善双峰驼乳	苏尼特双峰驼乳	新疆塔里木双峰驼乳	新疆准噶尔双峰驼乳	乌拉特戈壁红驼乳
脂肪	5.00±1.54[b]	5.78±2.32[ab]	6.71±2.60[a]	4.84±1.51[b]	6.37±1.18[a]
蛋白质	3.36±0.29[a]	3.52±0.28[a]	3.38±0.15[a]	3.50±0.16[a]	3.14±0.26[b]
乳糖	5.04±0.44[a]	5.27±0.42[a]	5.05±0.22[a]	5.16±0.23[a]	4.70±0.40[b]
总固形物	14.13±1.55[b]	15.37±2.36[a]	15.91±2.42[a]	15.34±5.61[a]	14.91±1.63[ab]
灰分	0.74±0.07[a]	0.79±0.06[a]	0.78±0.03[a]	0.72±0.03[a]	0.69±0.06[a]

注：同行不同字母表示差异显著（$P<0.05$），相同字母表示差异不显著（$P>0.05$）。

（二）中国不同品种双峰驼乳氨基酸组成分析

中国不同品种双峰驼乳氨基酸组成分析如表 2-20 所示，不同品种的骆驼乳中含量最高的必需氨基酸均为 Leu，含量最高的非必需氨基酸均为 Glu，与各地区间的含量分析保持一致。苏尼特双峰驼乳中氨基酸总含量最高（4.140±0.66）%，新疆准噶尔双峰驼乳中氨基酸总含量最低（3.336±0.76）%。阿拉善、苏尼特、新疆塔里木双峰驼乳中氨基酸总含量显著高于新疆准噶尔双峰驼乳和乌拉特戈壁红驼乳（$P<0.05$）。必需氨基酸总含量最

高的为阿拉善双峰驼乳（1.849%），最低的为新疆准噶尔双峰驼乳（1.487%）。阿拉善双峰驼乳和苏尼特双峰驼乳中所有必需氨基酸含量显著高于新疆准噶尔双峰驼和乌拉特戈壁红驼乳（$P<0.05$），苏尼特双峰驼乳中所有非必需氨基酸含量显著高于新疆准噶尔双峰驼乳（$P<0.05$）。总之，苏尼特双峰驼乳中所有必需氨基酸和非必需氨基酸的含量都显著高于新疆准噶尔双峰驼乳中的含量（$P<0.05$）。

表2-20　　　　　　　　　　　中国不同品种双峰驼乳氨基酸组成分析　　　　　　　单位:%

分类	氨基酸	阿拉善双峰驼	苏尼特双峰驼	新疆塔里木双峰驼	新疆准噶尔双峰驼	乌拉特戈壁红驼
EAA	Lys	0.331±0.05[a]	0.327±0.05[a]	0.309±0.03[b]	0.268±0.06[b]	0.276±0.05[b]
	Leu	0.414±0.08[a]	0.408±0.07[a]	0.384±0.05[a]	0.320±0.08[b]	0.342±0.07[b]
	Ile	0.232±0.04[a]	0.223±0.04[a]	0.217±0.03[a]	0.182±0.04[b]	0.191±0.04[b]
	Val	0.264±0.04[a]	0.258±0.04[a]	0.255±0.03[a]	0.219±0.05[b]	0.219±0.05[b]
	Thr	0.198±0.03[a]	0.198±0.03[a]	0.197±0.02[a]	0.170±0.04[b]	0.162±0.03[b]
	His	0.115±0.02[a]	0.118±0.02[a]	0.108±0.01[b]	0.092±0.02[b]	0.095±0.02[b]
	Phe	0.184±0.03[a]	0.185±0.03[a]	0.173±0.02[a]	0.149±0.03[b]	0.156±0.03[b]
	Met	0.111±0.02[a]	0.122±0.02[a]	0.094±0.02[b]	0.087±0.03[b]	0.095±0.02[b]
NEAA	Cys	0.041±0.01[b]	0.056±0.01[a]	0.045±0.01[b]	0.043±0.01[b]	0.026±0.02[b]
	Asp	0.275±0.04[a]	0.284±0.05[a]	0.280±0.03[a]	0.235±0.05[b]	0.212±0.04[b]
	Glu	0.900±0.14[a]	0.853±0.14[a]	0.838±0.09[a]	0.721±0.15[b]	0.761±0.15[b]
	Ser	0.204±0.03[a]	0.199±0.03[a]	0.208±0.02[a]	0.180±0.04[b]	0.164±0.03[b]
	Pro	0.375±0.08[a]	0.410±0.07[a]	0.314±0.04[b]	0.261±0.06[b]	0.360±0.07[a]
	Gly	0.050±0.01[b]	0.057±0.01[a]	0.057±0.01[a]	0.046±0.01[b]	0.037±0.01[b]
	Ala	0.094±0.02[a]	0.099±0.02[a]	0.096±0.01[a]	0.080±0.02[b]	0.072±0.02[b]
	Tyr	0.188±0.03[a]	0.173±0.03[a]	0.181±0.03[a]	0.155±0.03[b]	0.157±0.03[b]
	Arg	0.160±0.03[a]	0.171±0.03[a]	0.156±0.02[a]	0.130±0.03[b]	0.118±0.02[b]
TAA	—	4.137±0.66[a]	4.140±0.67[a]	3.908±0.46[a]	3.336±0.76[b]	3.442±0.67[b]
EAA	—	1.849	1.839	1.737	1.487	1.536
EAA/TAA	—	44.69	44.42	44.40	44.56	44.61
EAA/NEAA	—	80.85	79.89	79.86	80.38	80.55

注：同行不同字母表示差异显著（$P<0.05$），相同字母表示差异不显著（$P>0.05$）。

（三）中国不同品种双峰驼乳脂肪酸组成分析

中国不同品种双峰驼乳脂肪酸组成分析如表2-21所示。骆驼乳中主要的脂肪酸为$C_{16:0}$、$C_{18:1n9}$、$C_{18:0}$、$C_{14:0}$、$C_{16:1}$、$C_{15:0}$、$C_{17:0}$和$C_{12:0}$。乌拉特戈壁红驼乳中$C_{16:0}$

（30.284±1.03）%、$C_{14:0}$（13.714±0.51）%和$C_{16:1}$（7.054±0.56）%含量最高，且显著高于新疆塔里木双峰驼乳和新疆准噶尔双峰驼乳（$P<0.05$）。新疆准噶尔双峰驼乳中$C_{18:1n9}$含量（20.762±1.23）%最高，显著高于阿拉善双峰驼乳、新疆塔里木双峰驼乳和乌拉特戈壁红驼乳中的含量（$P<0.05$）。新疆准噶尔双峰驼乳中$C_{18:0}$含量（18.236±1.26）%最高，显著高于阿拉善双峰驼乳、苏尼特双峰驼乳和乌拉特戈壁红驼乳中的含量（$P<0.05$）。乌拉特戈壁红驼乳中$C_{15:0}$含量（1.894±0.06）%最高，显著高于新疆塔里木双峰驼乳和苏尼特双峰驼乳中的含量（$P<0.05$）；乌拉特壁红驼乳中$C_{17:0}$含量（1.186±0.09）%最高，显著高于其他品种（$P<0.05$）；苏尼特双峰驼乳中$C_{12:0}$含量（1.049±0.09）%最高，显著高于新疆塔里木双峰驼乳和新疆准噶尔双峰驼乳中的含量（$P<0.05$）。总之，乌拉特戈壁红驼乳中饱和脂肪酸含量最高，苏尼特双峰驼乳中单不饱和脂肪酸含量最高，新疆准噶尔双峰驼乳中多不饱和脂肪酸含量最高。

表2-21　　　　　　　　　　中国不同品种双峰驼乳脂肪酸组成分析　　　　　　　单位:%

脂肪酸	阿拉善双峰驼	苏尼特双峰驼	新疆塔里木双峰驼	新疆准噶尔双峰驼	乌拉特戈壁红驼
$C_{6:0}$	0.220±0.06[b]	0.362±0.09[a]	0.238±0.05[b]	0.296±0.07[ab]	0.226±0.03[b]
$C_{8:0}$	0.272±0.08[b]	0.414±0.03[a]	0.178±0.03[b]	0.224±0.06[b]	0.286±0.06[b]
$C_{10:0}$	0.166±0.0[ab]	0.180±0.04[ab]	0.108±0.03[b]	0.136±0.02[b]	0.205±0.03[a]
$C_{12:0}$	1.030±0.09[a]	1.049±0.09[a]	0.730±0.03[b]	0.778±0.03[b]	1.026±0.06[a]
$C_{14:0}$	13.309±1.28[a]	13.211±1.07[a]	10.688±0.53[b]	9.956±1.83[b]	13.714±0.51[a]
$C_{14:1}$	0.567±0.03[a]	0.612±0.05[a]	0.460±0.05[b]	0.334±0.08[b]	0.554±0.06[a]
$C_{15:0}$	1.841±0.24[a]	1.712±0.42[b]	1.750±0.41[b]	1.836±0.35[a]	1.894±0.06[a]
$C_{16:0}$	28.037±1.75[a]	28.839±1.59[a]	25.398±0.94[b]	24.976±1.45[b]	30.284±1.03[a]
$C_{16:1}$	6.967±0.22[a]	7.045±0.39[a]	5.408±0.08[b]	5.380±0.52[b]	7.054±0.56[a]
$C_{17:0}$	1.134±0.12[b]	1.101±0.19[b]	1.124±0.13[b]	1.160±0.18[b]	1.186±0.09[a]
$C_{17:1}$	0.645±0.03[a]	0.680±0.05[a]	0.568±0.03[b]	0.640±0.09[a]	0.668±0.08[a]
$C_{18:0}$	13.361±1.64[b]	13.414±1.54[b]	17.506±1.76[a]	18.236±1.26[a]	12.840±0.83[b]
$C_{18:1n9t}$	1.127±0.09[b]	1.126±0.18[b]	1.834±0.28[a]	1.808±0.22[a]	1.306±0.13[b]
$C_{18:1n9c}$	18.205±0.51[b]	20.061±0.37[a]	18.114±0.84[b]	20.762±1.23[a]	17.492±1.01[b]
$C_{18:2n6t}$	0.202±0.05[b]	0.270±0.02[a]	0.302±0.04[a]	0.324±0.07[a]	0.190±0.04[b]
$C_{18:2n6c}$	1.855±0.29[a]	1.871±0.41[a]	1.490±0.19[b]	2.142±0.51[a]	1.671±0.27[b]
$C_{18:3n3}$	0.543±0.02[b]	0.611±0.06[b]	1.116±0.10[a]	1.030±0.09[a]	0.449±0.09[b]
$C_{20:0}$	0.585±0.13[b]	0.485±0.13[b]	1.240±0.09[a]	1.596±0.06[a]	0.564±0.05[b]
$C_{22:0}$	0.213±0.01[b]	0.211±0.08[b]	0.612±0.04[a]	0.670±0.09[a]	0.150±0.02[b]
SFA	60.164±2.51[b]	60.985±2.92[ab]	59.574±2.99[b]	59.866±3.11[b]	62.376±2.81[a]
MUFA	27.509±2.02[ab]	29.523±1.23[a]	26.384±2.98[b]	28.924±2.20[a]	27.074±2.64[ab]

续表

脂肪酸	阿拉善双峰驼	苏尼特双峰驼	新疆塔里木双峰驼	新疆准噶尔双峰驼	乌拉特戈壁红驼
PUFA	2.599±0.41[ab]	2.752±0.56[ab]	2.908±0.28[ab]	3.496±0.64[a]	2.312±0.28[b]
MUFA/SFA	0.45	0.48	0.44	0.48	0.43
PUFA/SFA	0.04	0.05	0.05	0.06	0.04
SFA/UFA	2.00	1.89	2.03	1.85	2.12

注：同行不同字母表示差异显著（$P<0.05$），相同字母表示差异不显著（$P>0.05$）。

（四）中国不同品种双峰驼乳矿物质组成分析

阿拉善、苏尼特、新疆塔里木、新疆准噶尔双峰驼和乌拉特戈壁红驼乳中矿物质含量如表2-22所示。新疆准噶尔双峰驼乳中钙含量最高，每100g阿拉善双峰驼乳〔（190.50±47.59）mg〕和准噶尔双峰驼乳〔（192.65±37.12）mg〕中钙含量显著高于乌拉特戈壁红驼乳〔（152.40±80.88）mg〕（$P<0.05$）；乌拉特戈壁红驼乳中钾含量最高〔（181.70±4.10）mg〕，显著高于新疆塔里木双峰驼乳〔（149.35±13.01）mg〕和新疆准噶尔双峰驼乳〔（145.30±12.02）mg〕（$P<0.05$）。阿拉善双峰驼乳中钠含量最高，阿拉善双峰驼乳〔（67.96±17.80）mg〕和新疆塔里木双峰驼乳〔（64.38±12.46）mg〕中钠含量显著高于苏尼特双峰驼乳〔（52.26±6.66）mg〕和准噶尔双峰驼乳〔（52.31±7.90）mg〕（$P<0.05$）。苏尼特双峰驼乳中锌含量最高，阿拉善双峰驼乳〔（0.764±0.44）mg〕、苏尼特双峰驼乳〔（0.817±0.15）mg〕和新疆塔里木双峰驼乳〔（0.718±0.42）mg〕双峰驼乳中锌含量显著高于乌拉特戈壁红驼乳〔（0.368±0.14）mg〕（$P<0.05$）。新疆塔里木双峰驼乳中镁含量最高，而不同品种骆驼乳中镁含量无显著差异（$P>0.05$）。

表2-22　　　　　　中国不同品种双峰驼乳矿物质组成分析（每100g）　　　　单位：mg

矿物质元素	阿拉善双峰驼	苏尼特双峰驼	新疆塔里木双峰驼	新疆准噶尔双峰驼	乌拉特戈壁红驼
钙	190.50±47.59[a]	172.79±19.64[ab]	148.78±23.63[b]	192.65±37.12[a]	152.40±80.88[b]
钾	166.42±15.44[ab]	164.69±12.60[ab]	149.35±13.01[b]	145.30±12.02[b]	181.70±4.10[a]
镁	10.50±1.19[a]	10.77±1.58[a]	11.20±2.83[a]	10.56±0.29[a]	9.04±3.53[a]
钠	67.96±17.80[a]	52.26±6.66[b]	64.38±12.46[a]	52.31±7.90[b]	61.27±7.07[ab]
锌	0.764±0.44[a]	0.817±0.15[a]	0.718±0.42[a]	0.606±0.28[ab]	0.368±0.14[b]

注：同行不同字母表示差异显著（$P<0.05$），相同字母表示差异不显著（$P>0.05$）。

三、蒙古不同地区双峰驼乳化学组成分析

（一）蒙古不同地区双峰驼乳常规营养成分分析

蒙古不同地区双峰驼乳化学组成分析如表2-23所示，每100mL科布多省、戈壁阿勒

泰省、巴彦洪戈尔省、前杭爱省和南戈壁省双峰驼乳中脂肪含量分别为（6.24±1.29）g、（5.81±1.38）g、（4.64±0.91）g、（4.49±0.65）g 和（5.56±1.17）g，其中科布多省双峰驼乳中的脂肪含量最高，前杭爱省双峰驼乳中的脂肪含量最低，且科布多省分别与巴彦洪戈尔省、前杭爱省和南戈壁省双峰驼乳中脂肪含量存在显著差异（$P<0.05$），而戈壁阿勒泰省和科布多省双峰驼乳中脂肪含量差异不显著（$P>0.05$）。

　　每 100mL 科布多省、戈壁阿勒泰省、巴彦洪戈尔省、前杭爱省和南戈壁省骆驼乳中非脂乳固体（MSNF）含量分别为（9.62±1.08）g、（9.66±1.13）g、（9.66±0.65）g、（9.65±0.78）g 和（9.86±0.80）g，南戈壁省双峰驼乳中 MSNF 含量最高，科布多省双峰驼乳中含量最低，不同省份骆驼乳中 MSNF 含量不存在显著差异（$P>0.05$）。

表 2-23　　　　　　蒙古不同地区双峰驼乳化学组成分析（每 100mL）　　　　单位：g

地区	脂肪	非脂乳固体	蛋白质	乳糖	灰分
科布多省	6.24±1.29[a]	9.62±1.08[a]	3.65±0.40[a]	5.24±0.59[a]	0.73±0.09[a]
戈壁阿勒泰省	5.81±1.38[a]	9.66±1.13[a]	3.66±0.42[a]	5.27±0.62[a]	0.74±0.09[a]
巴彦洪戈尔省	4.64±0.91[b]	9.66±0.65[a]	3.65±0.25[a]	5.28±0.35[a]	0.73±0.05[a]
前杭爱省	4.49±0.65[b]	9.65±0.78[a]	3.65±0.29[a]	5.28±0.43[a]	0.73±0.07[a]
南戈壁省	5.56±1.17[b]	9.86±0.80[a]	3.73±0.30[a]	5.38±0.44[a]	0.75±0.07[a]

注：同列不同字母表示差异显著（$P<0.05$），相同字母表示差异不显著（$P>0.05$）。

　　每 100mL 科布多省、戈壁阿勒泰省、巴彦洪戈尔省、前杭爱省和南戈壁省双峰驼乳中的蛋白质含量分别为（3.65±0.40）g、（3.66±0.42）g、（3.65±0.25）g、（3.65±0.29）g 和（3.73±0.30）g，含量较高的地区为南戈壁省，各地区双峰驼乳中蛋白质含量无显著差异（$P>0.05$），均低于已报道的野生双峰驼乳蛋白质含量，这与野生双峰驼的生长环境有很大关系。对野生双峰驼而言，其生存较困难，需要更多的蛋白质满足生存需要。

　　不同地区双峰驼乳乳糖含量的测定结果表明，每 100mL 骆驼乳中乳糖含量较高的地区为南戈壁省（5.38±0.44）g，其次为前杭爱省（5.28±0.43）g 和巴彦洪戈尔省（5.28±0.35）g 及戈壁阿勒泰省（5.27±0.62）g，较低的为科布多省（5.24±0.59）g。各地区双峰驼乳中乳糖含量并无显著差异（$P>0.05$）。

　　灰分含量的测定表明，每 100mL 科布多省、戈壁阿勒泰省、巴彦洪戈尔省和前杭爱省及南戈壁省双峰驼乳灰分含量分别为（0.73±0.09）g、（0.74±0.09）g、（0.73±0.05）g、（0.73±0.07）g 和（0.75±0.07）g。各地区间双峰驼乳的灰分含量测定值相差较小，并无显著差异（$P>0.05$）。

（二）蒙古不同地区双峰驼乳氨基酸组成分析

　　蒙古不同地区双峰驼乳氨基酸组成分析如表 2-24 所示。蒙古不同地区双峰驼乳中必需氨基酸含量最高的均为 Leu，含量最高的非必需氨基酸均为 Glu。南戈壁省双峰驼乳总氨基酸含量显著高于科布多省、巴彦洪戈尔省和前杭爱省（$P<0.05$），而南戈壁省与戈壁阿勒泰省双峰驼乳中总氨基酸含量差异不显著（$P>0.05$）。

表 2-24　　　　　　　蒙古不同地区双峰驼乳氨基酸组成分析（每 100mg）　　　　　单位：mg

氨基酸	科布多省 (n=35)	戈壁阿勒泰省 (n=50)	巴彦洪戈尔省 (n=40)	前杭爱省 (n=35)	南戈壁省 (n=63)
Asp	0.242 ± 0.043^{ab}	0.254 ± 0.034^{ab}	0.227 ± 0.043^{a}	0.235 ± 0.024^{a}	0.272 ± 0.045^{b}
Thr*	0.175 ± 0.034^{ab}	0.185 ± 0.024^{ab}	0.167 ± 0.032^{a}	0.172 ± 0.016^{ab}	0.195 ± 0.033^{b}
Ser	0.176 ± 0.035^{a}	0.185 ± 0.024^{ab}	0.166 ± 0.031^{a}	0.171 ± 0.016^{a}	0.199 ± 0.027^{b}
Glu	0.787 ± 0.158^{a}	0.828 ± 0.109^{ab}	0.748 ± 0.143^{a}	0.75 ± 0.055^{a}	0.893 ± 0.123^{b}
Gly	0.049 ± 0.009^{b}	0.049 ± 0.007^{b}	0.043 ± 0.008^{a}	0.043 ± 0.005^{a}	0.053 ± 0.007^{b}
Ala	0.089 ± 0.017^{ab}	0.092 ± 0.013^{ab}	0.082 ± 0.016^{a}	0.082 ± 0.008^{a}	0.098 ± 0.014^{b}
Cys	0.051 ± 0.004^{b}	0.049 ± 0.003^{b}	0.045 ± 0.004^{a}	0.046 ± 0.003^{a}	0.056 ± 0.004^{c}
Val*	0.246 ± 0.051^{abc}	0.252 ± 0.046^{bc}	0.232 ± 0.043^{a}	0.234 ± 0.020^{ab}	0.268 ± 0.037^{c}
Met*	0.117 ± 0.022^{abc}	0.126 ± 0.017^{bc}	0.111 ± 0.019^{a}	0.114 ± 0.010^{ab}	0.130 ± 0.018^{c}
Ile*	0.213 ± 0.048^{ab}	0.221 ± 0.031^{ab}	0.201 ± 0.042^{a}	0.206 ± 0.018^{a}	0.237 ± 0.035^{b}
Leu*	0.399 ± 0.09^{ab}	0.409 ± 0.059^{ab}	0.362 ± 0.075^{a}	0.363 ± 0.034^{a}	0.442 ± 0.066^{b}
Tyr	0.147 ± 0.031^{a}	0.157 ± 0.021^{a}	0.141 ± 0.027^{a}	0.142 ± 0.013^{a}	0.176 ± 0.023^{b}
Phe*	0.172 ± 0.034^{ab}	0.177 ± 0.023^{ab}	0.157 ± 0.031^{a}	0.16 ± 0.014^{a}	0.189 ± 0.026^{b}
Lys*	0.292 ± 0.054^{ab}	0.303 ± 0.039^{ab}	0.270 ± 0.052^{a}	0.278 ± 0.026^{a}	0.324 ± 0.045^{b}
His	0.101 ± 0.019^{bc}	0.105 ± 0.014^{abc}	0.092 ± 0.018^{a}	0.095 ± 0.009^{ab}	0.113 ± 0.016^{c}
Arg	0.149 ± 0.030^{ab}	0.155 ± 0.022^{bc}	0.134 ± 0.027^{a}	0.136 ± 0.015^{ab}	0.168 ± 0.024^{c}
Pro	0.405 ± 0.093^{a}	0.456 ± 0.067^{ab}	0.443 ± 0.086^{ab}	0.450 ± 0.034^{ab}	0.469 ± 0.067^{b}
TAA	3.848 ± 0.770^{a}	4.003 ± 0.533^{ab}	3.621 ± 0.695^{a}	3.678 ± 0.316^{a}	4.315 ± 0.594^{b}

注：标 * 的为必需氨基酸；同行不同字母表示有显著差异（$P<0.05$），同行相同字母表示无显著差异（$P>0.05$）；TAA 为总必需氨基酸；n 为样本量。

嘎利宾戈壁红驼乳中平均乳蛋白氨基酸含量和 FAO/WHO 推荐量对比如表 2-25 所示。骆驼乳中乳蛋白氨基酸中必需氨基酸含量高于 FAO/WHO 推荐量。一名普通劳动者 1d 饮用 500mL 骆驼乳，就可以满足必需氨基酸的需要。

表 2-25　嘎利宾戈壁红驼乳中平均乳蛋白氨基酸含量和 FAO/WHO 推荐量对比

氨基酸	FAO/WHO 推荐量/（mg/kg 体重）	60kg 体重成人需要量/（mg/60kg 体重）	0.5L 骆驼乳可提供量/mg
Ile	10	600	981.8
Leu	14	840	1659
Lys	12	720	1356.3
Met+Cys	13	780	74.2
Phe+Tyr	14	840	1520.8

续表

氨基酸	FAO/WHO 推荐量/ （mg/kg 体重）	60kg 体重成人需要量/ （mg/60kg 体重）	0.5L 骆驼乳 可提供量/mg
Tyr	4	240	—
Val	10	600	108.5
Thr	7	420	79.1

（三）蒙古不同地区双峰驼乳脂肪酸组成分析

科布多省、戈壁阿勒泰省、巴彦洪戈尔省、前杭爱省和南戈壁省双峰驼乳脂肪酸含量如表 2-26 所示。脂肪酸含量存在较大的地区差异。科布多省双峰驼乳中共检测出 23 种脂肪酸，其中饱和脂肪酸（SFA）13 种、单不饱和脂肪酸（MUFA）7 种、多不饱和脂肪酸（PUFA）3 种。戈壁阿勒泰省双峰驼乳中共检测出脂肪酸 26 种，其中 SFA 15 种、MUFA 7种、PUFA 4 种。巴彦红格尔省双峰驼乳中共检测出脂肪酸 23 种，其中 SFA 12 种、MUFA 6 种、PUFA 5 种。前杭爱省双峰驼乳中共检测出脂肪酸 23 种，其中 SFA 12 种、MUFA 6种、PUFA 5 种。南戈壁省双峰驼乳中共检出脂肪酸 28 种，其中 SFA 15 种、MUFA 8 种、PUFA 5 种。蒙古不同地区双峰驼乳中，含量最高的 SFA 为棕榈酸（$C_{16:0}$），含量最高的MUFA 为十八烷烯酸（$C_{18:1n9}$），含量最高的 PUFA 为亚油酸（$C_{18:2n6}$）。不同地区双峰驼乳检测出的脂肪酸种类存在一定的差异，这可能与不同地区水、草存在一定的区别有关，而含量最高的饱和脂肪酸、单不饱和脂肪酸和多不饱和脂肪酸则体现出一致性。

表 2-26　　　蒙古不同地区双峰驼乳脂肪酸组成分析（每 100mg）　　　单位：mg

脂肪酸	科布多省	戈壁阿勒泰省	巴彦洪戈尔省	前杭爱省	南戈壁省
$C_{4:0}$	0.057[a]	0.092[a]	0.038[a]	0.044[a]	0.039[a]
$C_{6:0}$	0.195[a]	0.197[a]	0.253[a]	0.299[a]	0.297[a]
$C_{8:0}$	0.123[a]	0.171[a]	0.292[b]	0.445[c]	0.362[bc]
$C_{10:0}$	—	0.121[a]	0.184[a]	0.268[a]	0.192[a]
$C_{12:0}$	0.807[a]	0.926[ab]	1.085[cd]	1.162[d]	1.032[bc]
$C_{13:0}$	—	0.078[a]	—	—	0.137[a]
$C_{14:0}$	10.178[a]	12.182[b]	13.023[b]	15.268[c]	13.365[b]
$C_{14:1}$	0.328[a]	0.422[b]	0.583[c]	0.807[d]	0.600[c]
$C_{15:0}$	1.941[ab]	1.929[ab]	1.969[b]	1.693[a]	1.860[ab]
$C_{15:1}$	—	—	—	—	0.058
$C_{16:0}$	23.990[a]	27.993[bc]	26.416[ab]	31.615[d]	29.390[cd]
$C_{16:1}$	5.857[a]	5.896[a]	7.002[b]	8.549[d]	7.021[b]
$C_{17:0}$	1.158[ab]	1.275[b]	1.102[a]	1.030[a]	1.158[ab]

续表

脂肪酸	科布多省	戈壁阿勒泰省	巴彦洪戈尔省	前杭爱省	南戈壁省
$C_{17:1}$	0.718^a	0.694^a	0.715^a	0.721^a	0.713^a
$C_{18:0}$	16.183^b	15.230^b	13.289^a	11.798^a	13.119^a
$C_{18:1n9t}$	1.823^b	1.328^{ab}	1.643^b	0.773^a	1.163^{ab}
$C_{18:1n9c}$	22.423^c	19.212^b	20.585^{bc}	15.986^a	18.324^b
$C_{18:2n6t}$	0.368^a	0.328^a	0.229^a	0.241^a	0.228^a
$C_{18:2n6c}$	2.540^c	2.071^b	1.884^b	1.606^a	1.886^b
$C_{20:0}$	1.751^c	1.112^b	0.479^a	2.722^d	0.532^a
$C_{18:3n6}$	—	—	0.188^a	0.134^a	—
$C_{20:1}$	0.258^b	0.246^b	0.795^d	0.590^c	0.163^a
$C_{18:3n3}$	1.135^c	1.056^c	0.643^b	0.306^a	0.587^b
$C_{21:0}$	0.598^a	0.438^a	—	—	0.844^a
$C_{22:0}$	0.697^d	0.507^c	0.168^{ab}	0.134^a	0.247^b
$C_{20:3n6}$	—	—	0.465^a	0.327^a	—
$C_{22:1}$	0.476^a	0.333^a	—	—	0.438^a
$C_{20:3n3}$	—	—	—	—	0.420
$C_{23:0}$					
$C_{20:4}$	—	0.063^a	—	—	0.132^a
$C_{22:2}$	—	—	—	—	—
$C_{24:0}$	0.135^a	0.164^a	—	—	0.108^a

注：同行不同字母表示差异显著（$P<0.05$），相同字母表示差异不显著（$P>0.05$），"—"表示未检出。

（四）蒙古不同地区双峰驼乳矿物质组成分析

科布多省、戈壁阿尔泰省、巴彦洪戈尔省、前杭爱省和南戈壁省双峰驼乳矿物质组成分析如表2-27所示。不同地区双峰驼乳中含量最高的矿物质为铁（Fe）、最低的为锌（Zn），前杭爱省双峰驼乳中Fe含量和矿物质总量显著高于其他地区（$P<0.05$）。

表2-27　　　　　　　　蒙古不同地区双峰驼乳矿物质组成分析（每100g）　　　　　单位：mg

矿物质	科布多省	戈壁阿勒泰省	巴彦洪戈尔省	前杭爱省	南戈壁省
Fe	16.35 ± 2.63^a	11.65 ± 1.22^a	10.54 ± 2.51^a	16.36 ± 0.48^a	15.29 ± 2.72^a
Se	0.02 ± 0.01^a	0.01 ± 0.03^a	—	0.03 ± 0.02^a	0.01 ± 0.01^a
Ca	1.12 ± 0.34^a	0.86 ± 0.27^{ab}	0.72 ± 0.15^{ab}	1.4 ± 0.32^{bc}	0.45 ± 0.50^a
K	1.87 ± 0.41^a	1.79 ± 0.84^{ab}	1.95 ± 0.23^b	1.68 ± 0.19^{ab}	1.87 ± 0.12^{ab}
Mg	0.09 ± 0.02^a	0.08 ± 0.01^a	0.08 ± 0.00^a	0.09 ± 0.02^{ab}	0.08 ± 0.01^a

续表

矿物质	科布多省	戈壁阿勒泰省	巴彦洪戈尔省	前杭爱省	南戈壁省
Na	0.65±0.02[a]	0.25±0.33[a]	0.71±0.00[b]	0.6±0.09[ab]	0.64±0.10[ab]
Zn	0.01±0.00[a]	—	—	0.01±0.00[a]	—
矿物质总量	20.10±3.15[a]	15.04±1.45[a]	14±2.88[a]	20.16±0.73[a]	18.77±2.82[a]

注：同行不同字母表示差异显著（$P<0.05$），相同字母表示差异不显著（$P>0.05$），"—"表示未检出。

四、蒙古不同品种双峰驼乳化学组成分析

（一）蒙古不同品种双峰驼乳常规营养成分分析

蒙古嘎利宾戈壁红驼、哈那赫彻棕驼和图赫么通拉嘎驼乳常规营养成分分析如表2-28所示。100mL嘎利宾戈壁红驼、哈那赫彻棕驼和图赫么通拉嘎驼乳的脂肪含量分别为（5.46±1.17）g，（5.38±1.28）g和（5.94±1.42）g，其中哈那赫彻棕驼乳的脂肪含量显著低于嘎利宾戈壁红驼和图赫么通拉嘎驼乳（$P<0.05$）。

100mL嘎利宾戈壁红驼乳、哈那赫彻棕驼乳和图赫么通拉嘎驼乳的非脂乳固体（MSNF）含量的测定值分别为（9.62±1.48）g、（9.81±0.93）g和（9.61±1.10）g。哈那赫彻棕驼乳中MSNF含量显著高于其他两个品种双峰驼乳中的含量（$P<0.05$）。

表2-28　　　　蒙古不同地区双峰驼乳常规营养成分分析（每100mL）　　　　单位：g

骆驼品种	脂肪	非脂乳固体	蛋白质	乳糖	灰分
嘎利宾戈壁红驼	5.46±1.17[b]	9.62±1.48[b]	3.64±0.56[a]	5.26±0.81[b]	0.73±0.12[a]
哈那赫彻棕驼	5.38±1.28[a]	9.81±0.93[a]	3.79±0.29[a]	5.49±0.46[a]	0.74±0.06[a]
图赫么通拉嘎驼	5.94±1.42[b]	9.61±1.10[b]	3.65±0.41[a]	5.24±0.6[b]	0.73±0.09[a]

注：同列不同字母表示差异显著（$P<0.05$），相同字母表示差异不显著（$P>0.05$）。

100mL嘎利宾戈壁红驼乳、哈那赫彻棕驼乳和图赫么通拉嘎驼乳蛋白质含量分别为（3.64±0.56）g、（3.79±0.29）g和（3.65±0.41）g，哈那赫彻棕驼乳蛋白质含量较高，嘎利宾戈壁红驼和图赫么通拉嘎驼乳蛋白质含量较为接近，三者间无显著差异（$P>0.05$）。100mL嘎利宾戈壁红驼乳、哈那赫彻棕驼乳和图赫么通拉嘎驼乳的乳糖含量分别为（5.26±0.81）g、（5.49±0.46）g和（5.24±0.60）g，嘎利宾戈壁红驼乳和图赫么通拉嘎驼乳的乳糖含量显著低于哈那赫彻棕驼乳中的含量（$P<0.05$）。

（二）蒙古不同品种双峰驼乳氨基酸组成分析

嘎利宾戈壁红驼、哈那赫彻棕驼与图赫么通拉嘎驼乳中氨基酸组成分析如表2-29所示。三个品种双峰驼乳中共检测出18种氨基酸，其中共检出7种人体必需氨基酸，Trp未能检出，这与Jirimutu（2007）的研究结果一致；共检出11种非必需氨基酸，Asn未检出。三个品种双峰驼乳必需氨基酸中含量最高的均为Lys，其次依次为Leu、Val、Ile、Thr、Phe和Met。非必需氨基酸含量最高的均为Glu，含量最低的均为Cys。哈那赫彻棕驼乳中Leu含量与Glu含

量均显著高于嘎利宾戈壁红驼和图赫么通拉嘎驼乳中的含量（$P<0.05$），且其氨基酸总量（TAA）也显著较高（$P<0.05$）。

表 2-29　　　　　蒙古不同品种双峰驼乳氨基酸组成分析（每 100mL）　　　　单位：mg

氨基酸	嘎利宾戈壁红驼	哈那赫彻棕驼	图赫么通拉嘎驼
Asp	0.255 ± 0.046^a	0.266 ± 0.047^b	0.253 ± 0.035^a
Thr*	0.184 ± 0.033^a	0.192 ± 0.034^b	0.185 ± 0.025^a
Ser	0.189 ± 0.023^a	0.192 ± 0.034^b	0.184 ± 0.025^a
Glu	0.851 ± 0.109^{ab}	0.8624 ± 0.154^b	0.827 ± 0.113^a
Gly	0.051 ± 0.006^a	0.051 ± 0.009^b	0.050 ± 0.007^a
Ala	0.094 ± 0.012^a	0.095 ± 0.017^b	0.092 ± 0.013^a
Cys	0.053 ± 0.004^b	0.053 ± 0.006^c	0.049 ± 0.003^a
Val*	0.252 ± 0.046^a	0.262 ± 0.044^b	0.256 ± 0.034^a
Met*	0.125 ± 0.016^a	0.127 ± 0.021^b	0.125 ± 0.016^a
Ile*	0.225 ± 0.030^a	0.230 ± 0.042^b	0.222 ± 0.032^a
Leu*	0.417 ± 0.057^a	0.427 ± 0.083^b	0.411 ± 0.062^a
Tyr	0.165 ± 0.022^b	0.169 ± 0.030^c	0.156 ± 0.021^a
Phe*	0.181 ± 0.022^a	0.183 ± 0.032^b	0.177 ± 0.023^a
Lys*	0.308 ± 0.037^a	0.313 ± 0.056^b	0.303 ± 0.040^a
His	0.107 ± 0.013^a	0.108 ± 0.020^b	0.105 ± 0.014^a
Arg	0.158 ± 0.020^a	0.162 ± 0.031^b	0.155 ± 0.022^a
Pro	0.453 ± 0.064^a	0.467 ± 0.077^a	0.450 ± 0.068^a
TAA	4.108 ± 0.515^a	4.181 ± 0.748^b	3.998 ± 0.551^a

注：标 * 的为必需氨基酸，同行不同字母表示差异显著（$P<0.05$），相同字母表示差异不显著（$P>0.05$）。

（三）蒙古不同品种双峰驼乳脂肪酸组成分析

嘎利宾戈壁红驼、哈那赫彻棕驼和图赫么通拉嘎驼乳脂肪酸组成分析如表 2-30 所示。双峰驼乳中共检出饱和脂肪酸 16 种、单不饱和脂肪酸 6 种和多不饱和脂肪酸 7 种。双峰驼乳中，脂肪酸种类最多的是不饱和脂肪酸，且含量最高的不饱和脂肪酸均为棕榈酸（$C_{16:0}$），在嘎利宾戈壁红驼乳与哈那赫彻棕驼乳中，$C_{16:0}$ 含量存在显著差异（$P<0.05$），而图赫么通拉嘎驼乳与另外两者差异不显著（$P>0.05$）。含量最高的单不饱和脂肪酸为十八烷烯酸（$C_{18:1n9}$），含量最高的多不饱和脂肪酸为亚油酸（$C_{18:2n6}$）。

表2-30　　　　　蒙古不同品种双峰驼乳脂肪酸组成分析（每100mg）　　　　单位：mg

脂肪酸	嘎利宾戈壁红驼	哈那赫彻棕驼	图赫么通拉嘎驼
$C_{4:0}$	0.0619 ± 0.0977^{a}	0.0489 ± 0.0013^{a}	0.0776 ± 0.0086^{a}
$C_{6:0}$	0.2531 ± 0.1719^{b}	0.2543 ± 0.1475^{b}	0.1720 ± 0.1365^{a}
$C_{8:0}$	0.2812 ± 0.1950^{b}	0.2986 ± 0.1655^{b}	0.1273 ± 0.0969^{a}
$C_{10:0}$	0.1068 ± 0.1063^{b}	0.1488 ± 0.0930^{c}	0.0534 ± 0.0639^{a}
$C_{12:0}$	0.9381 ± 0.3566^{a}	0.9628 ± 0.2878^{a}	0.8559 ± 0.2622^{a}
$C_{13:0}$	0.0480 ± 0.0020^{a}	0.1200 ± 0.0097^{a}	0.0800 ± 0.0027^{a}
$C_{14:0}$	11.8023 ± 4.0487^{ab}	12.6418 ± 3.5005^{b}	11.3525 ± 2.6505^{a}
$C_{14:1}$	0.4676 ± 0.2261^{b}	0.5554 ± 0.2415^{c}	0.3431 ± 0.1613^{a}
$C_{15:0}$	1.4127 ± 0.5941^{a}	1.9411 ± 0.5295^{b}	1.8228 ± 0.5210^{b}
$C_{16:0}$	24.9191 ± 8.1741^{a}	28.0690 ± 7.7032^{b}	26.3351 ± 6.7813^{ab}
$C_{16:1}$	5.5668 ± 2.0506^{a}	7.0700 ± 1.8920^{b}	5.6098 ± 1.3822^{a}
$C_{17:0}$	0.9500 ± 0.3771^{a}	1.1403 ± 0.3136^{b}	1.1932 ± 0.3332^{b}
$C_{17:1}$	0.5850 ± 0.6369^{a}	0.6859 ± 0.2461^{a}	0.6348 ± 0.2078^{a}
$C_{18:0}$	13.9554 ± 4.7756^{b}	11.2962 ± 3.3878^{a}	14.9734 ± 3.5293^{b}
$C_{18:1n9t}$	1.1126 ± 0.7059^{a}	1.1273 ± 1.2085^{a}	1.3431 ± 0.4647^{a}
$C_{18:1n9c}$	17.9242 ± 6.2131^{a}	17.4031 ± 4.8760^{a}	18.8609 ± 5.4060^{a}
$C_{18:2n6t}$	0.1618 ± 0.1389^{ab}	0.1298 ± 0.1074^{a}	0.2127 ± 0.3087^{b}
$C_{18:2n6c}$	1.9213 ± 0.7078^{b}	1.561 ± 0.5381^{a}	2.0716 ± 0.6258^{b}
$C_{20:0}$	0.7338 ± 0.4506^{a}	0.5069 ± 1.1771^{a}	1.1356 ± 0.4845^{b}
$C_{18:3n6}$	0.1000 ± 0.0050^{a}	0.1550 ± 0.0529^{a}	0.0800 ± 0.0040^{a}
$C_{20:1}$	0.1200 ± 0.1396^{a}	0.2698 ± 0.3108^{b}	0.1499 ± 0.1947^{a}
$C_{18:3n3}$	0.6590 ± 0.3289^{a}	0.5190 ± 0.2136^{a}	1.0378 ± 0.3124^{c}
$C_{21:0}$	1.3305 ± 7.4411^{a}	0.1440 ± 0.1622^{a}	0.4037 ± 0.1958^{a}
$C_{22:0}$	0.2484 ± 0.2300^{b}	0.1453 ± 0.1178^{a}	0.4897 ± 0.2658^{c}
$C_{20:3n6}$	0.4500 ± 0.0053^{a}	0.5100 ± 0.1846^{b}	0.2200 ± 0.0294^{a}
$C_{22:1}$	0.2237 ± 0.2128^{b}	0.1073 ± 0.2305^{a}	0.2454 ± 0.2723^{b}
$C_{20:3n3}$	0.1500 ± 0.1315^{a}	0.3580 ± 0.1607^{b}	0.0410 ± 0.0060^{a}
$C_{20:4}$	0.1300 ± 0.0208^{a}	0.1700 ± 0.0598^{b}	0.0117 ± 0.0323^{a}
$C_{24:0}$	0.1300 ± 0.0442^{a}	0.1267 ± 0.0504^{ab}	0.1586 ± 0.0676^{b}

注：同行不同字母表示差异显著（$P<0.05$），相同字母表示差异不显著（$P>0.05$）。

（四）蒙古不同品种双峰驼乳矿物质组成分析

嘎利宾戈壁红驼、哈那赫彻棕驼和图赫么通拉嘎驼乳中矿物质含量分析如表2-31所示。蒙古不同品种双峰驼乳中共检测出7种矿物质，含量最高的为铁（Fe）、最低的为锌（Zn）。哈那赫彻棕驼乳中铁含量均显著高于嘎利宾戈壁红驼乳和图赫么通拉嘎驼乳（$P<0.05$）。

表2-31　　　　　蒙古不同品种双峰驼乳矿物质组成分析（每100g）　　　　单位：mg

矿物质	嘎利宾戈壁红驼	哈那赫彻棕驼	图赫么通拉嘎驼
Fe	17.25 ± 1.97^a	19.25 ± 2.32^a	13.52 ± 1.26^a
Se	0.03 ± 0.01^a	0.02 ± 0.02^a	0.02 ± 0.02^a
Ca	1.54 ± 0.42^b	1.04 ± 0.40^{ab}	0.57 ± 0.41^a
K	1.62 ± 0.10^a	1.70 ± 0.12^a	1.82 ± 0.15^a
Mg	0.10 ± 0.01^b	0.09 ± 0.01^{ab}	0.08 ± 0.01^a
Na	0.41 ± 0.30^a	0.66 ± 0.04^a	0.64 ± 0.07^a
Zn	0.01 ± 0.00^b	—	—
矿物质总量	21.16 ± 2.39^a	22.75 ± 2.48^a	16.94 ± 1.37^a

注：同行不同字母表示差异显著（$P<0.05$），相同字母表示差异不显著（$P>0.05$），"—"表示未检出。

参考文献

［1］ Dianbo Z, Yanhong B, Yuanwen N. Composition and characteristics of Chinese Bactrian camel milk ［J］. Small Ruminant Research, 2015, 127: 58-67.

［2］ FAO/WHO/UNU. Protein and amino acid requirements in human nutrition: report of a Joint FAO/WHO/UNU expert consultation ［C］. WHO Technical Report Series, 2007, 935: 180.

［3］ FAO. Dietary protein quality evaluation in human nutrition: report of an FAO expert consultation ［C］. FAO Food and Nutrition Paper, 2013, 92: 29.

［4］ Gaukhar K, Émilie L, Bernard F, et al. Fatty acid and cholesterol composition of camel's (*Camelus bactrianus*, *Camelus dromedaries* and hybrids) milk in Kazakhstan ［J］. Dairy Science&Technol, 2008, 88: 327-340.

［5］ Konuspayeva G, Faye B, Loiseau G. The composition of camel milk: A meta-analysis of the literature data ［J］. Journal of Food Composition and Analysis, 2009, 22: 95-101.

［6］ Metwalli A A, Hailu Y. Effects of industrial processing methods on camel milk composition, nutritional value, and health properties ［M］//Handbook of research on health and environmental benefits of camel products. Hershey: IGI Global, 2020: 197-239.

［7］ Wang P, Liu H, Wen P, et al. The composition, size and hydration of yak casein micelles ［J］. International Dairy Journal, 2013, 31 (2): 107-110.

［8］ 郭建功. 苏尼特骆驼乳营养成分与活性物质功能研究 ［D］. 呼和浩特: 内蒙古农业大学, 2009.

［9］ 顾翔宇, 郭军, 李莎莎. 内蒙古牛马骆驼乳脂肪中脂肪酸构成的比较 ［J］. 中国乳品工业, 2016, 44 (3): 16-19.

［10］ 高玎玲. 内蒙古四种家畜乳常量与微量元素测定及特征分析 ［D］. 呼和浩特: 内蒙古农业大学, 2017.

［11］ 吉日木图, 伊丽. 骆驼乳品学 ［M］. 北京: 中国农业出版社, 2022.

［12］ 吉日木图. 双峰家驼与野驼分子进化及骆驼乳理化特性研究 ［D］. 呼和浩特: 内蒙古农业大学, 2006.

［13］ 吉日木图, 张和平, 赵电波. 不同泌乳时间内内蒙古阿拉善双峰驼骆驼乳化学组成变化分析 ［J］. 食品科学, 2005, 26 (9): 173-179.

［14］ 李亚茹, 郝力壮, 刘书杰. 牦牛乳与其他哺乳动物乳常规营养成分的比较分析 ［J］. 食品工业科技, 2016, 37 (2): 379-384.

［15］ 赵璐. 新疆北部地区骆驼乳及骆驼乳粉中营养成分及生物活性研究 ［D］. 乌鲁木齐: 新疆师范大学, 2017.

第三章

骆驼乳中的微生物

第一节　原料乳中的微生物

动物健康乳房细胞中的乳汁通常被认为是无微生物污染的，但被挤出后被多种来源的微生物污染，包括空气、挤乳设备、饲料、土壤、粪便和草等。近年来，原料乳中的微生物群引起了人们广泛的研究兴趣。通过高通量测序技术的应用，研究人员发现原料骆驼乳中存在着丰富而复杂的微生物群，这些微生物包括细菌、真菌和酵母等。其中，乳酸菌是原料乳中最主要的微生物群之一，其具有促进消化、提高食品安全性以及增强免疫功能的潜力。此外，骆驼乳中的微生物群还包括产酸菌、乳杆菌、乳球菌等。这些微生物的存在不仅有助于确保骆驼乳的质量和稳定性，还可能对人体健康有益。然而，仍需进一步的深入研究来探索微生物群与原料乳之间的关系，以及它们在食品工业和人类健康领域的潜在应用。

一、影响原料乳微生物组成的因素

（一）乳源地环境

乳源地对原料乳微生物组成的影响很大，包括气候、季节、海拔、土壤和水质等因素，而国内外研究较多的是季节和海拔对原料乳的影响，周杏容等（2009）通过对比南山牧场和城郊牧场发现，不同牧场之间原料乳的常规营养成分及矿物质组成有很大差异。Mary等（2019）通过对比四个季节牛乳中的微生物发现，春季的原料牛乳中微生物相对丰度较高，有较高的多样性，而在冬季嗜冷菌更占优势。张和平等（2000）对新疆和西藏两地选取了25个采样点，用宏基因组学和代谢组学分析发现，西藏地区牛乳样品的微生物丰度高于新疆地区样品，并且牧场距离小于100km，细菌结构没有显著差异。Doyle等（2017）对由季节性引起的室内外所产原料牛乳中的微生物进行高通量测序，发现室外所产原料牛乳微生物群的 α 多样性显著。此外，该研究人员在13个月内对70个农场的生牛乳采样，发现所有样本中都存在大肠菌群，但65%~71%的样本大肠菌群<100个/mL，8.3%的样本中分离出的李斯特菌中单核细胞增生李斯特菌（*Listeria monocytogenes*）占4.9%，金黄色葡萄球菌（*Staphylococcus aureus*）没有明显的季节性，但在冬季的计数略高。

（二）动物饲料

动物饲料是否安全卫生，不但关系到养殖业的安全生产，而且关系到动物性食品的安全性，与人民健康密切相关。饲料中含有丰富的碳水化合物、蛋白质、脂肪、无机盐、维生素等营养物质，是微生物生长的"天然培养基"。饲料在生产加工、贮藏、运输过程中均容易受到微生物污染，一旦满足条件，微生物就会大量繁殖，最终导致饲料中的营养物质分解，严重者会产生毒素，动物摄食后可导致生产性能下降，免疫抑制、疾病易感性提高，进而引发疾病等一系列问题。大肠菌群分布较广，环境中大肠菌群多源自动物粪便，可作为受粪便污染的指标菌，以该菌群的检出情况来表示被检物是否受到污染。饲料易受大肠菌群污染，其程度通常用大肠菌群最大概率数（Most Probable Number，MPN）表示，饲料中检出大肠菌群就说明该饲料存在被肠道致病菌污染的可能性，潜伏着发生饲料中毒和流行病的威胁，必须看作对动物健康具有潜在危险性。动物摄入被大肠菌群污染的饲料有可能发生饲料中毒和流行病的爆发，其中大肠杆菌 O157：H7 等血清型对人和动物有致病性。沙门菌是对动物健康有极大危害的一类致病菌，其引起的疾病主要有伤寒、副伤寒、急性胃炎。从饲料中病原性细菌的危害程度来看，以沙门菌污染率最高，危害也最大，饲料卫生检测将沙门菌作为重要的卫生指标之一。饲料的粉碎加工及打包过程都会引入沙门菌而污染饲料，动物通过饲料摄入大量沙门菌体后，细菌在肠道繁殖，并产生内毒素，内毒素对肠道产生刺激作用，引起肠道黏膜肿胀、渗出和坏死脱落，并引起严重的胃肠炎症状。及时检测饲料中沙门菌，对预防疾病发生、提高畜产品质量、保护人类身体健康都具有重要意义。科学的动物饲养管理和饲料选择是保证乳品卫生安全的重要措施，例如，添加益生菌的饲料可以促进乳牛肠道中益生菌的生长繁殖，从而影响乳中微生物的种类和数量。

（三）动物健康状况

动物健康状况会影响乳中微生物的种类和数量。例如，动物患有乳房炎等疾病时，乳中可能会含有病原微生物，影响乳的质量。对荷斯坦牛的乳房尖端 16S rRNA 基因 V3 区域的变性梯度凝胶电泳（PCR-DGGE）进行培养分析发现，与其他部位相比，牛乳头表面细菌多样性较高。即使牧场受污染程度较低，乳头表面仍然是微生物污染的主要来源。此外，与垫料有关的微生物可能污染乳头表面，从而污染乳汁。对骆驼乳房炎的相关研究较少，但对骆驼的健康状况进行科学管理和控制是保证乳卫生安全的重要措施（Peng C，2021）。

（四）饲养环境

饲养环境对原料乳微生物的质量有着至关重要的作用和影响，直接影响乳品中微生物的种类和数量。例如，饲养环境中存在大量的细菌和霉菌，可能会导致原料乳中细菌和霉菌的数量增加。研究表明，清洁度会影响原料乳中的微生物，动物从夏季放牧到冬季圈养的过渡过程使得其身上会携带大量微生物，一个干净、整洁的饲养环境可以有效减少动物身上的细菌数量，从而减少乳品中致病菌和有害微生物的含量。此外，粪便稠度也与动物表面清洁度相关，产生大量松散粪便的动物通常比产生结实粪便的动物受污染的可能性更大，因为粪便的松散性也能反映其营养和消化状况。受孢子污染的饲料可能通过粪便和受污染的乳头成为污染源。此外，在清洁程序匮乏的地方，挤乳设备可能会导致原料乳受到污染。研究发现，室内外饲养环境变化对原料乳微生物也有一定影响，当骆驼在室外吃草时，乳头经常暴露在草和土壤中，增加了感染致病菌、发酵菌和腐败菌的可能性。调查发现，乳汁的真菌种类和环境细菌大部分也与饲养棚和挤乳室环境中的相似。因此，我们应该高度重视饲养环境的卫生和整洁，采取科学的饲养管理措施，从源头上保障乳制品的安全卫生。

（五）储藏过程

储藏过程对原料乳中微生物的影响是很大的。在储藏过程中，原料乳中的微生物会逐渐增多，导致其数量和种类发生变化，从而影响乳制品的品质和安全。长期储藏会对微生物的生长会造成一定影响，当储藏时间达到 48h 甚至更久时，适温微生物、大肠菌群、大肠杆菌和嗜冷菌的数量显著增加，所以对于生牛乳要确保不能储藏太久，但储藏过程对原料骆驼乳的具体影响尚未得知，需进一步考察验证。

二、原料乳微生物组成

原料乳中的可培养微生物主要由乳杆菌属、链球菌属、肠球菌属、乳球菌属、明串珠菌属、魏斯氏菌属和片球菌属等乳酸菌组成。其他属的菌株如短棒菌苗属、葡萄球菌属、棒状杆菌属、短杆菌属等也有出现，酵母菌和霉菌也可能存在。原料乳是用于生产乳制品的基础原料，其中微生物的种类及数量会对乳制品的品质及保质期产生影响。一般情况下，原料乳中的微生物可以分为以下几类。

（一）病原微生物

乳制品是健康膳食的重要组成，但如果不进行杀菌去除病原微生物，这些产品可能会给消费者的健康带来严重风险。病原微生物的来源包括患有系统性疾病或被感染的动物的乳腺或相关淋巴结污染，以及设备、原料乳罐车和工作人员。摄入这些微生物会导致不同程度的疾病，如过敏、发热、恶心、呕吐、腹泻和腹痛等，严重者死亡。原料乳病原微生物可以分为以下几类。

1. 葡萄球菌属（*Staphylococcus*）

葡萄球菌是一类革兰阳性菌，常见于皮肤和黏膜表面，也可能存在于环境中。金黄色葡萄球菌是引起动物乳房炎的主要细菌，原料乳中如果存在葡萄球菌，则说明动物可能存在乳房炎。在实验室条件下，50%以上的金黄色葡萄球菌菌株可产生 2 种或 2 种以上的肠毒素。金黄色葡萄球菌在加热 80℃、30min 条件下可被杀死，而其肠毒素却在加热 100℃、30min 条件下仍可保持毒性，而葡萄球菌肠毒素耐热，100℃下持续 2h 才能被破坏，所以葡萄球菌性食物中毒主要是由葡萄球菌肠毒素引起的，一般在摄入食品 1~6h 会出现恶心、呕吐、不同程度的腹部痛性痉挛和腹泻等症状。

2. 梭菌属（*Clostridium*）

梭菌是一种致命的革兰阳性菌，会导致肠道感染等疾病。梭菌是引起人及家畜出血性、坏死性肠炎和肠毒血症的主要病原菌。原料乳中如果存在梭菌，则说明可能存在粪便污染。20 世纪 80 年代中期，全国约 21 个省市的畜禽和野生动物中出现了一种梭菌引起的发病超急性、死亡快并且死亡率高的顽症，人们根据其发病快的特征将其命名为"猝死综合征"（Sudden death syndrome，SDS）。

3. 沙门菌属（*Salmonella*）

沙门菌是一类革兰阴性的肠道细菌，属于肠道菌群，也可能存在于环境中。沙门菌一般以肠炎沙门氏菌（*Salmonella enteritidis*）、鼠伤寒沙门氏菌（*Salmonella typhimurium*）和副伤寒沙门氏菌（*Salmonella paratyphi*）的形式存在于原料乳中，在我国，沙门菌引发的食物中毒事件数量居高不下，沙门菌引起的病例在所有由食源性致病菌引起的病例中占75%，说明沙门菌是引起食物中毒最常见的食源性致病菌，也被公认为全球主要的动物传染病病原菌之一，人感染沙门菌会引起人类伤寒、副伤寒以及食物中毒、胃肠炎、败血症和局部感染等多种疾病，有些血清型沙门菌可致妊娠动物流产或鸡白痢、鸡伤寒等。

4. 志贺菌属（*Shigella*）

志贺菌是一种革兰阴性短杆菌，有几种自然宿主，包括人类。该菌株主要存在于乳制品、肉类和蔬菜中，是一种高风险的食源性病原菌，是各地卫生部门重点检测的对象，主要传播途径是消化道。志贺菌具有高度传染性，感染志贺菌的患者有许多临床症状，包括腹泻、发烧、呕吐和脱水等甚至死亡（Chen X，2022）。志贺菌除了具有直接致病性外，也是粪便污染的一项指标。原料乳容易被志贺菌污染，志贺菌是与原料乳相关的许多疫病有关的病原体，可引起细菌性痢疾或志贺菌病（Wang Y，2013）。尽管巴氏杀菌对其有效，但还是能在巴氏杀菌乳中发现志贺菌。

5. 链球菌属（*Streptococcus*）

链球菌属是一种链状排列的革兰阳性菌，经常从乳制品中分离出来，包括生乳、天然发酵剂和干酪。在牛棚、乳制品设备以及乳头中也检测到了链球菌。链球菌通常被认为是仅次于乳酸乳杆菌的第二重要的工业乳业发酵剂。它在乳制品中的重要性在于它能够迅速将乳糖转化为乳酸盐，导致 pH 迅速下降，并产生包括低水平甲酸盐、乙醛、双乙酰、乙醛和醋酸盐在内的重要代谢物。食用被链球菌污染的食物会引起人体产生化脓性疾病、猩红热及败血症等。

6. 大肠杆菌属（*Escherichia coli*）

大肠杆菌属于兼性厌氧及革兰阴性无芽孢杆菌。近几年，常有大肠杆菌 O_{157}：H_7 污染原料乳导致人类出血性肠炎病例的增加并不断被媒体报道。原料乳中如果存在大肠杆菌，则说明可能存在粪便污染。大肠杆菌可以引起腹泻等肠道疾病，严重者甚至死亡。该类菌还能侵入乳腺组织引起纤维化和脓肿，会引发急性奶牛乳腺炎，从而影响泌乳量，降低牛乳的品质。但一些牧场主为了提高动物的免疫力，预防乳房炎等疾病，违规使用抗生素，最后严重威胁到人类健康。

7. 克雷伯菌属（*Klebsiella*）

克雷伯菌是一类革兰阴性菌，属于肠道菌群。原料乳中如果存在克雷伯菌，则说明可能存在肠道污染。肺炎克雷伯菌（*Klebsiella pneumoniae*）是一种常见的病原菌，可以引起肺炎等疾病。该菌近年来成为仅次于大肠杆菌的最重要的条件致病菌，主要存在于人和动物肠道、呼吸道、泌尿生殖道。由克雷伯菌引起的疾病死亡率极高，是新生儿、免疫低下宿主、糖尿病、肿瘤患者的主要威胁。

8. 李斯特菌属（*Listeria*）

李斯特菌是一种可引起人类和动物感染的革兰阳性杆菌。人类可以通过食用被污染的食物，如生肉、未经充分加热的肉类、海鲜、乳制品等而感染单核细胞增生李斯特菌。其感染目标是高度易感人群，包括孕妇、免疫力低下者或老年人，并且具有很高的致死率。Liatsos 等（2012）调查发现，老年人，患菌血症、免疫抑制、血液系统恶性肿瘤的人感染李斯特菌的死亡率明显升高，健康的成年人通常没有患病风险，但可能会出现类似流感或胃肠道症状，患病致死率约为 27.3%。Latorre 等（2011）对经销商销售的散装牛乳以及从农场商店和零售店购买的原料牛乳进行单核细胞增生李斯特菌检测发现，农场商店和零售店购买的原料牛乳比散装牛乳有更多额外的时间、温度的环境波动，增加了生乳中单核细胞增生李斯特菌的生长机会。

（二）有害微生物

有害微生物常称为腐败菌，其中最主要的就是嗜冷菌。嗜冷菌在低温下繁殖，产生酸和气体等代谢产物，影响乳制品品质和口感。它们生成耐热酶，如蛋白酶和脂肪酶，即使在高温下也保持活性。这些酶会导致乳制品出现蛋白质水解、不良风味和凝胶化等问题，缩短乳制品保质期。外源性脂肪酶水解乳脂肪，产生酸败和异味。嗜冷菌及其分泌的水解酶是影响乳制品品质和保质期的关键因素。还会在乳制品设备表面形成生物膜，保护细菌并使其更难被消灭，对产品的品质和安全构成威胁。生物膜可能是腐败或致病嗜冷菌永久污染产品的持续来源，所以预防生物膜形成非常重要，因为生物膜一旦形成，清洁和消毒就会变得困难，成为长期污染的源头。嗜冷菌在低温下繁殖，可能与其他致病菌共同作用，增加乳制品的潜在致病性。某些嗜冷菌具有产生毒素和对抗生素耐药的能力，对免疫力低下的人群可能具有潜在的致病性。例如李斯特菌、耶尔森氏菌和不动杆菌等易污染原料乳及乳制品的菌种，可能引发感染和导致严重症状甚至死亡。

国际乳品联合会（International dairy federation，IDF）将 7℃ 及以下依然能生长繁殖的微生物定义为低温菌；在 20℃ 及以下能生长繁殖，且 10~15℃ 为最适生长温度的微生物定义为嗜冷菌（李晶，2007）。而食品微生物领域中的嗜冷菌是指 0~7℃ 下能够生长并在 7~10d 内产生可见菌落的一类微生物（吕元，2012）。

原料乳中的嗜冷菌对乳制品的质量及贮藏具有显著影响。从牛乳中分离得到的嗜冷菌分为革兰阴性菌和革兰阳性菌，在分类上分为 7 纲。γ 原菌、芽孢杆菌和放线菌是优势类，含有 19~21 个种；α 变形菌、β 变形菌、黄杆菌和鞘菌是 4 个不太重要的类（Samard，2012）。原料牛乳中常见的嗜冷菌主要为革兰阴性菌，包括假单胞菌属（*Pseudomonas*）、不动杆菌属（*Acinetobacter*）、黄杆菌属（*Flavobacterium*）、鞘氨醇杆菌属（*Sphingobacterium*）、沙雷氏菌属（*Serratia*）、肠杆菌属（*Enterobacter*）以及气单胞菌属（*Aeromonas*）等。革兰阳性菌包括乳球菌属（*Lactococcus*）、气球菌属（*Aerococcus*）、芽孢杆菌属（*Bacillus*）、葡萄球菌属（*Staphylococcus*）、肠球菌属（*Enterococcus*）以及红球菌属（*Rhodococcus*）（Junior J C R，2018；Decimo M，2014）。目前对乳中嗜冷菌种类和数量的研究还比较有限，需要深入研究。

（三）有益微生物

肠道里的微生物种类非常多，每一种微生物都有自己的功能和特点，与人体健康息息相关。人们可以通过良好的饮食习惯等来促进肠道健康，如增加益生菌的摄入量，控制糖分和脂肪的摄入。1907 年，俄国科学家 Elie 指出了食用发酵乳的好处，从发酵菌中分离出的健康促进菌通常被称为益生菌，世界卫生组织对益生菌的定义为：摄入足够数量时，对宿主健康有益的微生物。许多生乳分离物具有理想的益生菌特性，包括在胆汁中存活、耐受胃酸条件和具有黏附在肠细胞上的能力。益生菌乳酸菌具有典型的抑制病原菌、减少乳糖不耐受、增强免疫应答的作用，常为胃肠道分离菌。利用乳制品中的微生物来控制高血压已经得到了相当程度的关注。肾素-血管紧张素-醛固酮系统是维持动脉血压的关键因素。该系统的主要组成部分之一是血管紧张素转换酶（ACE）。由于 ACE 在调节动脉血压中起着重要作用，抑制这种酶可以产生降压作用。也有人提出了用生牛乳及相关产品来预防哮喘和特异反应的发展。Ger 等研究表明，益生菌可以干扰肠道微生物群的生长（Rijkers G T，2010），通过使现有的不良免疫反应正常化来改善宿主健康，有助于更好地控制传染病。有益微生物可以产生有益的发酵作用，有助于增强乳制品的口感、香味和营养价值，同时抑制一些有害微生物的生长。双歧杆菌和乳酸菌是可以帮助促进健康的微生物。

1. 双歧杆菌（*Bifidobacterium dentium*）

双歧杆菌是益生菌的重要组成部分，是一种常见的肠道益生菌，可以帮助消化食物并维持肠道平衡。人类婴儿肠道中最普遍、最丰富的微生物群之一便是双歧杆菌（Turroni F，2022）。双歧杆菌对人体生长发育、免疫调节等益生功能有较多影响。关于骆驼乳外泌体（细胞外脂质囊泡）对肠道菌群中双歧杆菌等益生菌影响的研究报道不多，且大多并未探究骆驼乳外泌体对益生菌益生特性的影响，因此进一步探究骆驼乳外泌体对肠道益生菌生长及其功能的影响对研究与开发乳源外泌体具有重要意义。

2. 乳酸菌（*Lactobacillus*）

乳酸菌是一群可以发酵糖类，产生大量乳酸的细菌的总称，从形态上可以分为球菌和杆菌，均为革兰阳性，是在缺少氧气的环境中生长良好的兼性厌氧或厌氧细菌，不能形成芽孢，抗逆性较差。可以作为微生物制剂或添加剂的乳酸菌主要有双歧杆菌、嗜酸乳杆菌（*Lactobacillus acidophilus*）、植物乳植杆菌（*Lactiplantibacillus plantarum*）、乳酸乳球菌（*Lactococcus lactis*）、德氏乳杆菌保加利亚亚种（*Lactobacillus delbiueckii* subsp. *bulgarius*）等。乳酸菌是益生菌的一个重要来源（Turroni F，2022）。乳酸菌是肠道中常见的微生物，可以增强肠道免疫功能，降低病原菌滋生的可能性。乳酸菌是原料乳中的主要有益微生物，其包括链球菌属、乳杆菌属和明串珠菌属（王宇，2019）。明串珠菌能使柠檬酸分解，并生成丁二酮，其具有香味，应用于原料乳生产中会形成独特的风味。德氏乳杆菌保加利亚亚种是乳杆菌属中的代表菌，其协同于链球菌属中的嗜热链球菌生成酸乳。瑞士乳杆菌（*Lactobacillus helveticus*）具有许多与乳生产有关的可取特性，其中包括菌株的快速自溶，从而导致细胞内酶的释放和苦味的减少以及风味的增加。

三、原料乳微生物研究方法

原料乳中存在着多种复杂的微生物，这些微生物通过不同途径进入原料乳中，例如在动物的泌乳过程中、在环境中或在生产、运输和储藏过程中。我们对原料乳和乳制品中存在的微生物群的大部分了解是通过这些微生物的生长或培养后的分析获得的。目前用于原料乳中微生物鉴定的技术和方法有纯培养技术、分子生物学技术、荧光-原位杂交技术、生化培养技术、感应耗氧法等。在实际应用中，纯培养技术、聚合酶链反应技术和高通量测序技术是常用的方法，分别可以获得较准确的微生物种类和数量信息。

（一）纯培养技术

纯培养是一种将微生物分离并纯化的方法，是在对样品进行前处理和稀释后，对样品进行涂布、挑菌、划线、传代等一系列微生物基本操作，进而获得纯培养物的过程（党娜，2021）。传统纯培养法需要根据具体细菌或真菌的生长要求和特性采用特殊方法来进行培养、鉴定和检测，依据细菌能否在特定的培养基上形成肉眼可见的菌落来判断样本的成分组成，这些方法可能包括使用特定培养基、生长温度、压力以及各种化学试剂等。采用纯培养技术获得纯培养物后，将菌落特征、菌体形态及生理生化试验结果（糖酵解试验、过氧化氢酶试验、含碳化合物的利用试验、耐盐性试验、需氧性试验等）与已知菌比较，能够得出未知菌的分类位置。这种依赖于纯培养技术并通过结合菌落特征及生理生化试验结果鉴定微生物的方法耗时费力且不能将菌株鉴定到具体的属或种。高文茹（2011）等对西北地区三个有代表性的乳品厂中的乳样进行平板计数琼脂培养基培养，以此来检测乳品厂沙门菌的污染情况。杨德凤等（2018）在 LB（Luria-Bertani）培养基上进行培养，再进行聚合酶链反应扩增鉴定，得到沙门菌对所选定药物的耐药性，为沙门菌的监测和防治提供理论依据。

纯培养技术涉及在不同类型的培养基如琼脂平板、选择性和差异性培养基上生长微生物，并计数形成的菌落数，提供了对原料乳微生物组成的详细分析。其主要优点包括：可以获取单一的菌株用于研究，并且可以避免不同菌株之间的竞争，减少其在培养基中相互干扰，使得研究结果更加准确可靠。但传统纯培养技术也存在一些不足之处，例如：通常需要较长时间才能获得检测结果，不能满足实时检测微生物（Saucedo N M，2019）。且传统纯培养技术的检测结果会受到细菌生存环境的影响，细菌会在一定条件下进入一种休眠状态，即存活不可培养（Viable but non-culturable，VBNC）状态，虽然仍具备代谢和生命活动，但由于缺乏适宜的生长环境，无法在传统的培养基上生长繁殖，难以通过传统纯培养法检出，这些细菌可能是潜在的病原菌，它们在不适宜的环境中仍然保持生命活动，在合适的条件下可能再次变得活跃起来，导致感染疾病的发生。虽然传统纯培养技术价格低廉，但相对劳动密集和耗时，并且不能准确反映细胞的活性，这个根本性的缺点限制了传统纯培养技术在活菌检测中的应用。

（二）聚合酶链反应（polymerase chain reaction，PCR）技术

聚合酶链反应技术是一种分子生物学技术，是一种用于扩增脱氧核糖核酸（DNA）分子的技术，可用于确认通过传统测试产生的结果。通过 PCR 技术，可以从极微量的 DNA 中扩增数量，使得这些 DNA 变得足够多，可被用于许多试验室应用，该技术已被广泛应用于癌症诊断、疾病预防、遗传学、医药研发和环境检测等方面。PCR 技术主要优点包括：①高灵敏度，PCR 技术可以扩增极微量甚至单个 DNA 分子，因此非常适用于分析低浓度的 DNA 样品。同时，PCR 技术可以在短时间内扩增大量的 DNA 分子，因此非常适用于高通量分析和检测。PCR 技术使用特异性引物选择性扩增特定的 DNA 片段，因此同时避免了杂交事件对结果的影响，结果更加准确可靠。②范围适应性广，PCR 技术可以应用于几乎所有种类的 DNA 分子扩增。但是，PCR 技术存在如下缺点：①容易出现假阳性结

果，PCR 技术非常敏感，即使微量的污染也可能导致假阳性结果的出现，因此必须小心谨慎地进行试验以防止污染。②容易出现假阴性结果，PCR 技术必须严格按照特定的温度和时间进行反应，否则有可能会导致扩增失败，从而出现假阴性结果。③只对已知序列有效，PCR 技术只能针对已知的 DNA 序列进行扩增，无法扩增未知的序列。需要关注样本中 DNA 的质量和处理，样本 DNA 的降解或受到化学性污染或其他污染会严重影响 PCR 结果的准确性，因此样本 DNA 的处理必须小心。

PCR 技术是一种快速、敏感、准确的分子生物学技术，在原料乳安全检测方面得到了广泛使用。例如，Quigley 等（2011）阐述了 PCR 技术在研究生乳制品中微生物多样性方面的快速和灵敏。Dubernet 等（2002）通过 PCR 扩增技术在乳酸菌属水平上寻找鉴定乳酸菌的特异性引物。李一鸣（2021）等通过 PCR 技术明确了动物养殖和挤奶过程中各环节产气荚膜梭菌（*Clostridium perfringens*）的污染状况并了解其传播规律。郭瑜等（2016）设计特异性引物，建立志贺菌的荧光定量 PCR 检测方法，该方法具有快速、简便、灵敏等特点，可为志贺菌的快速检测提供参考。

（三）高通量测序（High-throughput sequencing，HTS）技术

高通量测序是一种快速、大规模测序 DNA 或 RNA 的技术，可在短时间内产生大量数据，用于鉴定和量化原料乳样品中的微生物组成。高通量测序是一种高效的测试方法，通过自动化、并行化和数据处理等技术手段，能够快速对大批量的样本进行分析和检测。其主要优点包括：①高速大规模，HTS 技术可以在短时间内对大量 DNA 或核糖核酸（RNA）进行测序，大幅提高效率，有助于在相对短的时间内获得更多的数据；②高灵敏度，HTS 技术可以在非常低的浓度下检测到 DNA 或 RNA 分子，因此非常适用于分析低浓度样品；③高准确性，HTS 技术可以在极高的准确性和可靠性下完成测序过程，减少了误差，提高了结果的可信度；④全面性高，HTS 技术可以测序所有 DNA 或 RNA 分子，而不仅仅是特定的序列，因此有助于全面了解样品中的核酸组成。HTS 技术的发展为全面反映不同样品中微生物群落的组成提供了可行的技术手段，可以鉴定一些不易培养的微生物，通过微生物的多样性和相对丰度实现准确定性和定量分析。

第二节　冷藏对骆驼乳理化性质及品质的影响

骆驼乳具有丰富的营养成分，与牛乳相比较，骆驼乳与人乳一样均有较高含量的 β-酪蛋白（Zakaria Farah，1993），并且不含 β-乳球蛋白（β-LG）（Hine K，2012）；骆驼乳中 αS1-酪蛋白、αS2-酪蛋白、β-酪蛋白和 κ-酪蛋白的比例为 26：4：67：3（质量比），而牛乳中这些蛋白质的比例为 38：1036：12（质量比）（Mohamed H，2020），骆驼乳清蛋白主要包括 α-乳清蛋白（α-LA，0.3~2.9g/L，50%），其次为血清白蛋白（35%），缺少 β-LG，与人乳相似。研究发现，与其他哺乳动物的乳汁相比，骆驼乳的维生素 C 和钾盐含量更高（Solanki D，2018）。同时，骆驼乳中含有乳铁蛋白（Lactoferrin，LF）、溶菌酶、乳过氧化物酶、免疫球蛋白等保护性蛋白（Atwaa E H，2020）。此外，骆驼乳比牛乳

含有更多的游离氨基酸和多肽，乳中的非蛋白质结合氨基酸容易被微生物消化，因此，骆驼乳在用作发酵剂时具有较高的代谢活性（Mudgil P，2018）。与牛乳、羊乳相比，骆驼乳脂肪中短中链脂肪酸（$C_4 \sim C_{12}$）占比较低，长链脂肪酸（$C_{14} \sim C_{18}$）占比较高，且脂肪球较小，比其他哺乳动物的乳更易消化吸收。骆驼乳已被用于治疗结核病、哮喘、水肿和黄疸等疾病（Mudgil P，2019）。同时，越来越多的证据表明，骆驼乳蛋白质的水解物具有抗氧化（Soleymanzadeh N，2016）、降糖（Nongonierma A B，2018）、降血压（Soleymanzadeh N，2016）、抗癌（Murali C，2021）和抗菌（Zou Z，2021）活性。

然而，骆驼乳由于营养价值较高，所以容易受到微生物污染，从而对乳制品的质量产生不良影响，在处理和储藏过程中，需要采取适当的措施来保证产品的品质和安全性，因此常采用冷藏的方式来延长保质期。在冷藏过程中，原料乳中的微生物根据环境变化逐渐增减，它们相互影响并消耗原料乳中的营养物质。这导致原料乳的营养成分发生变化，进一步影响了乳中微生物的种类和数量，原料乳的品质从而受到影响，最终导致原料乳腐败变质，无法用于实际生产。因此，笔者团队对4℃下不同冷藏时间处理原料骆驼乳进行主要理化性质、可培养微生物数量和关键酶活性变化情况分析。通过傅里叶红外光谱和聚丙烯酰胺凝胶电泳研究探究不同冷藏时间对原料乳蛋白结构和成分的影响，从而了解原料骆驼乳品质变化情况。

一、原料骆驼乳冷藏过程中主要理化性质变化

冷藏1d后，每100g原料骆驼乳中脂肪含量由初始的4.235g升高至冷藏3d后的4.46g，然后显著下降至冷藏6d的3.51g。脂肪含量变化幅度为35.1~44.6g/L。研究表明，低温条件下微生物想要维持正常的生长代谢，需要其细胞膜上的脂肪酸通过修饰脂质或合成新的脂质来防止细胞的低温损伤。冷藏前中期（1~2d）脂肪含量略有上升可能是因为微生物适应冷环境而合成脂质。乳脂肪的组成成分包括甘油三酯、磷脂和固醇，甘油三酯被微生物产生的脂肪酶分解成游离脂肪酸，而磷脂被磷脂酶分解，这可能是冷藏后期原料乳脂肪含量下降的原因。有研究报道蜡样芽孢杆菌（*Bacillus cereus*）产生的磷脂酶能够降解乳脂肪球膜的磷脂导致脂肪聚集，释放的脂肪酸可能导致乳品产生苦味（Mehta D S，2019）。此外，郑玉才等（2014）指出，乳中营养成分变化最大的是乳脂肪。本研究中脂肪含量在冷藏4d后下降幅度较大，说明此阶段脂肪分解代谢旺盛。

根据新疆维吾尔自治区卫生健康委员会发布的 DBS 65/010—2023《食品安全地方标准 生驼乳》，每100g骆驼乳平均蛋白质含量应大于3.5g，平均脂肪含量应大于4.0g。研究中，原料乳样品初始蛋白质及脂肪含量均高于内蒙古双峰骆驼乳平均水平，保证了原料乳较高的品质。如表3-1所示，原料乳中的脂肪含量在冷藏2d后（每100g 4.46g）开始显著下降至冷藏6d的3.51g。在蛋白质方面，初始时100g原料乳的蛋白质含量为4.40g，随后在冷藏3d时下降到最低点3.96g，这可能是因为嗜冷微生物的内源性纤溶酶系统会分解产生耐热蛋白酶水解酪蛋白，导致蛋白质含量下降。

表 3-1　　　　　　　　原料骆驼乳冷藏期间营养成分及 pH 变化（每 100g）

冷藏时间	脂肪/g	蛋白质/g	乳糖/g	pH
0d	4.24±0.1[b]	4.40±0.15[a]	5.05±0.03[a]	6.76±0.04[a]
1d	4.44±0.04[a]	4.24±0.04[b]	4.92±0.04[b]	6.75±0.04[a]
2d	4.46±0.02[a]	4.11±0.05[c]	4.87±0.01[b]	6.72±0.04[a]
3d	4.28±0.05[b]	3.96±0.05[e]	4.48±0.04[e]	6.72±0.02[a]
4d	4.29±0.08[b]	3.97±0.05[e]	4.55±0.01[d]	6.71±0.03[a]
5d	4.08±0.03[c]	3.99±0.04[de]	4.64±0.07[c]	6.57±0.04[b]
6d	3.51±0.01[d]	4.10±0.08[cd]	4.69±0.04[c]	6.47±0.04[c]

注：同列不同字母表示差异显著（$P<0.05$），相同字母表示差异不显著（$P>0.05$）。

　　骆驼乳中主要的糖为哺乳动物合成的乳糖，乳糖含量在冷藏过程中呈现出一定的变化趋势。初次冷藏后，乳糖含量由每 100g 原料的 5.04g 下降至冷藏 3d 的最低值 4.47g。随后，在冷藏 6d 时，乳糖含量略有上升至 4.69g。乳糖能够被乳酸菌乳糖酶分解生成葡萄糖和半乳糖，同时原料乳中的乳酸菌也会在乳糖的分解过程中起到影响，从而导致乳糖含量的上升下降。本实验结果显示原料骆驼乳 pH 总体呈下降趋势，这可能是由于冷藏过程中微生物分解乳糖等物质产生酸乳，从而导致 pH 下降。

　　对不同冷藏时间原料乳蛋白质样品进行十二烷基硫酸钠-聚丙烯酰胺（SDS-PAGE）凝胶电泳，结果如图 3-1 所示。条带从上到下依次为：乳铁蛋白（LF）、血清白蛋白（SA）、酪蛋白（包括 α-酪蛋白、β-酪蛋白、κ-酪蛋白）、糖基化依赖的细胞黏附分子（GLYCAM-1）、肽聚糖识别蛋白（PGRP）和 α-乳清蛋白（α-La）。从图 3-1 中可以观察到，不同冷藏时间下的原料乳中的蛋白质发生变化。冷藏 2d 后，GLYCAM-1、PGRP、κ-酪蛋白和 β-酪蛋白的条带开始变模糊。冷藏过程中条带模糊是由于冷藏过程中引发的物理和化学变化导致了这些特定蛋白质的聚集或降解。

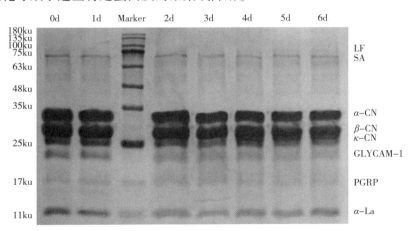

图 3-1　不同冷藏时间原料骆驼乳蛋白质 SDS-PAGE 凝胶电泳图

　　条带从上到下依次为：乳铁蛋白（LF）、血清白蛋白（SA）、α-酪蛋白（α-CN）、β-酪蛋白（β-CN）、κ-酪蛋白（κ-CN）、糖基化依赖的细胞黏附分子（GLYCAM-1）、肽聚糖识别蛋白（PGRP）和 α-乳清蛋白（α-La）。Marker：标记。

二、原料骆驼乳冷藏过程中相关可培养微生物的变化

(一)微生物随冷藏时间的变化

原料乳冷藏 6d 期间,菌落总数(TBC)、嗜冷菌数(PBC)、乳酸菌数、大肠菌群数均发生显著变化(图 3-2)。菌落总数由 3.85lg CFU/mL 增加至 7.11lg CFU/mL,菌落总数的升高可能与骆驼乳中嗜冷菌数量的增加有关,嗜冷菌数量从 3.12lg CFU/mL 增加至 7.48lg CFU/mL。嗜冷菌可能产生耐热酶,从而分解蛋白质和脂肪,导致骆驼乳变质、发酵或腐败。先前的研究表明,冷藏期间原料牛乳菌落总数和嗜冷菌数都会呈现增长趋势,这一点上骆驼乳与牛乳结果一致。O'Connell 等(2016)研究发现,在 4℃下冷藏牛乳 4d,TBC 的增长不显著,而 PBC 在冷藏前 3d 增长不显著,第 4 天显著增长,而图 3-2 观察到原料骆驼乳在 4℃下冷藏 4d 后,TBC 和 PBC 均呈现显著增长。导致这种差异的原因可能是原料乳中初始微生物负荷不同。

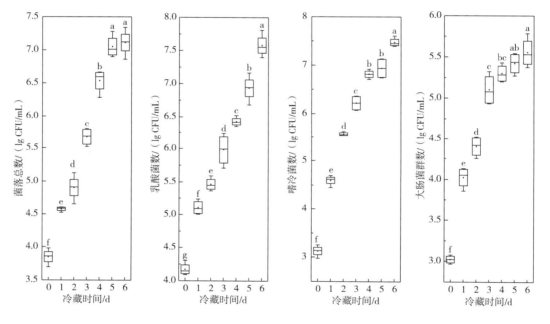

图 3-2　原料骆驼乳冷藏期间细菌计数

注:不同字母表示差异显著(P<0.05)。

(二)微生物与原料骆驼乳主要理化品质相关性分析

为了探究原料骆驼乳中微生物及主要理化品质的关系,对其进行相关性分析来探究对原料乳品质的影响(彩图 3-1)。整体来说,微生物与原料骆驼乳主要理化指标呈负相关,说明在冷藏期间伴随微生物的增长过程,微生物会分解有机物质以获得能量和营养,其中包括原料骆驼乳中的蛋白质和脂肪,导致蛋白质和脂肪含量减少。并且微生物的生长过程可能导致原料骆驼乳体系的 pH 下降,其中乳酸菌是一类能够发酵乳糖生成乳酸的微生物,

在这个过程中会产生酸性产物，从而降低原料骆驼乳的 pH。此外，微生物增加还可能导致乳糖含量减少。乳糖是乳制品中一种常见的碳水化合物，但某些微生物具有乳糖酶活性，可以将乳糖分解为乳酸等代谢产物，微生物的生长也会消耗乳糖，从而降低乳糖含量，而随着蛋白质、脂肪、乳糖含量的降低，乳的 pH 也会受影响。

三、原料骆驼乳冷藏过程中关键酶的变化

（一）酶活性随冷藏时间的变化

对原料乳冷藏期间关键酶活性变化的分析，如表 3-2 所示，脂肪酶、蛋白酶、过氧化氢酶、脂蛋白脂肪酶的活性均发生了显著变化。现有研究表明，微生物是脂肪酶的主要来源，脂肪酶可以将脂肪分解为甘油和脂肪酸，从而导致脂肪产生分解臭味，它在 80℃ 加热 20s 后可以完全失去活性。本研究结果显示，原料骆驼乳在冷藏 6d 期间脂肪酶活性从冷藏 0d 的 0.06U/mL 增加到冷藏 3d 的 0.08U/mL。另一个关键的酶是蛋白酶（存在于 α-酪蛋白），具有较强的耐热性，在 80℃ 加热 10min 后，蛋白酶才会失去活性。试验结果显示，在原料乳冷藏期间，蛋白酶活性在冷藏 3d 后显著增加至 1.23U/mL。此外，原料乳中的脂蛋白脂肪酶同样作为一种重要的内源性脂肪酶，脂蛋白脂肪酶会诱导牛乳甘油三酯自发分解脂肪，并导致部分甘油酯和游离脂肪酸的累积，最终导致乳制品口感变差，也能够破坏脂肪球膜，释放出脂肪酸，引发脂肪酸败。因此，本研究初步推断，原料乳在冷藏过程中，由于微生物的存在，导致产生一些酶类，这些酶类会影响最终产品的品质。

表 3-2 原料骆驼乳冷藏期间关键酶的酶活性变化

冷藏时间	脂肪酶活性/（U/mL）	蛋白酶活性/（U/mL）	过氧化氢酶活性/（U/mL）	脂蛋白脂肪酶活性/（U/mL）
0d	0.0557 ± 0.0008^{d}	1.4032 ± 0.0466^{a}	0.0097 ± 0.0003^{a}	0.0353 ± 0.0019^{e}
1d	0.0582 ± 0.0005^{cd}	1.0283 ± 0.0598^{e}	0.0068 ± 0.0005^{d}	0.0408 ± 0.0013^{d}
2d	0.0635 ± 0.0009^{b}	0.8758 ± 0.044^{d}	0.0077 ± 0.0005^{c}	0.0501 ± 0.0027^{b}
3d	0.0754 ± 0.005^{a}	1.2303 ± 0.0457^{b}	0.0088 ± 0.0005^{b}	0.044 ± 0.0007^{cd}
4d	0.0621 ± 0.0035^{bc}	1.102 ± 0.0493^{c}	0.0069 ± 0.0003^{d}	0.0446 ± 0.0015^{c}
5d	0.0577 ± 0.0026^{d}	1.1055 ± 0.0523^{c}	0.0067 ± 0.0003^{d}	0.0463 ± 0.0022^{c}
6d	0.0568 ± 0.0023^{d}	1.0249 ± 0.0556^{c}	0.0072 ± 0.0005^{cd}	0.0565 ± 0.0036^{a}

注：同列不同字母表示差异显著（$P<0.05$），相同字母表示差异不显著（$P>0.05$）

（二）酶活性与原料骆驼乳主要营养品质相关性分析

关键酶活性与原料骆驼乳主要营养品质相关性分析如彩图 3-2 所示。在脂肪含量方面，注意到在冷藏 2~3d 期间，脂肪、蛋白质和乳糖与脂酶、蛋白酶和过氧化氢酶呈负相关性，而与脂蛋白脂肪酶呈正相关性。这表明在早期的冷藏过程中，脂肪的分解、蛋白质和乳糖的降解程度与这些酶的活性有关，脂蛋白脂肪酶可能在此过程中起到了一定的促进

作用。在整个试验过程中，pH 的变化对酶活性起到重要的调节作用。pH 的波动会直接影响酶的最适生长环境，从而调控其活性的波动。

（三）原料骆驼乳冷藏过程中各指标的主成分分析

主成分分析（PCA）是通过分析不同样本群落组成反映样本间的差异和距离。样本物种组成越相似，反映在 PCA 图中的距离越近。如图 3-3 所示，主成分分析通过将数据映射到具有最大方差的方向上进行降维。这意味着在第一主成分中，样本具有更大的方差，从而反映了它们在这个特征上的差异程度。本研究通过主成分分析可视化了 7 个冷藏时间点的骆驼乳数据，直观地展示了不同组间的差异。7d 的样本点之间无重叠现象，说明样本间差异较大。此外，第 3 天及之后的时间点样本明显分开，表明冷藏初期（0~2d）和后期（3~6d）样本之间存在明显的差异。

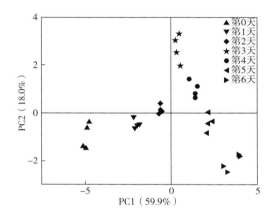

图 3-3　原料骆驼乳冷藏过程中各指标主成分分析

四、原料骆驼乳冷藏过程中各成分结构的变化

图 3-4 所示为原料骆驼乳蛋白质随着冷藏时间变化的傅里叶红外光谱（FTIR）图，其中 400~4000cm^{-1} 波数范围的 FTIR 特征峰能够良好地反映原料乳在营养成分上的差异。特别是在 1700~1800cm^{-1}、1600~1700cm^{-1} 和 1500~1600cm^{-1} 这几个波数范围内存在多个蛋白质特征峰，而在约 1650cm^{-1} 附近的特征峰尤为明显。研究表明，第 4 天的 FTIR 图在 1600~1700cm^{-1} 区域的峰值发生了偏移，这表明从第 3 天开始，蛋白质的结构发生了变化。糖类等其他成分的特征峰在 900~1200cm^{-1}，从第 3 天开始也发生了显著变化，尤其是在约 1080cm^{-1} 附近。此外，脂肪的特征峰则位于 2800~3000cm^{-1} 的区域内，在约 2850cm^{-1} 附近，从第 3 天开始发生了偏移。该结果说明，骆驼乳组分从冷藏第 3 天开始发生明显变化。

骆驼乳在冷藏过程中脂肪、蛋白质和乳糖含量均发生了不同程度的变化。骆驼乳的 pH 总体呈下降趋势，而主要微生物指标如菌落总数、嗜冷菌数、乳酸菌数和大肠菌群数等呈上升趋势，主要微生物与主要理化品质呈负相关。脂肪酶、蛋白酶、过氧化物酶和脂蛋

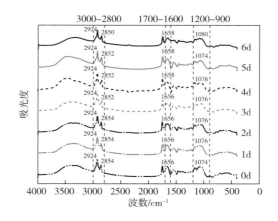

图 3-4　不同冷藏天数下骆驼乳蛋白质的 FTIR 图

白脂肪酶的活性在冷藏 3d 后呈下降趋势。傅里叶红外光谱分析显示，骆驼乳在冷藏 2d 后脂肪、蛋白质和乳糖的吸收峰明显发生偏移，进一步证实了骆驼乳中成分的变化。综上可以确定冷藏 3d 是骆驼乳冷藏的关键时间控制点。在这个时间点，骆驼乳中的脂肪、蛋白质、乳糖和酶活性等关键指标达到了显著变化。该结果为了解骆驼乳在冷藏过程中的品质变化以及进行原料骆驼乳质量控制提供了科学依据。

参考文献

［1］Atwaa E H, Hassan M A A, Ramadan M F. Production of probiotic stirred yoghurt from camel milk and oat milk ［J］. Journal of Food and Dairy Sciences, 2020, 11 (9): 259-264.

［2］Chen X, Ma Y, Miao S. Visual detection of shigella in milk by competitive annealing-mediated isothermal amplification with paper-based DNA extraction method ［J］. International Journal of Food Science & Technology, 2022, 57 (9): 6055-6063.

［3］Decimo M, Morandi S, Silvetti T, et al. Characterization of gram-negative psychrotrophic bacteria isolated from Italian bulk tank milk ［J］. Journal of Food Science, 2014, 79 (10): M2081-M2090.

［4］Doyle C J, Gleeson D, O'Toole P W, et al. Impacts of seasonal housing and teat preparation on raw milk microbiota: a high-throughput sequencing study ［J］. Applied and environmental microbiology, 2016, 82 (22): 6702-6711.

［5］Dubernet S, Desmasures N, Guéguen M. A PCR-based method for identification of lactobacilli at the genus level ［J］. FEMS microbiology letters, 2002, 214 (2): 271-275.

［6］Hinz K, O'Connor P M, Huppertz T, et al. Comparison of the principal proteins in bovine, caprine, buffalo, equine and camel milk ［J］. Journal of Dairy Research, 2012, 79 (2): 185-191.

［7］Junior J C R, De O A M, Silva F G, et al. The main spoilage-related psychrotrophic bacteria in refrigerated raw milk ［J］. Journal of Dairy Science, 2018, 101 (1): 75-83.

［8］Liatsos G D, Thanellas S, Pirounaki M, et al. *Listeria monocytogenes* peritonitis: presentation, clinical features, treatment, and outcome ［J］. Scandinavian journal of gastroenterology, 2012, 47 (10): 1129-1140.

［9］Latorre A A, Pradhan A K, Van K J A S, et al. Quantitative risk assessment of listeriosis due to consumption of raw milk ［J］. Journal of food protection, 2011, 74 (8): 1268.

［10］Lyu Y, Ye X. Isolation and identification of psychrophilic bacteria from raw milk in Hangzhou ［J］. China Dairy Industry, 2012, 40 (3): 43-46.

［11］Mohamed H, Johansson M, Lundh Å, et al. Caseins and α-lactalbumin content of camel milk (*Camelus dromedarius*) determined by capillary electrophoresis ［J］. Journal of dairy science, 2020, 103 (12): 11094-11099.

［12］Mary E K, Yanin S, Zhengyao X, et al. Viable and total bacterial populations undergo equipment-and time-dependent shifts during milk processing ［J］. Applied and Environmental Microbiology, 2019, 85 (13): e00270-19.

［13］Mudgil P, Kamal H, Yuen G C, et al. Characterization and identification of novel antidiabetic and anti-obesity peptides from camel milk protein hydrolysates ［J］. Food chemistry, 2018, 259: 46-54.

［14］Mudgil P, Baby B, Ngoh Y Y, et al. Molecular binding mechanism and identification of novel anti-hypertensive and anti-inflammatory bioactive peptides from camel milk protein hydrolysates ［J］. Lwt-Food Science and Technology, 2019, 112: 108193.

［15］Murali C, Mudgil P, Gan C Y, et al. Camel whey protein hydrolysates induced G2/M cellcycle arrest in human colorectal carcinoma ［J］. Scientific reports, 2021, 11 (1): 7062.

［16］Mehta D S, Metzger L E, Hassan A N, et al. The ability of spore formers to degrade milk proteins, fat, phospholipids, common stabilizers, and exopolysaccharides ［J］. Journal of Dairy Science, 2019, 102 (12): 10799-10813.

［17］ Nongonierma A B, Paolella S, Mudgil P, et al. Identification of novel dipeptidyl peptidase Ⅳ (DPP-Ⅳ) inhibitory peptides in camel milk protein hydrolysates ［J］. Food Chemistry, 2018, 244: 340-348.

［18］ Oconnell A, Ruegg P L, Jordan K, et al. The effect of storage temperature and duration on the microbial quality of bulk tank milk ［J］. Journal of dairy science, 2016, 99 (5): 3367-3374.

［19］ Peng C, Sun Z, Sun Y, et al. Characterization and association of bacterial communities and nonvolatile components in spontaneously fermented cow milk at different geographical distances ［J］. Journal of Dairy Science, 2021, 104 (3): 2594-2605.

［20］ Quigley L, O'Sullivan O, Beresford T P, et al. Molecular approaches to analysing the microbial composition of raw milk and raw milk cheese ［J］. International journal of food microbiology, 2011, 150 (2-3): 81-94.

［21］ Rijkers G T, Benrk S, Enck P, et al. Guidance for substantiating the evidence for beneficial effects of probiotics: current status and recommendations for future research ［J］. The Journal of nutrition, 2010, 140 (3): 671S-676S.

［22］ Samardtija D. Psihrotrofne bakterije in jihovi negativni utjecaji na kvalitetu mlijeka imliječnih proizvoda ［J］. Mljekarstvo, 2012, 62 (2): 77-95.

［23］ Saucedo N M, Srinives S, Mulchandani A. Electrochemical biosensor for rapid detection of viable bacteria and antibiotic screening ［J］. Journal of Analysis and Testing, 2019, 3: 117-122.

［24］ Solanki D, Hati S. Fermented camel milk: A Review on its bio-functional properties ［J］. Emirates Journal of Food and Agriculture, 2018, 30 (4): 268-274.

［25］ Soleymanzadeh N, Mirdamadi S, Kianirad M. Antioxidant activity of camel and bovine milk fermented by lactic acid bacteria isolated from traditional fermented camel milk (Chal) ［J］. Dairy Science & Technology, 2016, 96: 443-457.

［26］ Soleymanzadeh N, Mirdamadi S, Mirzaei M, et al. Novel β-casein derived antioxidant and ACE-inhibitory active peptide from camel milk fermented by Leuconostoc lactis PTCC1899: Identification and molecular docking ［J］. International Dairy Journal, 2019, 97: 201-208.

［27］ Turroni F, Milani C, Ventura M, et al. The human gut microbiota during the initial stages of life: insights from bifidobacteria ［J］. Current Opinion in Biotechnology, 2022, 73: 81-87.

［28］ Wang Y, Zhao P, Zhang H, et al. A simple and rapid realtime PCR assay for the detection of Shigella and Escherichia coli species in raw milk ［J］. Journal für Verbraucherschutz und Lebensmittelsicherheit, 2013, 8: 313-319.

［29］ Zakaria F. Composition and characteristics of camel milk ［J］. Journal of Dairy Research, 1993, 60 (4): 603-626.

［30］ Zou Z, Bouchereau-de P C, Hewavitharana A K, et al. A sensitive and high-throughput fluorescent method for determination of oxidase activities in human, bovine, goat and camel milk ［J］. Food chemistry, 2021, 336: 127689.

［31］ 党娜. 乌兹别克斯坦自然发酵乳中细菌多样性研究 ［D］. 呼和浩特: 内蒙古农业大学, 2021.

［32］ 高文茹, 陈庆森, 庞广昌, 等. 西北地区原料奶沙门氏菌污染程度鉴定与分析 ［J］. 食品科技, 2011, 36 (2): 285-289.

［33］郭瑜，姚笛，侯婷婷，等．乳中志贺氏菌的荧光定量 PCR 检测方法的建立［J］．食品研究与开发，2016，37（10）：127-130．

［34］李晶，王继华，崔迪，等．嗜冷菌适冷代谢机制的研究［J］．哈尔滨师范大学自然科学学报，2007（5）：88-91．

［35］李一鸣．奶牛养殖和挤奶过程中产气荚膜梭菌的分离鉴定及污染牛奶的风险因素分析［D］．咸阳：西北农林科技大学，2021．

［36］吕元，叶兴乾．杭州地区原料奶中嗜冷菌的分离鉴定［J］．中国乳品工业，2012，40（3）：43-46．

［37］王宇．生牛乳中的主要微生物、检测方法及其控制［J］．现代畜牧科技，2019（5）：6-7．

［38］杨德凤，吴小慧，黄梦夏，等．贵阳市散养奶牛牛乳中沙门氏菌的分离鉴定与耐药性分析［J］．贵州畜牧兽医，2018，42（2）：14-17．

［39］周杏荣，周辉，罗洁，等．南山牧场生鲜牛乳理化指标与微生物多样性对比分析［J］．食品工业科技，2021，42（3）：101-107．

［40］郑玉才，龚卫华，杨明，等．牦牛、水牛和普通牛乳中脂肪酸组成及共轭亚油酸含量的比较［J］．西南民族大学学报（自然科学版），2014，40（5）：641-646．

第四章

骆驼乳营养成分多组学研究

第一节　骆驼乳蛋白质组学研究

蛋白质组学（Proteomics）是对生物体或细胞中整体蛋白质组分、修饰状态、表达水平及蛋白质间相互作用和联系进行全面系统的分析，通过获得的蛋白质组成信息，全面深入地了解研究生命活动的微观状态和调控规律（剧柠等，2021）。目前蛋白质组学主要包括蛋白质分离与鉴定、样品制备与信息学分析等技术。为确保获得高丰度的蛋白质，经常采用离心结合超声与沉淀等方法（刘伟等，2018），但低丰度乳蛋白及微生物蛋白受到分离技术等限制。色谱蛋白质分离技术具有特异性强和灵敏度高等优势，尤其擅长分离低丰度蛋白质、膜蛋白和小分子质量蛋白质，它弥补了电泳技术在分离复杂样品时存在的难以解决的缺陷；可全面深入细致地了解乳中蛋白质的组成、数量、差异变化、功能等内容，挖掘生物活性细微性的成分变化规律，深化乳中微生物产生酶蛋白的研究，了解其在乳及乳制品加工与储藏中的作用，为在生产加工中进行调控，提高乳及乳制品的品质提供有力保证。

目前，蛋白质组学主要集中应用在原料乳上，针对高丰度乳蛋白研究较多，而针对低丰度乳蛋白的研究鲜见报道（Xiao 等，2022），今后上述蛋白质也将逐渐成为研究的重点和难点，分离技术不断成熟的蛋白质组学必将成为揭示不同品质、不同种类的乳在不同储藏加工过程中蛋白质组成、变化规律、表达差异的有效手段。

乳蛋白成分与泌乳动物的品种、生存环境、饮食等多种因素紧密相关。Yang 等（2015）运用同位素标记相对和绝对定量（Isobaric tag for relative absolute quantitation，iTRAQ）技术共鉴出 520 种乳脂球膜（Milk fat globule membrane，MFGM），均存在于人乳以及骆驼乳、马乳等反刍动物乳中，其中仅有 18 种差异蛋白质不显著表达，而人乳与马乳、骆驼乳 MFGM 蛋白质谱组成相似，更有望替代人乳。此外有些学者进行了不同乳种不同泌乳期蛋白质组间的差异研究。Cao 等（2019）用液相色谱串联质谱与凝集素富集相结合的方法，定性定量比较了不同泌乳期人乳与牛乳中的乳清蛋白与乳清 N-糖蛋白的差异，发现人乳与牛初乳的 N-糖蛋白组主要参与蛋白质结合功能，而人乳与牛成熟乳的 N-糖蛋白组主要参与水解酶活性功能。人初乳中高度富集到血清淀粉样蛋白 A、Igκ 链 Ⅴ-Ⅲ 区 IARC/BL41、Igκ 链 Ⅴ-Ⅰ 区 EU、肌球蛋白反应性免疫球蛋白重链可变区、几丁质酶-3 样蛋白 2 等具有免疫功能的乳清蛋白，而 Igγ-1 链 C 区、α-乳清蛋白分别在牛初乳、牛常乳中高表达，分别参与免疫功能和钙结合。上述研究表明，蛋白质组成与功能既有物种间差异，也有泌乳不同阶段之间的差异，然而骆驼乳蛋白组在不同泌乳阶段的研究还不全面，因此对不同泌乳阶段的骆驼乳蛋白质进行综合鉴定，可为其营养成分的量化提供有价值的信息。

笔者团队运用 TMT（Tandem mass tag）标记定量蛋白质组学技术对不同泌乳期骆驼乳样本进行了蛋白质定量定性，找到其组成差异与表达丰度，通过基因本体（Gene ontology，GO）功能、蛋白质互作网络和 KEGG（京都基因与基因组百科全书，Kyoto Encyclopedia of Genes and Genomes）通路等生物学信息分析，探究不同泌乳期间蛋白质功能与通路差异，并找到关键功能性差异表达蛋白，为新型功能性婴幼儿乳制品研发提供有价值的信息（Xiao 等，2022）。以下不同时间点依次标记为初乳组（C 组为第 1 天初乳，S 组为第 7 天初乳）、过渡乳组（T 组）、常乳组（M 组）和末乳组（L 组）。

一、蛋白质定量及 SDS-PAGE 质量分析

用 BCA 蛋白质定量试剂盒定量分析不同泌乳期骆驼乳蛋白质，如表 4-1 所示。所有样本蛋白质浓度>7.92μg/μL，总蛋白质含量>2376.60μg，样品质量评估等级均为 A，而且 SDS-PAGE 电泳图（图 4-1）中样品各蛋白质条带分离清晰、明亮，蛋白质量较高，样品间蛋白质均一性一致，蛋白质有效富集，满足后续试验要求。此外随泌乳期时间的延长，乳中各蛋白质浓度呈逐渐下降趋势，与上述趋势保持一致。

表 4-1　　　　　　　　　　不同泌乳期骆驼乳蛋白质定量结果

样品名称	蛋白质浓度/（μg/μL）	蛋白质体积/μL	总蛋白质含量/μg	样品评估等级
C-1	11.81	300	3543.00	A
C-2	10.87	300	3261.00	A
C-3	9.76	300	2928.30	A
S-1	12.58	300	3774.00	A
S-2	10.70	300	3210.00	A
S-3	10.11	300	3033.00	A
T-1	9.30	300	2790.60	A
T-2	9.10	300	2730.00	A
T-3	9.91	300	2973.00	A
M-1	7.92	300	2376.60	A
M-2	11.07	300	3321.00	A
M-3	9.46	300	2837.40	A
L-1	8.41	300	2521.80	A
L-2	8.29	300	2487.30	A
L-3	8.41	300	2521.80	A

注：C-1、C-2、C-3 为 C 组 3 个重复样本；S-1、S-2、S-3 为 S 组 3 个重复样本；T-1、T-2、T-3 为 T 组 3 个重复样本；M-1、M-2、M-3 为 M 组 3 个重复样本；L-1、L-2、L-3 为 L 组 3 个重复样本。

二、蛋白质质控鉴定信息

（一）肽段与蛋白质鉴定

为了提高分析质量，减少假阳性，以肽的假阳性发现率（False-discovery rate，FDR）

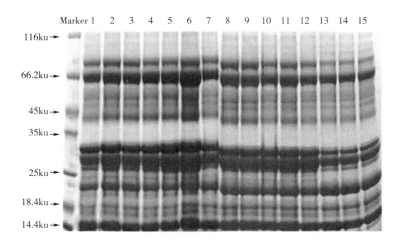

图 4-1　不同泌乳期骆驼乳 SDS-PAGE 电泳图

其中条带 1~15 分别表示蛋白质样品 C-1、C-2、C-3、S-1、S-2、S-3、T-1、T-2、T-3、M-1、M-2、M-3、L-1、L-2 和 L-3。

≤0.01 筛选过滤后，如表 4-2 所示，共鉴定到 419458 个二级图谱，数据库匹配谱图总数为 20839，肽段总数为 4634，唯一（Unique）肽段总数为 3495，定性并定量蛋白质总数为 987 个。

表 4-2　　　　　　　　　　　肽段与蛋白质鉴定结果

数据库	光谱数据		肽段		蛋白质	
	二级谱图总数	数据库匹配谱图总数	肽段总数	唯一肽段总数	定性蛋白质总数	定量蛋白质数
骆驼乳	419458	20839	4634	3495	987	987

（二）蛋白质定量统计

肽离子得分情况：约 61.6% 的肽段得分 >20 分，中位数得分为 26 分，结果较理想。蛋白质相对分子质量（M_r）分布情况：M_r 为 20~120ku，其中位于 20~30ku 的蛋白质最多，而等电点（PI）范围主要为 5~7，由此可见骆驼乳中 M_r 为 20~30ku，且 PI 为 5~7 的弱酸性蛋白质发挥着重要作用。随 Unique 肽段的不断增多，累积占比逐渐且缓慢增多，说明鉴得越来越多的可靠蛋白质，符合试验结果的要求。肽段序列覆盖区间在 [0，5] 时比例最多，[5，10] 与 [10，15] 覆盖区则其次。肽长度的分布主要介于 5~21 个氨基酸残基，并随长度增加肽段数量逐渐减少，表明肽段长度比较合理，酶切结果比较理想。上述结果都以 FDR<0.01 作为筛选条件，故质谱试验可信度较高，且数据质量较好。

三、主成分分析（PCA）

利用 SIMCA-P 软件对定量的 987 种骆驼乳蛋白质进行主成分分析（PCA），PCA 评分图表明，各组蛋白质谱在 PC1 和 PC2 方向上存在差异，可解释总方差的 65%。C、S 组的蛋白质聚在一起，蛋白质表达模式相近，并与 T、M、L 组样本间有明显的分离趋势，表明 C、S 组与 M、T、L 组间蛋白质谱有明显的变化，且显著差异。通过 7 次循环交互验证，如表 4-3 所示，PCA 模型预测率模型解释率 $R^2X = 0.841$、$Q^2 = 0.678$。故可有效解释组间差异的蛋白质。

表 4-3　　　　　　　　　　　　　PCA 模型评价参数

项目	主成分数（ A ）	样本数量（ N ）	模型解释率（ R^2X ）	模型预测力（ Q^2 ）
PCA	4	15	0.841	0.678

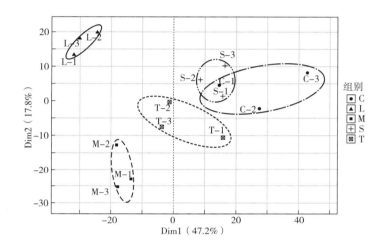

图 4-2　不同泌乳期骆驼乳蛋白质的 PCA 评分图

初乳组—C 组为第 1 天初乳，S 组为第 7 天初乳；过渡乳组—T 组；常乳组—M 组；末乳组—L 组。

四、蛋白质组间差异表达分析

（一）差异蛋白数量统计

以 $P<0.05$ 且差异倍数（FC）>1.2 为筛选差异蛋白的条件。如图 4-3 所示，C 与 S 组、S 与 T 组、T 与 M 以及 M 与 L 组差异蛋白数分别为 59、126、196 和 327，邻近时期的蛋白质种类相对稳定。而相比于 C 组，T、M、L 组的蛋白质差异较大，且随泌乳期延长，差异蛋白种类越来越多，且绝大多数蛋白质下调表达，可见初乳（C 组）的高表达蛋白质较多。因而应着重关注 C 组与其他组的差异蛋白。

S 与 C 组间差异蛋白共 59 种，其中 S 组上调表达 15 个、C 组上调表达 44 个。T 与 C 组间差异蛋白共 209 种，其中 T 组上调表达 25 个、C 组上调表达 184 个。M 与 C 组间差异蛋白共 443 种，其中 M 组上调表达 22 个，C 组上调表达 421 个。L 与 C 组间差异蛋白共 513 种，其中 C 组上调表达 430 个，L 组上调表达 83 个。

纵观 S 与 C 组、T 与 C 组、M 与 C 组、L 与 C 组，有 37 个差异蛋白同时存在，其中有 β-1 金属结合球蛋白、法呢基焦磷酸合酶、乳黏附素一直随泌乳期上调表达，而其他蛋白质基本呈下调表达。在 S 与 C 组、T 与 C 组、M 与 C 组、L 与 C 组中，独有的差异蛋白数分别为 2 个、13 个、86 个、156 个。

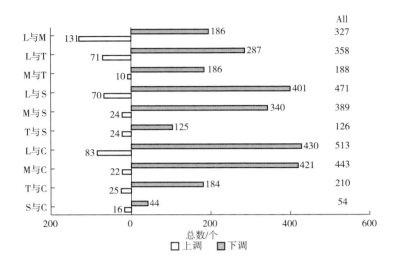

图 4-3　不同泌乳期骆驼乳差异蛋白统计信息

上调：上调表达蛋白质；下调：下调表达蛋白质。横坐标表示差异蛋白数量，纵坐标表示各个不同泌乳期对比。初乳组—C 组为第 1 天初乳，S 组为第 7 天初乳；过渡乳组—T 组；常乳组—M 组；末乳组—L 组。

（二）差异蛋白聚类分析

为更直观地了解不同泌乳期骆驼乳蛋白质表达谱，基于亲缘性对不同泌乳期骆驼乳样本及差异蛋白相对表达量进行层次聚类分析。在差异蛋白分析中，筛得 667 个差异蛋白，其中随泌乳期的进行，104 个蛋白质上调表达，465 个蛋白质下调表达，还有 98 个蛋白质波动表达。为呈现较清晰的差异关系，分别选取上调和下调表达蛋白质中差异最显著的 50 个蛋白质，绘制聚类热图（彩图 4-1）。

由彩图 4-1 可知，S、T 组乳蛋白表达模式相似，其次是 S、T 组与 M 组表达模式相似，而 C、L 组的表达模式与其他 3 组存在较大差异，因而蛋白质分为 C、ST、M、L 4 类，该结果与 PCA 结果中 CS 聚为一类略有差异。C 组中上调的蛋白质共 49 个，主要为簇蛋白（A0A5N4CB25）等参与先天免疫反应、抗原加工与呈递、免疫调节系统、免疫球蛋白结构域等免疫、代谢相关蛋白质及肝珠蛋白（A0A5N4DT88）、血红蛋白亚基 β（P68231）等具有各类结合功能的蛋白质，以及细胞色素 c 体细胞样蛋白（S9XJ66）、Wnt 抑制因子 I（S9XJ24）、环磷酸腺苷（cAMP）依赖性蛋白激酶 I 型 α 调节亚基（A0A5N4D6F9）等参与各类信号通路的蛋白质。在 S、T 组高表达的蛋白质共 4 个，主要为恶性脑肿瘤中缺失 1 蛋白（A0A5N4DIR6、S9XQ62）、基质细胞衍生因子 2-样蛋白 1（A0A5N4C9D5）、输入蛋白（Importin）亚基 α-2（S9XSK7）等。M 组显著高表达蛋白质主要为乳过氧化物酶（S9X7Q1）等 7 个代谢、免疫、转运相关蛋白质。L 组显著上调表达蛋白质共有 39 个，其中 IgG Fc 结合蛋白（A0A5N4DQZ9）等 33 个参与代谢、细胞增殖、转运以及信号转导相关途径的蛋白质主要在此组高表达，乳黏附素（S9WF76）、单核细胞分化抗原 CD14（A0A5N4ECI5）等与酶活免疫相关的 6 个蛋白质，在 T、L 组逐渐上调表达。此外，主要参与各类代谢调控进程的醛酮还原酶（A0A059UIG5）在 C、L 组呈较高表达量。

五、差异蛋白 GO 功能分析

为全面解析不同泌乳期骆驼乳差异蛋白的生物学功能，利用 GO 数据库对差异蛋白进行注释，以 $P \leqslant 0.05$ 为条件并借助费歇尔（Fisher）方法进行精确检验，深入研究富集到 GO 的功能类别，并确认生物学功能。

在 S 与 C 组 GO 功能富集结果中，24 个差异蛋白显著富集于 42 个 GO 二级分类，包括细胞组分（Cellular component，CC，5 个）占 11.9%，分子功能（Molecular function，MF，6 个，14.3%）、生物过程（Biological process，BP，13 个，73.8%）。涉及生物过程方面的差异蛋白共 13 个，主要富集于生物质量调节（Regulation of biological quality，8 个，61.54%）、多细胞生物过程（Multicellular organismal process，8 个，61.54%），其次是体液水平调节（Regulation of body fluid levels，7 个，53.85%）、应对压力（Response to stress，7 个，53.85%）以及 7 个蛋白细胞合成相关过程。9 个参与分子功能的蛋白质主要集中在结合功能等方面，如信号受体结合（Signaling receptor binding，5 个，55.56%）以及四吡咯结合（Tetrapyrrole binding，4 个，44.44%），血红素结合（Heme binding，4 个，44.44%）。17 个差异蛋白在细胞组分上，主要集中于细胞外区域（Extracellular region，12 个，70.59%）、纤维蛋白原复合物（Fibrinogen complex，4 个，23.53%）。

T 与 C 组的 GO 功能分析中，82 个 GO 二级分类显著富集到 105 个差异蛋白，其中细胞组分（5 个）占 18.2%、分子功能（19 个）占 23.1%、生物过程（48 个）占 58.5%。涉及生物过程方面的差异蛋白共 47 个，主要富集于刺激反应（Response to stimulus，34 个，72.34%）、压力应对（Response to stress，18 个，38.30%），免疫系统过程（Immune system process，16 个，34.04%）、免疫反应（Immune response，16 个，34.04%）等免疫相关过程。46 个差异蛋白显著富集于分子酶活等功能上，如分子功能调节剂（Molecular function regulator，19 个，41.30%）、酶调节活性（Enzyme regulator activity，16 个，34.78%）、酶抑制剂活性（Enzyme inhibitor activity，15 个，32.61%）等。61 个差异蛋白主要富集于细胞组分上，如胞外区（Extracellular region，55 个，90.16%）、胞外区部分（Extracellular region part，32 个，52.46%）。

M 与 C 组 GO 富集分析中，61 个 GO 二级分类显著富集到差异蛋白 184 个，其中生物过程（36 个）占 59%，分子功能（14 个）占 22.9%，细胞组分（11 个）占 18%。组间 106 个差异蛋白主要参与生物调节（Biological regulation，73 个，68.87%）、刺激反应（Response to stimulus，61 个，57.55%）。64 个差异蛋白主要富集于分子酶活功能等，如酶调节活性（Enzyme regulator activity，29 个，45.31%）、酶抑制剂活性（Enzyme inhibitor activity，24 个，37.50%）、肽酶调节/抑制剂活性（Peptidase regulator/inhibitor activity，22 个，34.38%）。89 个差异蛋白显著富集于细胞组分上，如细胞外区（Extracellular region，80 个，89.89%）、细胞外区部分（Extracellular region part，49 个，55.06%）、细胞外空间（Extracellular space，46 个，51.69%）。

L 与 C 组的 GO 富集分析中，31 个 GO 二级分类共富集到差异蛋白 232 个，其中生物过程（8 个）占 25.8%、分子功能（20 个）占 64.5% 以及细胞组分（3 个）占 9.6%。组间的 86 个差异蛋白显著富集于刺激反应（Response to stimulus，69 个，80.23%）、免疫系统过程（Immune system process，32 个，37.21%）、免疫反应（Immune response，29 个，33.72%）等 8 个生物过程。组间的 106 个差异蛋白主要富集于蛋白催化活性（Catalytic activity, acting on a protein，61 个，57.55%）、肽酶活性（Peptidase activity，46 个，43.40%）、L-氨基酸肽酶活性（Peptidase activity, acting on L-amino acid peptides，42 个，39.62%）。组间 90 个差异蛋白显著富集于细胞外区（Extracellular region，90 个，100%）、细胞外区部分（extracellular region part，50 个，55.56%）以及细胞外空间（Extracellular space，46 个，51.11%）。

六、差异蛋白 KEGG 通路分析

KEGG（京都基因与基因组）通路以 C 组与其他组间差异蛋白为对象，进行富集比较分析。结果显示，S 与 C 组间 67 条 KEGG 通路共注释到差异蛋白 121 个，以 $P<0.05$ 为条件进行富集分析，并选取富集前 20 个通路制图，如彩图 4-2 所示，显示组间 4 个通路共显著富集差异蛋白 13 个，其中 30.77% 的差异蛋白参与细胞凋亡（Apoptosis）、30.77% 的差异蛋白参与血小板活化（Platelet activation）、23.08% 的差异蛋白参与铁死亡（Ferroptosis）、15.38% 的差异蛋白参与长寿调节途径-蠕虫（Longevity regulating pathway-worm）。

T 与 C 组间 144 条 KEGG 通路共注释到差异蛋白 121 个，以 $P<0.05$ 为条件进行富集比较分析，选取富集前 20 个通路制图，如彩图 4-3 所示，显示组间 4 个免疫相关及糖降解通路共显著富集差异蛋白 41 个，其中 68.29% 的差异蛋白参与补体和凝血级联（Complement and coagulation cascades），19.51% 的差异蛋白参与细胞凋亡（Apoptosis），17.07% 的差异蛋白参与神经活性配体与受体的相互作用（Neuroactive ligand-receptor interaction）、9.76% 的差异蛋白参与其他聚糖降解（Other glycan degradation）。

M 与 C 组间 206 条 KEGG 通路共注释到差异蛋白 262 个，以 $P value<0.05$ 为条件，并进行富集分析，选取富集前 20 个通路制图，如彩图 4-4 所示，组间 13 个重要通路共显著富集到差异蛋白 119 个，其中 31.93% 的差异蛋白参与补体和凝血级联（Complement and coagulation cascades）、21.01% 的参与溶酶体（Lysosome）、17.65% 的参与肌动蛋白细胞骨架（Regulation of actin cytoskeleton）。

L 与 C 组间差异蛋白中共 290 个注释到 224 条 KEGG 通路，以 $P<0.05$ 为条件，并进行富集分析，选取富集前 20 个通路制图，如彩图 4-5 所示，显示组间 7 个通路共显著富集差异蛋白 80 个，其中 43.75% 的差异蛋白参与补体和凝血级联（Complement and coagulation cascades）、21.25% 的差异蛋白参与焦点黏附（Focal adhesion）、16.25% 的差异蛋白参与细胞黏附分子（Cell adhesion molecules）。

综上所述，骆驼初乳泌乳期间差异蛋白主要涉及细胞凋亡、铁死亡等细胞相关代谢通路。之后骆驼乳泌乳期间差异蛋白主要集中于补体和凝血级联、溶酶体等免疫相关的通路，焦点黏附、细胞外基质（ECM）-受体相互作用等 ECM 沉积与高血压心脏重塑密切相关通路，以及 NF-κB 信号转导、细胞因子与细胞受体的相互作等炎症相关通路。

七、小结

笔者团队利用基于串联质量标签（TMT）标记技术定量蛋白质组学方法，首次全面鉴定了不同泌乳期骆驼乳蛋白组，共定量到 987 种，其中 667 种差异蛋白（FC>1.2，$P<0.05$）中，104 种上调表达、465 种下调表达、98 种波动表达。骆驼初乳中富含高水平的肽聚糖识别蛋白（PGRP1）、1-酸糖蛋白、脂多糖结合蛋白、主要组织相容型抗原-Ⅱ（MHC-Ⅱ）等免疫系统构建和调控相关蛋白，为骆驼乳具有促进免疫、抗菌作用提供了科学依据。此外，初乳中还表征到载脂蛋白 E 等多种功能性营养因子，在参与免疫反应、调节脂代谢进程中发挥重要作用；骆驼常末乳中高丰度的糖基化依赖的细胞黏附分子 1（GlyCAM-1）、转铁蛋白（TF）、重组人趋化因子 XCL1（LTN）、IgG-Fc 片段结合蛋白（FCGBP）等在机体免疫应答，抑制肿瘤增殖和新生儿肠炎中发挥重要作用。泌乳期间，差异乳蛋白主要参与补体凝血级联、溶酶体等免疫相关通路，ECM-受体相互作用、心肌细胞肾上腺素信号转导及血管平滑肌收缩等心血管相关通路，以及 NF-κB 信号转导等炎症相关通路。以上对潜在生物功能性蛋白质及其相关代谢途径解析，为未来骆驼乳功能性产品的研发提供了科学基础和理论指导。

第二节 骆驼乳脂质组学研究

脂质组学以其能准确描述生命体内的脂质结构、功能、相互作用和动力学备受关注，在疾病研究上表现尤为突出（崔益伟等，2019），其方法主要有气相色谱-质谱联用（GC-MS）等（Liu 等，2019）。乳是自然界较复杂的物质，脂质组学方法的出现，使得表征乳中大量脂质的可行性越来越高，将多种不同分析方法进行有效联用，可高效地避免单一技术自身存在的局限性，因此液相色谱-质谱联用（Liquid chromatography tandem mass spectrometry，LC-MS/MS）脂质组学技术更适合检测分析乳中大规模复杂脂质。

高效液相-高分辨质谱联用（Ultra high performance liquid chromatography，high resolution mass spectrometry，HPLC-HRMS）分析技术目前主要应用在分析脂质分子种类及鉴定乳品掺假等方面。Mitina 等（2020）使用 LC-MS 法揭示了 7 种哺乳动物乳（人、两种猕猴、牛、山羊、牦牛和猪）中脂肪酸残基组成的物种特异性差异，反映了物种之间的进化距离，且每个物种都表现出特定的脂质组谱，其中，人乳中的长链多不饱和脂肪酸（LC-UFA）含量高于其他品种，而猪乳中比例最高的是长链多不饱和脂肪酸。

泌乳期被认为是影响乳营养成分的重要因素，并与不同发育阶段新生儿的营养需求密切相关（Chamekh 等，2020）。近年来，大多数研究逐渐集中于泌乳期对脂质组成的影响，利于不同年龄段婴幼儿配方的制定、乳品质量的评价和生物标志物的筛选。Liu 等（2019）基于超高效液相色谱-四级杆/静电场轨道阱高分辨质谱（Ultra-high performance liquid chromatography Q-exactive orbitrap，UPLC-Q-Exactive Orbitrap）法，比较了来自不同地理起源的不同泌乳阶段山羊乳中的脂质类别和分子，各鉴别到 38 个和 19 个差异脂质分子作为潜在的生物标记物，分别识别山羊乳的地域和泌乳阶段。Li 等（2020）利用超高效液相色谱-四级杆-飞行时间-质谱（UHPLC-QTOF-MS）定量脂质组学方法，对牛初乳（BC）和成熟乳（BM）中的 13 个亚类的 335 种脂类进行了表征，共鉴定出 63 种差异显著脂类（SDL），其中最主要为甘油磷脂代谢，其次为鞘脂代谢和甘油酯代谢。Hewelt-Belka 等（2020）利用 LC-QTOF-MS 分析，对不同泌乳阶段的人乳（HM）和不同年龄指标的配方乳（FM）的脂质成分进行了全面、半定量的比较，人乳含有不同于配方乳的特定脂类中的脂质种类，并且含有比配方乳高许多的重要脂质，例如甘油磷酸乙醇胺等乙醚类似物。

笔者团队基于非靶向定量脂质组学，定量定性不同泌乳期骆驼乳脂质分子及其亚类，筛得组间具有显著差异的脂质分子及其亚类，在脂质水平验证泌乳期间乳代谢物变化情况，为探究其泌乳期变化机制提供依据，并为骆驼乳产品的开发提供实用信息。

一、样本质控

正离子电喷雾（ESI⁺）下提取 669 个离子，负离子电喷雾（ESI⁻）下提取 311 个离子。ESI⁺、ESI⁻下各色谱峰的保留时间与响应强度基本重叠，表明液相色谱分离筛得代谢物情况较好，证明仪器误差影响较小。质量控制（Quality control，QC）样本间关联性系数［图 4-4（1）］均处于 0.9 以上，PCA 得分图［图 4-4（2）］显示样本紧密聚合，重复性较好。相对标准偏差图［RSD，图 4-4（3）］样本中，RSD≤30%的峰（Peak）数目占总数的 80%以上，霍特林统计（Hotelling T2）控制图［图 4-4（4）］显示，QC 样本均在 99%置信区间内，MCC 控制图［图 4-4（5）］显示，QC 样本波动都在±2SD 内，在试验中仪器波动范围正常，系统稳定性较好，后续分析数据可用。

二、骆驼乳中脂质鉴定结果统计与分析

（一）脂质定性分析

在 ESI⁺、ESI⁻下共鉴得脂质化合物 24 个亚类、980 种，如图 4-5 所示，主要为甘油酯类（Glycerolipids，GL，43.98%）、甘油磷脂类（Glycerophospholipids，GP，36.73%）、鞘脂类（Sphingolipids，SP，18.78%）、脂肪酰类（Fatty acyls，FA，0.51%）。甘油酯类检出 2 个亚类，甘油二酯（DG，5%）、甘油三酯（TG，38.98%）。甘油磷脂类检出 12 个亚类，分别为磷脂酰乙醇胺（PE，11.53%）、磷脂酰胆碱（PC，8.47%）、磷脂酰丝氨酸（PS，6.04%）、磷脂酰肌醇（PI，3.98%）、溶血磷脂酰胆碱（LPC，2.24%）、溶血磷脂酰乙醇胺（LPE，1.53%）、磷脂酰甘油（PG，0.71%）、溶血磷脂酰丝氨酸（LPS，0.61%）、磷脂酸（PA，0.31%）、溶血磷脂酰肌醇（LPI，0.20%）、心磷脂（CL，0.10%）、磷脂酰肌醇（PIP，0.10%）。鞘脂类检出 8 个亚类，分别为鞘磷脂（SM，10.31%）、神经酰胺（Cer，6.22%）、鞘糖脂类 2（CerG2，0.61%）、神经节苷脂（GM3，0.51%）、鞘糖脂类 1（CerG1，0.41%）、神经鞘氨醇（So，0.41%）、鞘糖脂类 3（CerG3，0.20%）、植物鞘氨醇（phSM，0.10%）。脂肪酰类检出酰基肉碱（AcCa，0.31%）和蜡酯（WE，0.20%）2 类。

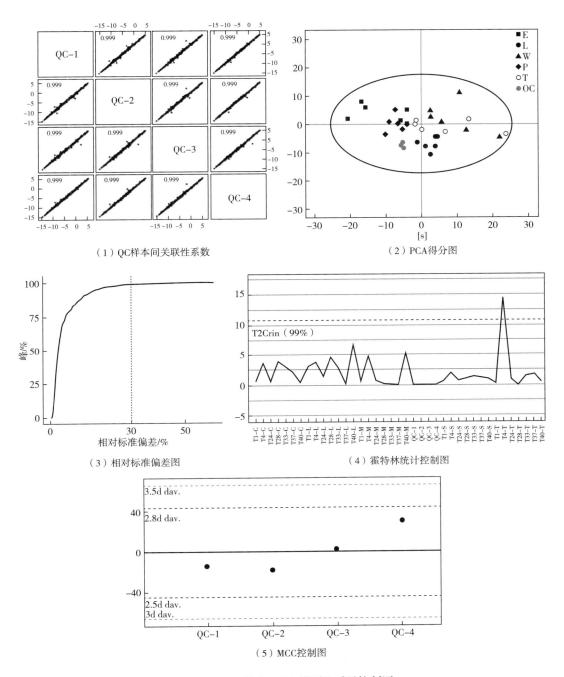

（1）QC样本间关联性系数　　　　　　（2）PCA得分图

（3）相对标准偏差图　　　　　　（4）霍特林统计控制图

（5）MCC控制图

图 4-4　QC 样本 PCA 模型及质量控制图

（二）脂质定量分析

　　取不同泌乳期脂质分子总含量结果的平均值，结果如图 4-6 所示，C 组脂质总含量最高，为 67461.06mg/mL，随泌乳期延长其变化趋势为先下降后上升。

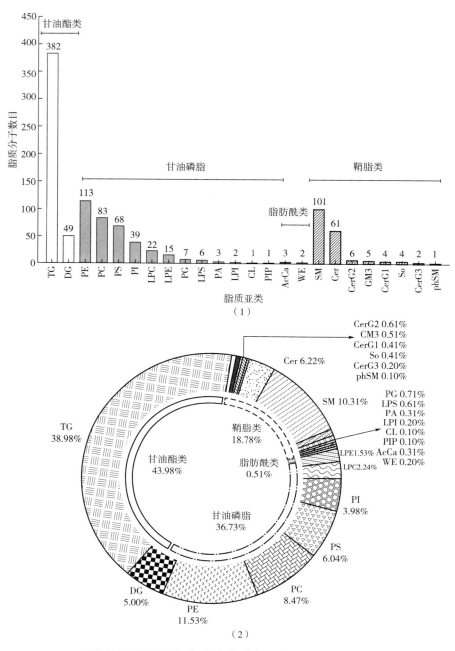

图4-5　脂质亚类（1）和脂质分子（2）数量统计图

　　骆驼乳脂质谱随着泌乳期的变化而变化。甘油酯类中的甘油三酯（TG）在泌乳期均为脂质组成中含量最丰富的脂质（93.0324%～97.9256%），略低于人乳（98%）（Yang Y等，2015），其次为甘油二酯（DG）、磷脂酰乙醇胺（PE）、鞘磷脂［包括神经鞘磷脂（SM）］，而这些脂质在不同泌乳期显示不同的比例。C组中第二脂质组分是 PE（0.6013%），其次为 SM（0.4563%）、DG（0.4170%）；S、T、M组中第二脂质组分均为DG，其次为 PE、SM；L组中第二脂质组分为 DG，随后依次为 PE、SM。

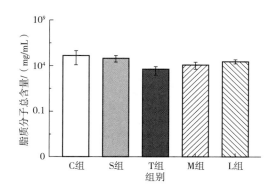

图 4-6　不同泌乳期骆驼乳中脂质分子总含量

初乳组—C 组为第 1 天的初乳、S 为第 7 天的初乳；过渡乳组—T 组；常乳组—M 组；末乳组—L 组。

24 种脂质亚类含量如表 4-4 所示。骆驼乳中丰度最高的 TG 在 C、S 组间差异不显著，但显著高于 T、M、L 组（$P<0.05$），在泌乳期含量整体呈下降趋势；而 DG 含量整体呈相对稳定的上升趋势（$P>0.05$），L 组在整个泌乳期 TG 丰度迅速增加（$P<0.05$）。甘油磷脂类、鞘脂类中高丰度表达的脂质分别为 PE 和 SM，二者在泌乳期均呈波动下调表达（$P<0.05$）。相同变化趋势还体现在 PC、PS、PI、PA、PIP 以及 CL 等甘油磷脂中。而 LPS、LPE、LPC 的变化显著一致，随泌乳期先下降后上升，LPI 变化则较稳定（$P>0.05$）。鞘脂类中除 SM 外，Cer 含量最高（8.79 ± 1.65）μg/mL，泌乳期无显著变化。CerG3、phSM 在 L 组显著高表达（$P<0.05$）；而 CerG1、CerG2、GM3 表达趋势相似，随泌乳期延长整体呈下降趋势（$P<0.05$）。So、WE 含量则呈同样的表达趋势，仅在 T 组表达最低。综上所述，骆驼乳中 Cer、LPI 含量在泌乳期相对稳定（$P>0.05$），So、WE 仅在 T 组显著低表达，DG、3 种甘油磷脂类（LPE、LPC、LPS）以及 2 种鞘脂类（phSM、CerG3）随泌乳期延长总体呈上升趋势（$P<0.05$），其余脂质含量的变化趋势均与之相反。

表 4-4　　　　　　　　不同泌乳期骆驼乳中脂质亚类含量　　　　　　　　单位：μg/mL

亚类	C 组	S 组	T 组	M 组	L 组	平均值
TG	$66061.67\pm$ 38498.6^{a}	$48144.9\pm$ 14541.97^{ab}	$13676.05\pm$ 5695.1^{c}	$23586.44\pm$ 7796.37^{bc}	$33500.12\pm$ 6901.18^{bc}	$36993.84\pm$ 18466.02
DG	281.28 ± 114.98^{b}	389.97 ± 313.73^{b}	192.84 ± 168.18^{b}	392.42 ± 566.12^{b}	1811.02 ± 935.6^{a}	613.51 ± 603.36
PE	405.67 ± 132.19^{a}	362.35 ± 69.69^{ab}	131.84 ± 39.49^{c}	246.05 ± 77.74^{bc}	181.31 ± 30.47^{c}	265.45 ± 104.27
SM	307.84 ± 101.94^{a}	321.74 ± 22.07^{a}	112.69 ± 29.64^{c}	201.38 ± 53.64^{bc}	201.38 ± 53.64^{bc}	235.4 ± 76.05
PI	135.2 ± 47.45^{a}	118.25 ± 24.27^{ab}	44.63 ± 14.48^{c}	85.27 ± 22.96^{b}	90.12 ± 17.42^{abc}	94.69 ± 31.02
PC	108.92 ± 36.27^{a}	97.85 ± 17.77^{a}	42.34 ± 12.37^{b}	63.12 ± 14.91^{b}	52.23 ± 6.97^{b}	72.89 ± 25.99
PS	92.64 ± 25.99^{a}	92.7 ± 16.22^{a}	33.42 ± 10.26^{c}	65.35 ± 12.62^{b}	52.58 ± 5.48^{bc}	67.34 ± 23.05
PA	26.43 ± 0.79^{a}	26.41 ± 1.13^{a}	23.55 ± 0.55^{b}	26.7 ± 1.88^{a}	24.36 ± 1.15^{b}	25.49 ± 1.28
LPC	9.08 ± 6.4^{ab}	7 ± 3.85^{ab}	3.36 ± 2.61^{b}	5.41 ± 6.85^{b}	15.08 ± 6.76^{a}	7.99 ± 4.01
LPE	13.76 ± 10.45^{ab}	11.51 ± 8.06^{b}	5.73 ± 5.2^{b}	11.3 ± 16.83^{b}	32.34 ± 13.82^{a}	14.93 ± 9.1

续表

亚类	C组	S组	T组	M组	L组	平均值
Cer	10.77±4.71[a]	9.18±1.24[a]	5.97±1.88[a]	9.89±8.36[a]	8.15±1.56[a]	8.79±1.65
CerG1	0.33±0.09[ab]	0.4±0.11[a]	0.26±0.07[b]	0.22±0.06[b]	0.25±0.05[b]	0.29±0.06
CerG2	0.76±0.31[a]	0.65±0.11[ab]	0.47±0.11[bc]	0.45±0.15[bc]	0.24±0.05[c]	0.51±0.18
CerG3	0.03±0.01[b]	0.04±0.02[ab]	0.03±0.01[b]	0.04±0.02[ab]	0.06±0.02[a]	0.04±0.01
CL	0.28±0.09[a]	0.21±0.06[ab]	0.08±0.03[c]	0.17±0.07[abc]	0.12±0.05[bc]	0.17±0.07
GM3	1.37±0.53[a]	1.19±0.48[ab]	0.36±0.1[c]	0.76±0.3[bc]	0.23±0.08[c]	0.78±0.45
LPS	1.66±1.22[ab]	1.33±0.65[b]	0.81±0.82[b]	1.58±2.51[b]	4.26±1.91[a]	1.93±1.2
LPI	0.18±0.12[a]	0.2±0.22[a]	0.08±0.04[a]	0.27±0.46[a]	0.19±0.07[a]	0.18±0.06
AcCa	0.11±0.06[a]	0.1±0.06[ab]	0.02±0.01[c]	0.04±0.02[bc]	0.03±0.01[c]	0.06±0.04
PG	1.87±0.5[ab]	2.31±1.51[a]	0.77±0.25[b]	1.18±0.08[ab]	1.82±0.54[ab]	1.59±0.55
PhSM	0.13±0.02[b]	0.12±0.02[b]	0.13±0.05[b]	0.13±0.07[b]	0.25±0.06[a]	0.15±0.05
So	0.32±0.05[ab]	0.34±0.07[a]	0.14±0.02[c]	0.35±0.09[a]	0.24±0.04[b]	0.28±0.08
WE	0.5±0.17[ab]	0.49±0.12[ab]	0.26±0.04[b]	0.7±0.47[a]	0.47±0.07[ab]	0.48±0.14
PIP	0.28±0.03[a]	0.24±0.04[ab]	0.13±0.02[b]	0.35±0.17[a]	0.26±0.04[ab]	0.25±0.07

注：初乳组—C组表示第1天的初乳，S组表示第7天的初乳；过渡乳组—T组；常乳组—M组；末乳组—L组。同行不同字母表示差异显著（$P<0.05$），相同字母表示差异不显著（$P>0.05$）。

（三）中性脂质

在骆驼乳的中性脂质中共识别得到382种TG，相对分子质量为516~1075，酰基总碳数为26~66，最多含有10个不饱和双键，且在初乳组C组中相对含量要高于其他泌乳组乳，含有酰基总碳数：双键数（CAN：DB）为50：2、52：2、52：1、48：2和46：1的TG在骆驼乳中最为丰富，相对含量约占TG总量的20%，而在母乳中主要以含CAN：DB 52：2、52：3和52：4的TG最为丰富，这也表明骆驼乳TG主要由长链不饱和脂肪酸组成（彩图4-6）。由图4-7可知，骆驼乳TG中UFA的相对含量要高于SFA，其中主要为含1~2个双键的TG，且均在C组中表达最高，而后随泌乳期的延长含量先下降后上升。由图4-8可知，骆驼乳TG的S_{n-1}位主要与$C_{16:0}$（44.47%）、$C_{18:0}$（17.04%）酯化，S_{n-2}位主要由$C_{14:0}$（29.77%）、$C_{16:0}$（23.32%）、$C_{18:1}$（20.18%）占据，而S_{n-3}位主要由$C_{18:1}$（42.64%）、$C_{18:3}$（17.95%）组成。

骆驼乳中共识别得到49种DG，其相对含量随泌乳期延长而上升（彩图4-7），含有CAN：DB为36：2、36：3、34：1的DG在骆驼乳DG中最丰富，相对含量约占DG总量的37.43%，其中DG（36：2，18：1/18：1）+NH$_4$、DG（34：1，16：0/18：1）+NH$_4$是C至M组中主要的DG种类；L组中DG（36：2，18：1/18：1）+NH$_4$、DG（36：3，18：1/18：2）+NH$_4$含量最高，占总量的27.05%，这表明骆驼乳中的DG主要由长链多不饱和脂肪酸组成。如图4-8所示，骆驼乳DG主要与UFA酰基化，其中含2个双键的DG最丰富，含量均随泌乳期的延长呈上升趋势。

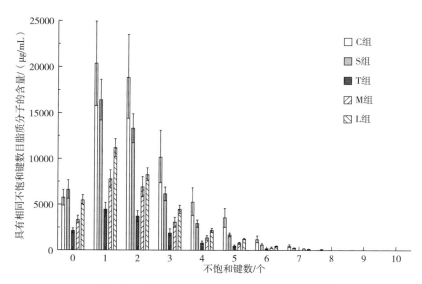

图 4-7　不同泌乳期骆驼乳 TG 链饱和度分析

初乳组—C 组表示第 1 天的初乳，S 组表示第 7 天的初乳；过渡乳组—T 组；常乳组—M 组；末乳组 L 组。

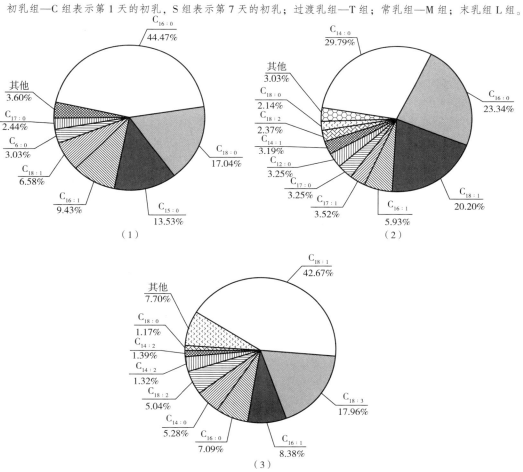

图 4-8　骆驼乳不同 TG 酰基化位置的脂肪酸分布情况

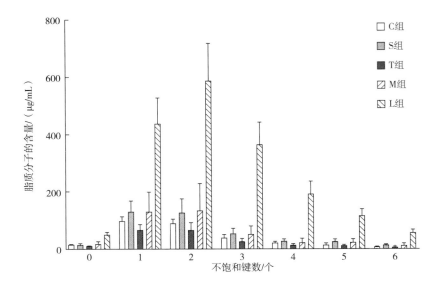

图 4-9　不同泌乳期骆驼乳 DG 链饱和度分析

初乳组—C 组表示第 1 天的初乳，S 组表示第 7 天的初乳；过渡乳组—T 组；常乳组—M 组；末乳组—L 组。

（四）极性脂质

甘油磷脂类中种类最多且含量最高的是 PE，其次是 PC、PS、PI，主要在 C 组中上调表达。如彩图 4-8 所示，PE 主要种类为 PE（37：1）+H、PE（37：2）−H，分别占 31.29%、19.30%，泌乳期间呈负增长趋势，其次为 PE（36：2，18：0/18：2）−H、PE（36：1，18：0/18：1）−H、PE（36：3，18：1/18：2）−H，分别占 6.79%、4.31%、3.58%。泌乳期间 PE（20：4e）在 L 组显著表达，PE（19：1）+H、PE（19：2）+H 在 C 组显著表达。如图 4-10 所示，PE 中主要含 UFA，其中含 1、2 个双键的 PE 最丰富，且均在 C 组中表达最高，之后随泌乳期波动下降。PC 大多与 UFA 相连，主要分子种类为 PC（36：2，18：1/18：1）+H、PC（32：1）+H，分别占 13.93%、12.64%，随泌乳期延长逐渐下降。此外，还检测到溶血磷脂酰胆碱（LPC）、溶血磷脂酰乙醇胺（LPE）、溶血磷脂酰丝氨酸（LPS）、LPI 等少量溶血磷脂类，主要在 L 组上调表达。

骆驼乳鞘脂类中含量最高的是 SM。如彩图 4-9 所示，骆驼乳 C、S、T、M 组中主要的 SM 分子种类是 SM（d34：1，d16：0/18：1）+HCOO、SM（d34：1）+H、SM（d42：1，d24：0/18：1）+HCOO、SM（d40：1，d22：0/18：1）+HCOO；除上述分子，SM（d41：1）+HCOO 占比随泌乳期延长而逐渐上升（9.21%～12.12%），成为 L 组中主要的 SM 组成。如图 4-11 所示，SM 主要由长链不饱和脂肪酸组成，其中含 1 个双键的 SM 最丰富，在初乳 C、S 组中的表达量显著高于 T、M、L 组。

三、多元统计分析

（一）主成分分析（PCA）

利用 SIMCA14.1 软件包，对 C、S、T、M、L 组脂质指纹图谱数据进行 PCA 和正交偏

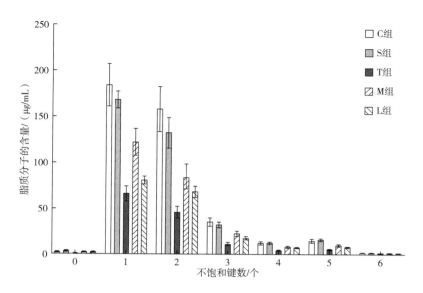

图4-10　不同泌乳期骆驼乳 PE 链饱和度分析

初乳组—C 组表示第 1 天的初乳，S 组表示第 7 天的初乳；过渡乳组—T 组；常乳组—M 组；末乳组—L 组。

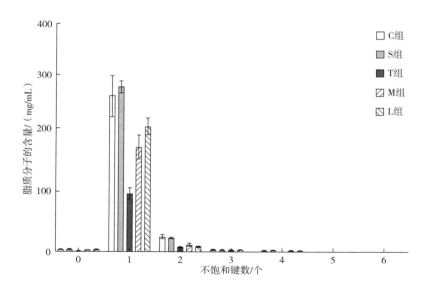

图4-11　不同泌乳期骆驼乳 SM 链饱和度分析

初乳组—C 组表示第 1 天的初乳，S 组表示第 7 天的初乳；过渡乳组—T 组；常乳组—M 组；末乳组—L 组。

最小二乘法判别分析（OPLS-DA）。如图 4-12 所示，PCA 得分图表明，除 1 个样本外，其余均在 95% Hotelling T2 椭圆图内，除去个别离群的特别样本，C 与 S 组、T 与 M 组的聚集较集中，且相互具有一定的交叉，说明组间的脂质表达趋势相对接近，而 L 组与其他组相距稍远，样本间具有一定的分离趋势。

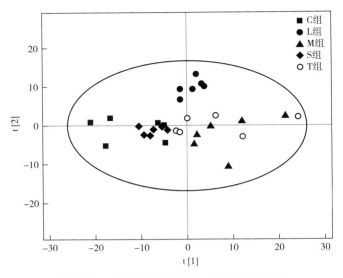

图 4-12　不同泌乳期骆驼乳脂质 PCA 得分图

　　t［1］代表主成分1，t［2］代表主成分2，椭圆代表 95% 置信区间。同形状的点代表组内各生物学重复，点的分布状态表示组间组内差异度。初乳组—C 组表示第1天的初乳，S 组表示第7天的初乳；过渡乳组—T 组；常乳组—M 组；末乳组—L 组。

（二）正交偏最小二乘判别分析（OPLS-DA）

　　OPLS-DA 可消除各种干扰，提高解析能力，建立标本 C 组与 T、S、M、L 组的 OPLS-DA 模型得分图如图 4-13 所示，样本均处于 95% Hotelling T2 椭图内，组间样本均分别位于两侧，样本差异显著，能有效区分两组间样本。如表 4-5 所示，通过 OPLS-DA 获得的 S 与 C 组的模型评价参数为 $R^2Y = 0.991$、$Q^2 = 0.549$，T 与 C 组的为 $R^2Y = 0.997$、$Q^2 = 0.759$，M 与 C 组的为 $R^2Y = 0.995$、$Q^2 = 0.733$，L 与 C 组的为 $R^2Y = 0.987$、$Q^2 = 0.919$；R^2Y 和 Q^2 相对较高，表明模型的稳健性可靠，有良好的拟合和预测能力。

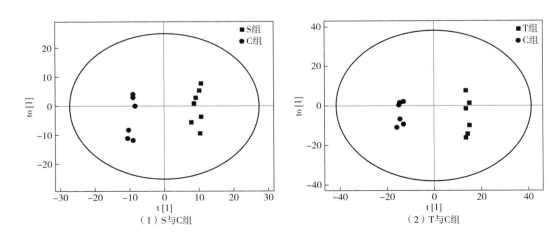

（1）S 与 C 组　　　　　　　　　　　　　　（2）T 与 C 组

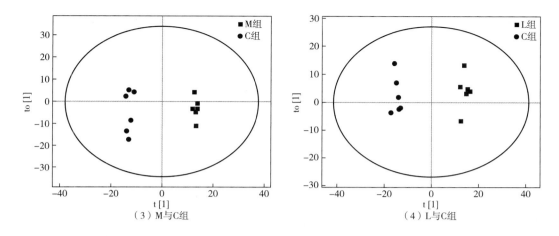

图 4-13　不同泌乳期骆驼乳脂质 OPLS-DA 得分图

t〔1〕代表主成分1，to〔1〕代表主成分2，椭圆代表95%置信区间。同形状的点表示组内的各个生物学重复，点的分布状态反映组间、组内的差异度。初乳组—C 组表示第 1 天的初乳，S 组表示第 7 天的初乳；过渡乳组—T 组；常乳组—M 组；末乳组—L 组。

为进一步验证模型的稳健性与预测能力，又进行了置换检验，得到分组变量与原始分组变量相关的 R^2 及对应的 Q^2，S 与 C 组的 R^2 和 Q^2 的截距为（0，0.9785）和（0，-0.02557），T vs C 组的截距为（0，0.9775）和（0，-0.3121），M vs C 组截距的为（0，0.9705）和（0，-0.1954），L 与 C 组的截距为（0，0.8042）和（0，-0.6002）。总之，在 C 组与其他组间发现了明显的分离，表明 PCA 和 OPLS-DA 模型可识别 C 组与其他组间的差异脂质。

表 4-5　　　　　　　　　不同泌乳期骆驼乳脂质 OPLS-DA 模型的评价参数

样品分组	A	R^2X	R^2Y	Q^2
S 与 C 组	1+3	0.697	0.991	0.549
T 与 C 组	1+3	0.753	0.997	0.759
M 与 C 组	1+3	0.729	0.995	0.733
L 与 C 组	1+1	0.415	0.987	0.919

注：A 表示主成分数；R^2X 表示对 X 变量解释率；R^2Y 表示对 Y 变量的解释率；Q^2 表示预测能力。

四、不同泌乳期骆驼乳组间差异脂质分析

（一）组间显著差异脂质

通过 OPLS-DA 模型看出，不同泌乳期骆驼乳样品能完全区分开。选取 OPLS-DA 的 VIP>1 的脂质，共 563 种，同时采用单因素方差分析，选择 $P<0.05$ 作为筛选标准。S 与 C 组间存在 21 种显著差异脂质，包括 1 种 $CerG_1$、1 种 SM、3 种 PC、6 种 PE、5 种 PS 和 5 种 TG，其中仅 3 种下调表达，分别为 SM（d36：2）+H（FC = 0.6107）、TG（62：4，

26：1/18：1/18：2）+NH$_4$（FC=0.4387）、TG（52：7）+NH$_4$（FC=0.2878），其余皆上调表达。

T与C组间存在的差异脂质共347种，包括25种Cer、1种CerG$_2$、1种DG、1种LPI、1种PA、63种PC、49种PE、23种PI、23种PS、42种SM和118种TG，其中组间上调表达的脂质只有PC（28：2p）+H（FC=1.2336），其余差异脂质皆下调表达。下调脂质中TG（54：8，18：3/18：2/18：3）+NH$_4$（FC=0.0511）差异最大，其次为TG（60：3，18：1/18：1/24：1）+NH$_4$（FC=0.0579），而极性脂质中差异最显著的是PI（18：0/20：2）−H（FC=0.2862）。

M与C组间存在显著差异的脂质共202种，包括149种TG、16种PC、12种SM、12种PE、5种PI、5种PS、1种Cer、1种PA和1种So，其中仅有So（d17：0+pO）、PA（28：1p）两种脂质上调表达，其余差异脂质均下调表达。显著下调表达的脂质主要为TG，差异最大的为TG（52：7）+NH$_4$（FC=0.0639），其次为TG（54：8，18：3/18：2/18：3）+NH$_4$（FC=0.0787），其余皆为极性脂质，其中差异最显著的为SM（d44：1+pO）+HCOO（FC=0.1680）。

L与C组间存在显著差异的脂质共263种，包括1种AcCa、10种Cer、1种CerG1、1种CerG2、1种CerG3、1种CL、43种DG、5种GM3、10种LPC、9种LPE、1种LPI、4种LPS、29种PC、31种PE、1种PG、1种phSM、1种PI、15种PS、35种SM和63种TG，在C组较高表达的主要有SM、Cer、CerG2、GM3等鞘脂类，CL、PC、PE、PS等甘油磷脂类以及TG，其中Cer（d44：2）+HCOO和Cer（d20：1/24：1）+HCOO（FC=0.0483）差异最大，其次是SM（d44：1+pO）+HCO（FC=0.0535）；而在L组中高表达的差异脂质主要为DG、CerG1、CerG3、LPC、LPE、LPI、LPS以及少量的SM、TG，其中LPE（18：3）−H（FC=23.6736）上调倍数最大，其次是LPS（20：4）−H（FC=21.3737）、DG（33：2）+NH$_4$（FC=20.3200）。可见骆驼初乳脂质表达水平较高，种类较多，具有很高的营养价值及能量。

（二）差异脂质聚类分析

利用VIP>1、$P<0.05$的显著性差异脂质表达量进行层次聚类比较分析显示，C、M组脂质表达模式相近，T、L组脂质表达模式相近，而后与S组聚在一起，该结果比PCA结果更清晰地显示了不同泌乳期差异脂质表达模式。差异脂质聚类结果显示，所有差异脂质分为4类（a、b、c、d），a类共68个，主要为DG、LPC、LPE、LPI、LPS等甘油磷脂类及少数鞘脂类；b类共189个，主要为大量TG与少量Cer；c类共121个，主要为PC等甘油磷脂类等；d类共184个，主要为大量SM等鞘脂类等。C组中b类脂质显著上调表达，c、d类脂质也上调表达，而a类脂质则下调表达；S组中a、c类脂质上调表达，a类脂质表达量高于c类，而b、d类脂质下调表达；T组中c、d类脂质上调表达，a、b类脂质基本下调表达；M组中a类脂质下调表达，而b、c、d类脂质上调表达，且表达量依次升高；而L组中这些脂质均下调表达。

五、小结

笔者团队使用非靶向定量脂质组学方法，在不同泌乳期骆驼乳中共鉴定了24种脂质亚类、980 种脂质化合物，以含长链不饱和脂肪酸的 TG 为主，其次为 DG、PE、SM，泌乳期间，TG、PE、PC 等磷脂类以及 SM 等鞘脂类含量整体呈负增长趋势，DG、3 种溶血磷脂（LPE、LPC、LPS）以及 2 种鞘脂类（phSM、CerG3）含量呈上升趋势。基于 TG 组成及婴幼儿生长需要，骆驼乳更适合作为婴幼儿配方乳粉的脂质原料。S、T、M、L 组与 C 组的差异表达脂质分别为 21、347、202 和 263 个（VIP>1，$P<0.05$），其中差异最显著的主要为 PE（39∶1）−H、PC（28∶2p）+H、So（d17∶0+pO）+H、LPE（18∶3）−H、TG（52∶7）+NH$_4$、TG（54∶8，18∶3/18∶2/18∶3）+NH$_4$、Cer（d44∶2）+HCOO 等，这些结果解释了泌乳期骆驼乳脂质变化，从脂质水平验证了泌乳期代谢物变化情况，从而加深了对骆驼乳脂质的了解，为泌乳期潜在生物标志物的选取提供了有价值的信息。

第三节　骆驼乳代谢组学研究

代谢组学（Metabolomics）是通过将代谢物与表型关联，直观地反映机体营养、应激、疾病等状态，并研究动物体内所有与生理代谢相关的机制，主要包括生物特性、健康评估、疾病诊断等，以及搜寻最佳性状的生物标志物，如动物饲料效率、生长潜力、营养分析等。目前代谢组学主要技术有气相色谱−质谱联用（GC−MS）、核磁共振（NMR）、液相色谱−质谱联用（LC−MS）等，其中 GC−MS 适合于衍生化和易挥发的有机化合物；NMR 适用于细胞提取液、活体组织、体液等；LC−MS 适用于极性或极性低的、不稳定的、难挥发的等成分。因此高通量 HPLC 分离、HPLC−NMR−MS 和 HPLC−NMR 等多技术联合应用，可简化成分的复杂性，高效分离代谢物。

乳中含有大量小分子代谢产物，随着代谢组学日渐兴起，越来越多的研究者从小分子代谢产物角度，开展不同乳种的研究，旨在完善各乳种的代谢谱，并找出不同畜乳的生物标记物，鉴定乳种掺假（乌日汉，2021）。房艳等（2020）采用基于 UPLC−Q−TOF 的代谢组学技术分别在牛、羊乳中共鉴得 30 种、90 种高丰度化合物，物种间差异代谢物以有机酸、脂质、糖类等物质为主，为牛、羊乳关键性潜在生物标志物识别提供了理论依据。Yang 等（2016）运用多种代谢组学技术联用，发现胆碱与琥珀酸为荷斯坦奶牛乳特有代谢物，可用于牛乳品质鉴定。这些研究不仅提供了有关乳品营养及其对人体健康影响的新认知，还为生产中乳品掺假鉴定提供了新思路。

付力立等（2019）运用代谢组学技术，认证奶牛初乳含核苷酸、糖类、脂质等必需营养物质，而参与磷酸戊糖和三羧酸（TCA）循环途径的能量供给代谢物随泌乳期延长逐渐增加，为幼牛的早期存活及生长发育提供了关键的营养物质。此外，就骆驼乳而言，Li 等（2022）报道了热处理后骆驼乳的全面代谢谱，筛选到 119 种差异显著代谢物，D−乳糖为骆驼乳中的主要二糖；热处理后，麦芽醇含量显著增加，可给骆驼乳带来宜人的风味，而蜜二糖、糖类和二肽含量的增加可为美拉德反应提供更高的可能性。

代谢组学在差异泌乳性状方面的研究还有待进一步拓展，针对骆驼乳相关的研究尤其少。应用代谢组学技术探索和鉴定骆驼乳的小分子代谢物，可细化其变化的规律性，发现代谢过程中的关键标志物，指导骆驼乳研究的未来发展方向，为揭示骆驼乳代谢的微观机制提供有力的方法和崭新的思路。使用非靶向代谢组学方法定量定性分析不同泌乳期骆驼乳样本代谢物，并依据质谱数据库信息进行分析比对，匹配后对其进行生物信息学分析，可以探究乳中代谢物变化与泌乳期的联系，为骆驼乳代谢物功能探究提供理论基础（肖宇辰等，2022）。

一、质控分析

在 ESI$^+$、ESI$^-$ 模式下，将质量控制（QC）样本 4 次试验总离子色谱（TIC）图谱进行重叠比较［图 4-14（1）、图 4-14（2）］。结果显示，各色谱峰保留时间与响应强度重叠度较高，仪器误差小，稳定性高，重复性好，数据可靠。采用 XCMS 软件对代谢物离子峰进行提取，共得到 16582 个色谱峰，其中 ESI$^+$ 模式下 8451 个、ESI$^-$ 模式下 8131 个。主成分分析采用 SIMCA 软件，PCA 得分图显示［图 4-14（3）、图 4-14（4）］，ESI$^+$、ESI$^-$ 模式下 QC 样品聚集情况良好，证明仪器稳定，试验重复性好，质谱数据可靠，获得代谢谱差异可反映其生物学差异，达到下一步分析要求。

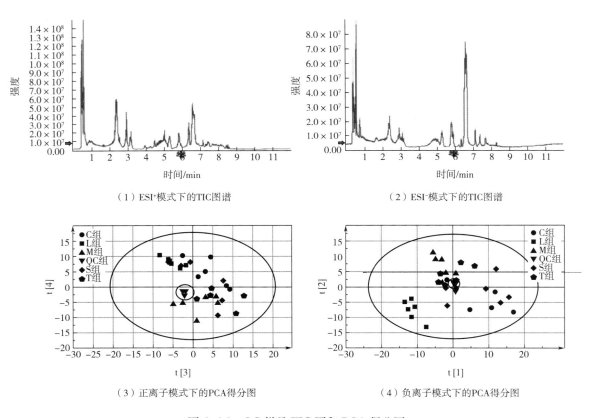

（1）ESI$^+$模式下的TIC图谱

（2）ESI$^-$模式下的TIC图谱

（3）正离子模式下的PCA得分图

（4）负离子模式下的PCA得分图

图 4-14　QC 样品 TIC 图和 PCA 得分图

二、鉴定代谢物结果的分析统计

代谢物鉴定结果如图 4-15 所示，ESI$^+$、ESI$^-$ 模式合并后鉴得 361 种代谢物，其中

ESI$^+$、ESI$^-$模式下分别为 216 种、213 种。

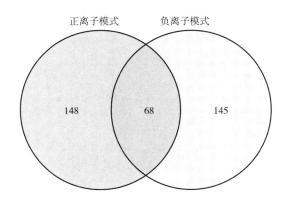

图 4-15　ESI$^+$、ESI$^-$模式下鉴得代谢物数量统计

　　根据化学类别的归属,将鉴得的 361 种代谢物进行统计分类,其中未定义代谢物占 35.73%,有机酸及其衍生物占 14.96%,有机氧化合物占 11.91%,脂质及类脂类分子占 11.08%,核苷酸及其类似物占 10.25%,有机杂环化合物占 8.03%,苯类占 3.05%,有机 氮化合物占 2.77%,苯丙烷及其类似物占 1.11%,核苷酸及其类似物/有机杂环化合物占 0.28%,有机氮化合物占 0.28%,有机氧化合物占 0.28%,苯丙烷及多酮/生物碱 占 0.28%。

三、主成分分析

　　利用 SIMCA-P+软件构建 PCA 模型(含 4 个有效主成分),结果表明,除个别样本 外,其余均在 95% Hotelling T2 椭圆图内。PCA 模型评价参数如表 4-6 所示,ESI$^+$解释率 为 $R^2X = 0.534$,ESI$^-$解释率为 $R^2X = 0.551$,模型相对稳定,样本间代谢差异解释有效。 PCA 显示,ESI$^+$、ESI$^-$模式下,C、S 组相邻较近,T、M 组相邻较近(图 4-16),表明组 间代谢物表达趋势接近,L 组与其他组相距较远,因而可大致分为 CS、TM 和 L 三部分, 且都展示一定的分离趋势,表明相关化合物存在显著差异,可作为骆驼乳不同泌乳期鉴别 的代谢标志物。因此,PCA 模型适用于样本间代谢差异的解释。

表 4-6　　　　　　　　　　　　　PCA 模型评价参数

类型	A	N	R^2X
ESI$^+$	4	35	0.551
ESI$^-$	4	35	0.534

　　注:A 为主成分数;N 为样本量;R^2X 为 X 变量解释率。

四、正交偏最小二乘分析

　　为进一步突出不同泌乳期的差异,采用 SIMCA-P 软件,分别建立其他组与 C 组在 ESI$^+$、 ESI$^-$模式下的 OPLS-DA 模型,7 次循环交互验证得到模型评价参数(表 4-7)。S 与 C 组在

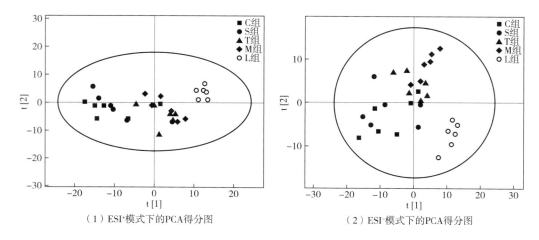

（1）ESI⁺模式下的PCA得分图　　　　　　（2）ESI⁻模式下的PCA得分图

图 4-16　PCA 得分图

ESI⁺模式下 $R^2Y=0.948$、$Q^2=-0.0277$，在 ESI⁻模式下 $R^2Y=0.975$、$Q^2=0.339$，可见 S 与 C 组间代谢物在 ESI⁺模式下差异程度不大，在 ESI⁻模式下 OPLS-DA 模型较可靠，样品间差异代谢物显著。T 与 C 组在 ESI⁺模式下 $R^2Y=0.943$、$Q^2=0.485$，在 ESI⁻模式下 $R^2Y=0.918$、$Q^2=0.511$；M 与 C 组在 ESI⁺模式下 $R^2Y=0.997$、$Q^2=0.565$，在 ESI⁻模式下 $R^2Y=0.912$、$Q^2=0.506$；L 与 C 组在 ESI⁺模式下 $Q^2=0.91$、$R^2Y=0.982$，在 ESI⁻模式下 $Q^2=0.887$、$R^2Y=0.998$，因此可知，在 ESI⁺、ESI⁻模式下 C 组与 T、M、L 组的模型解释率与预测能力均较好，可靠并稳健。OPLS-DA 得分表明，在 ESI⁺、ESI⁻模式下 C 组与其他组数据都位于其两侧，样本间差异代谢表达显著，显示在 OPLS-DA 中可有效区分组间样本，适用于寻找差异代谢物。通过置换检验图（Permutation test plot）显示的 S 与 C、T 与 C、M 与 C、L 与 C 组中，无过拟合现象，显示了较好的稳健性。

表 4-7　　　　　　　　　　　　OPLS-DA 模型评价参数

组别	Type	A	N	R^2X	R^2Y	Q^2
S 与 C 组	ESI⁺	1+1	14	0.227	0.948	−0.0277
	ESI⁻	1+2	14	0.493	0.975	0.339
T 与 C 组	ESI⁺	1+2	14	0.547	0.943	0.485
	ESI⁻	1+1	14	0.374	0.918	0.511
M 与 C 组	ESI⁺	1+3	14	0.584	0.997	0.565
	ESI⁻	1+1	14	0.427	0.912	0.506
L 与 C 组	ESI⁺	1+1	14	0.526	0.982	0.91
	ESI⁻	1+2	14	0.536	0.998	0.887

注：A 为主成分数；R^2X 为 X 变量解释率；R^2Y 为 Y 变量的解释率；Q^2 为预测能力。

五、组间差异代谢物的筛选

以 VIP>1、$P<0.05$ 为阈值筛得差异代谢物，在 ESI⁺、ESI⁻模式下，鉴定出的 S 与 C、

T 与 C、M 与 C、L 与 C 组间中差异代谢物如表 4-8 所示。S 与 C 组间仅在 ESI⁻ 模式下筛得显著差异代谢物 5 个，其中 9,10-环氧十八酸、肉豆蔻油酸、十五烷酸在 S 组显著上调表达，而 1,2,4-苯三酚、邻甲基苯甲酸在 C 组上调表达。在 T 与 C 组间共筛到 27 个差异显著代谢物，主要为有机酸及其衍生物、有机氧化合物、有机杂环化合物、脂质及类脂分子、核苷酸及类似物 5 类。在 ESI⁺ 模式下筛得差异代谢物 15 个，其中 T 组显著上调表达 4 个、C 组上调表达 11 个；在 ESI⁻ 模式下，共筛得差异代谢物 12 个，其中 T 组上调表达 6 个、C 组上调表达 6 个。

表 4-8　　　　　　　　　　　　　　　组间差异代谢物鉴定结果统计

组别	差异代谢物总和			上调差异代谢物			下调差异代谢物		
	数量	ESI⁺模式	ESI⁻模式	数量	ESI⁺模式	ESI⁻模式	数量	ESI⁺模式	ESI⁻模式
S 与 C 组	5	0	5	3	0	3	2	0	2
T 与 C 组	27	15	12	10	4	6	17	11	6
M 与 C 组	51	31	23	17	7	11	34	24	12
L 与 C 组	66	49	22	31	26	7	35	23	15

M 与 C 组间筛得差异代谢物共 51 个，主要为有机杂环化合物、有机氧化合物、核苷类、苯甲酸盐、有机酸类、有机氮化合物、苯丙烷和聚酮/生物碱及其衍生物、脂质类等。在 ESI⁺ 模式下筛得组间差异代谢物共 31 个，其中 C 组上调表达 24 个、M 组上调表达 7 个；在 ESI⁻ 模式下筛得组间差异代谢物 23 个，其中 M 组上调表达 11 个、C 组上调表达 12 个。

L 与 C 组间共筛到 66 个差异显著代谢物，主要为有机氮化合物、有机酸及衍生物、有机杂环化合物、核苷酸及类似物、有机氧化合物、苯丙烷及聚酮化合物、苯甲酸盐、脂质类脂分子等。ESI⁺ 模式下筛到差异代谢物 49 个，其中 L 组上调表达 26 个、C 组上调表达 23 个；ESI⁻ 模式下筛到差异代谢物 22 个，其中 L 组上调表达 7 个、C 组上调表达 15 个。

六、差异代谢物聚类分析

ESI⁺、ESI⁻ 模式下各组差异代谢物样本含量的分布情况：除个别样品外，化合物表达趋势基本一致，组间重复性较好，表明从样本采集制备到质谱采集等各个环节把控均较好，数据可靠性较高。从色块分布情况看出，在 ESI⁺ 和 ESI⁻ 模式下，C、S 组聚在一起，T、M 组聚在一起，两组间存在少数样本重叠，而 L 组单独聚在一起，不与其他组重叠。在 ESI⁺ 模式下，不同泌乳期样本间共筛得 121 个显著差异代谢物，可大致分为 2 类，其中 a 类主要为 L 组上调表达的 57 个差异代谢物，主要含核苷酸及类似物、有机酸及衍生物等；b 类主要为 C 组上调表达的 64 个差异代谢物，主要含有机酸及衍生物、核苷酸及类似物、脂质及类脂质化合物等。

ESI⁻ 模式下，共筛得 94 个组间差异代谢物，可大致分为 3 类：a 类代谢物在 C、S 组上调表达，主要为有机酸及衍生物、脂质及类脂化合物、核苷类及类似物等 46 个差异代谢物；b 类代谢物共 22 个，在 L 组上调表达，主要包含核苷类及类似物、有机酸及衍生物、有机杂环化合物等化合物；c 类代谢物共 26 个，在 T、M 组表达水平最高，主要为有机酸及其衍生物、有机氧化合物、脂质及类脂化合物等。综上所述，骆驼初乳主要含有脂肪酸及其共轭物、碳水化合物及其共轭物、氨基酸、肽及其类似物等，有助于新生儿生长发育，而随泌乳期延长，骆驼乳更多地提供能量物质。

七、差异代谢物的相关性分析

为研究显著差异代谢物之间的相关性，应用 Cytoscape 软件在 ESI$^+$、ESI$^-$ 模式下，将 $P<0.05$ 以及 $|r| \geqslant 0.8$ 的显著差异代谢物构建代谢组间的相互关系网络图。S 与 C 组差异代谢物在 ESI$^-$ 模式下相关性网络图包含 3 个均上调表达代谢物以及 2 个正相关关系。T 与 C 组差异代谢物相关性网络图中 ESI$^+$ 模式下包含 13 个代谢物（4 个上调、9 个下调）以及 32 个互作关系（22 个正相关、10 个负相关）。T 与 C 组间差异代谢物含有 1~8 个连线，其中硬脂酰肉碱含有最多的互作连线，与 8 个代谢物均有互作关系，其次是 Lys-Leu 与 7 种代谢物互作，Arg-Ala、次黄嘌呤、3-磷酸甘油、别嘌醇核苷与 6 种蛋白质互作，其他仅有 5 种以下互作代谢物。ESI$^-$ 模式下网络图包含 7 个代谢物（4 个上调、3 个下调）及 10 个互作关系（7 个正相关、3 个负相关）。差异代谢物含有 1~4 个连线，其中中康酸、柠檬酸、3-磷酸-d-甘油酸酯与 4 种代谢物互作最强，高柠檬酸盐、2-氧代己二酸与 3 种代谢物互作，而肌苷、腺苷-3′-磷酸仅相互存在正相关。

M 与 C 组差异代谢物相关性网络图：其中 ESI$^+$ 模式下网络图包含 24 个代谢物（6 个上调、18 个下调）及 98 个互作关系（72 个正相关、26 个负相关）。组间差异代谢物含有 1~16 个连线，其中硬脂酰肉碱含有最多的互作连线，与 16 个代谢物均有互作关系，其次是 Lys-Leu 与 15 个代谢物互作，Arg-Ala、1-棕榈酰-sn-甘油-3-磷酸胆碱与 14 个代谢物互作，1-甲基组氨酸与 13 个代谢物互作，柠檬酸盐与 12 个代谢物互作，次黄嘌呤、肌酸分别与 11 个代谢物互作，1-硬脂酰-2-羟基-sn-甘油-3-磷酸胆碱、别嘌醇核苷分别与 10 种代谢物互作，其他代谢物仅有小于 10 种互作代谢物。ESI$^-$ 模式下网络图包含 17 个代谢物（9 个上调、8 个下调）及 44 个互作关系（33 个正相关、11 个负相关）。差异代谢物含有 1~9 个连线，其中 3-磷酸-d-甘油酸酯、中康酸、柠檬酸、L-谷氨酰胺、3-甲氧-4-羟苯乙二醇硫酸酯与 9 个代谢物互作最强，其次是柠康酸与 7 个代谢物互作，2-氧代己二酸、L-苹果酸分别与 6 个代谢物互作，1-硬脂酰基-2-油酰基磷脂酰胆碱、D-核糖-5-磷酸分别与 5 个代谢物互作，其他代谢物仅有少于 5 个互作代谢物。

L 与 C 组差异代谢物相关性网络图中 ESI$^+$ 模式下包含 46 个代谢物（23 个上调、23 个下调）及 343 个互作关系（231 个正相关、112 个负相关），组间差异代谢物含有 1~30 个连线，其中胞苷 5′-单磷酸酯-N-乙酰基神经氨酸、Lys-Leu 含有最多的互作连线，与 30 个代谢物均有互作关系，其次是精氨琥珀酸、Arg-Ala 分别与 27 个代谢物互作，5′-单磷酸胞苷与 26 个代谢物互作，腺苷-3′-磷酸与 25 个代谢物互作，其他 40 个代谢物仅有小于 25 个互作代谢物。ESI$^-$ 模式下网络图包含 20 个代谢物（5 个上调、15 个下调）及 84 个互作关系（64 个正相关、20 个负相关），差异代谢物含有 2~13 个连线，其中肌苷、3-甲氧-4-羟苯乙二醇硫酸酯、腺苷-3′-磷酸、N-乙酰-D-乳糖胺分别与 13 个代谢物互作最强，其次是胆固醇硫酸盐、胞苷 5′-单磷酸酯-N-乙酰基神经氨酸与 12 个代谢物互作，

2-氧代己二酸、L-苹果酸分别与 6 个代谢物互作，2-氧代己二酸、半乳糖醇、蔗糖分别与 10 个代谢物互作，其他代谢物仅有少于 10 个互作代谢物。

综上所述，不同泌乳期骆驼乳组间上调代谢物间相互多呈正相关，下调代谢物间相互多呈正相关，上调代谢物与下调代谢物间相互多呈负相关，符合逻辑。其中硬脂酰肉碱、1-棕榈酰-*sn*-甘油-3-磷酸胆碱、次黄嘌呤、Arg-Ala、别嘌呤醇核苷、3-磷酰-*d*-甘油酸、1-甲基组氨酸、肌酸、中康酸、3'-单磷酸腺苷等代谢物拥有较高的互作关系。

八、差异代谢物 KEGG 通路富集分析

为了解不同泌乳期骆驼乳代谢物参与的生物通路，合并 ESI⁺、ESI⁻ 模式下筛得差异显著代谢物后，利用 KEGG 和 Metaboabalyst 3.0 软件，构建不同泌乳期骆驼乳组间代谢通路分析。根据代谢物表达谱，通过差异代谢物通路综合分析，如图 4-17 所示，得到组间的 103 个代谢物主要显著富集的代谢通路有 57 条，主要为碳水化合物代谢（14.04%）、氨基酸代谢（14.04%），其次为能量代谢（7.02%）、消化系统（7.02%）、信号转导（7.02%）以及全局地图和概览地图（7.02%）。

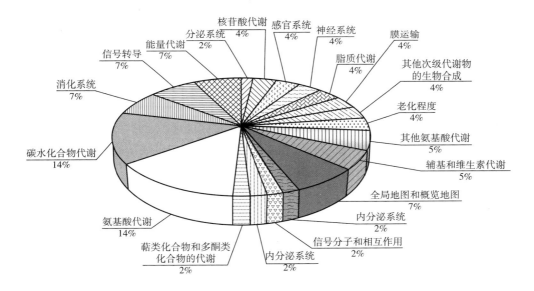

图 4-17　不同泌乳期骆驼乳组间 KEGG 富集分析分类统计

S 与 C 组间仅有 2 个差异代谢物，分别富集于二甲苯降解、苯甲酸酯降解等 2 条异物生物降解与代谢通路，在泌乳期整体均呈下调表达。T 与 C 组间存有 19 个差异代谢物，显著富集于 17 条 KEGG 通路中，主要为全局地图和概览地图（29.41%）、氨基酸代谢（23.53%）等 9 类重要通路。10 个差异代谢物主要参与氨基酸代谢及生物合成、甘油酯、乙醛酸和二羧酸的代谢、胰高血糖素信号通路等 9 条代谢通路，在 T 组整体呈上调表达；而整体在 C 组呈上调表达的 19 个差异代谢物主要参与代谢途径、半乳糖代谢、ABC 转运体（一种膜蛋白）、嘌呤代谢等通路，其中在 ABC 转运体、嘌呤代谢通路表达最显著。

M 与 C 组有 32 个差异代谢物显著富集于 31 条 KEGG 通路，主要为碳水化合物代谢

（19.35%）、氨基酸代谢（16.13%）等 15 类通路，12 个差异代谢物显著富集 TCA 循环、碳代谢、光合作用生物体的碳固定等 23 个通路，均在 M 组整体呈上调表达。而组间 32 个差异代谢物显著参与半乳糖代谢、抗坏血酸及醛酸代谢等 6 条代谢通路，整体在 C 组呈上调表达。L 与 C 组中，有 41 个差异代谢物显著富集于 30 条 KEGG 通路，主要为消化系统、信号转导（13.33%）等，39 个差异代谢物在 L 组整体呈上调表达，显著富集于哺乳动物雷帕霉素靶蛋白（mTOR）信号转导、氨基酸-转运 RNA（tRNA）生物合成、硫胺素代谢、谷胱甘肽代谢、玉米素生物合成等 18 条通路。而 7 个差异代谢物整体在 C 组呈上调表达，显著富集于醚脂质、半乳糖、碳水化合物消化吸收 3 条代谢通路。综上所述，骆驼乳泌乳期间差异代谢物涉及的通路主要有氨基酸、脂质、核苷酸、能量、碳水化合物等代谢通路。

九、小结

本章基于 UHPLC-Q-TOF-MS 的非靶向代谢组学法发现，不同泌乳期骆驼乳代谢组中多类物质变化显著。初乳中高表达代谢物主要为 His-Pro、Lys-Leu 等氨基酸及二肽类似物，D-乳糖、半乳糖醇等糖类，甘油磷脂酰胆碱、L-棕榈酰肉碱等脂类，别嘌呤醇核苷、次黄嘌呤等核苷酸类；常末乳中高表达代谢物主要为 3-磷酸-d-甘油酸酯、烟酰胺腺嘌呤二核苷酸（NAD）、甜菜碱、柠檬酸等供能物质。这些差异代谢物主要富集于氨基酸、脂质、糖类等 57 条代谢通路，其中泌乳期下调表达的通路主要有半乳糖代谢、甘油磷脂及醚类脂质代谢、精氨酸和脯氨酸代谢、抗坏血酸和醛酸代谢、ABC 运输、嘌呤代谢等，骆驼初乳为新生幼驼早期存活提供了生命活动必需的原料；上调表达的通路主要有乙醛酸和二羧酸代谢、胰高血糖素信号通路、TCA 循环、光合作用生物体的碳固定、氨基酸类生物合成等供能相关途径的代谢物，骆驼常末乳为幼驼机体提供能量物质。

参考文献

［1］ Cao X, Yang M, Yang N, et al. Characterization and comparison of whey N-glycoproteomes from human and bovine colostrum and mature milk ［J］. Food Chemistry, 2019, 276 (15): 266-273.

［2］ Chamekh L, Khorchani T, Dbara M, et al. Factors affecting milk yield and composition of Tunisian camels (*Camelus dromedarius*) over complete lactation ［J］. Tropical Animal Health and Production, 2020, 52 (6): 3187-3194.

［3］ Hewelt-belka W, Garwolińska D, Młynarczyk M, et al. Comparative lipidomic study of human milk from different lactation stages and milk formulas ［J］. Nutrients, 2020, 12 (7): 2165.

［4］ Liu H, Guo X, Zhao Q, et al. Lipidomics analysis for identifying the geographical origin and lactation stage of goat milk ［J］. Food Chemistry, 2019, 309: 125765.

［5］ Li R, Wang S, Zhang J, et al. Untargeted metabolomics allows to discriminate raw camel milk, heated camel milk, and camel milk powder ［J］. International Dairy Journal, 2022, 124: 105140.

［6］ Li M, Li Q, Kang S, et al. Characterization and comparison of lipids in bovine colostrum and mature milk based on UHPLC-QTOF-MS lipidomics ［J］. Food Research International, 2020, 136: 109490.

［7］ Mitina A, Mazin P, Vanyushkina A, et al. Lipidome analysis of milk composition in humans, monkeys, bovids, and pigs ［J］. BMC evolutionary biology, 2020, 20 (1): 1-8.

［8］ Yuchen X, Li Y, He J, et al. Changes in milk components, amino acids, and fatty acids of Bactrian camels in different lactation periods ［J］. International Dairy Journal, 2022, 131: 105363.

［9］ Yang Y, Nan Z, Zhao X, et al. Proteomic characterization and comparison of mammalian milk fat globule proteomes by iTRAQ analysis ［J］. Journal of Proteomics, 2015, 3: 12-15.

［10］ Yang Y, Zheng N, Zhao X, et al. Metabolomic biomarkers identify differences in milk produced by Holstein cows and other minor dairy animals ［J］. Journal of proteomics, 2016, 136: 174-182.

［11］ 崔益玮, 王利敏, 戴志远, 等. 脂质组学在食品科学领域的研究现状与展望 ［J］. 中国食品学报, 2019, 19 (1): 262-270.

［12］ 剧柠, 苟萌, 张彤彤. 蛋白质组学技术及其在乳及乳制品中的应用研究进展 ［J］. 食品与发酵工业, 2021, 47 (3): 245-251.

［13］ 刘伟, 刘书广, 韩留福. 蛋白质组学及其研究技术概述 ［J］. 生物学教学, 2018, 43 (5): 4-6.

［14］ 房艳, 于思雨, 高俊海, 等. 超高效液相色谱-四级杆-飞行时间质谱法与代谢组学技术分析牛乳与羊乳差异性 ［J］. 食品安全质量检测学报, 2020, 11 (7): 2075-2083.

［15］ 付力立. 基于代谢组学研究奶牛初乳与常乳组分差异及补饲酵母硒的影响 ［D］. 雅安: 四川农业大学, 2019.

［16］ 乌日汉. 戴瑞羊、小尾寒羊及其杂交后代乳成分及多组学比较分析 ［D］. 呼和浩特: 内蒙古大学, 2021.

［17］ 肖宇辰. 基于组学技术研究不同泌乳期骆驼乳蛋白、代谢物及脂质组成差异 ［D］. 呼和浩特: 内蒙古农业大学, 2022.

第五章

骆驼乳功效成分研究

第一节　骆驼乳中的生物活性肽

蛋白质是骆驼乳的主要营养成分，其种类十分丰富。Alhaider 等（2013）从单峰驼乳中鉴定了 238 种蛋白质，其中酪蛋白和乳清蛋白是最主要的蛋白质。骆驼乳蛋白的一级结构中加密的一些氨基酸序列通常在天然蛋白质中不起作用，但一经水解就会被释放出来，对人体健康发挥有益的作用（Mudgil 等，2018）。与其他来源的肽相比，从骆驼乳酪蛋白和乳清蛋白制备的肽具有很强的生物活性。因此，骆驼乳蛋白可以作为生物活性肽的优质来源（Salami 等，2017）。此外，随着科学技术的迅速发展和仪器设备的不断更新，如层析、液相色谱、质谱、液相-质谱联用、软电离离子化和生物信息学分析等（张颖，2016）新技术和新设备的出现，分离纯化和鉴定生物活性肽取得了巨大成功。因此，近几年针对骆驼乳蛋白水解物与健康相关的生物活性方面已有不少研究成果，研究表明，骆驼乳源生物活性肽具有很好的功能特性，如抗氧化、降压、抗菌、降血糖、抗炎和抗癌等（Izadia 等，2019；Ayyash 等，2017；Ayyash 等，2018；Jrad 等，2014；Jafar 等，2018）。骆驼乳肽的制备与生物活性如图 5-1 所示。

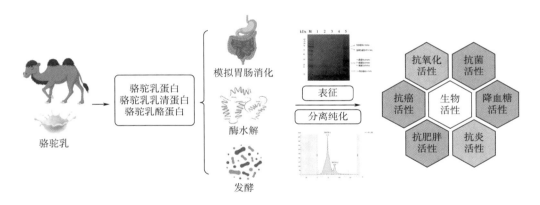

图 5-1　骆驼乳肽的制备与生物活性

一、骆驼乳中生物活性肽的分类

（一）抗氧化活性肽

氧化应激是一种负面状态，其特征在于提高了自由基水平，从而对重要生物分子如脂质、蛋白质和脱氧核糖核酸造成损害。氧化应激通常与许多慢性疾病相关，包括动脉粥样硬化、癌症、糖尿病、类风湿关节炎、心血管疾病、人类慢性炎症和其他退行性疾病（Uttara 等，2009）。因此，天然抗氧化剂在清除自由基和预防氧化应激相关疾病方面至关重要。肽的抗氧化机制主要包括清除自由基（供氢能力和自由基猝灭）活性、抑制脂质过氧化、金属离子螯合作用或这些特性的结合（Jrad 等，2014）。近年来，对骆驼乳源抗氧化活性肽研究较多，其在营养和健康方面表现出积极的作用（表5-1）。

研究证实，与牛乳相比，骆驼乳更适合作为抗氧化活性肽制备的底物（Soleymanzadeh等，2016；Maqsood等，2019），这种差异是由骆驼乳与牛乳的成分不同，其中的蛋白质种类以及氨基酸组成、序列和结构不同所致（Salami等，2010）。骆驼乳抗氧化活性肽的制备主要采用酶解的方式，但近些年一些研究则利用发酵菌株提高其蛋白质水解产物的抗氧化活性，如嗜酸乳杆菌（Ayyash等，2018）、植物乳植杆菌（Ayyash等，2018）、鼠李糖乳杆菌（Moslehishad等，2013）和嗜热链球菌（Hatmi等，2016）等。据报道，骆驼乳中酪蛋白含量高达52%~87%（质量分数），由α_{S1}-酪蛋白（22%）、α_{S2}-酪蛋白（9.5%）、β-酪蛋白（65%）和κ-酪蛋白（3.5%）（Haj等，2010；Shuiep等，2013）组成。其中只有α-酪蛋白和β-酪蛋白分解后能产生抗氧化活性肽，但其分解机制不同。Hartmann等（2007）指出大多数抑制必需脂肪酸酶和非酶过氧化的肽来自α_S-酪蛋白，它是磷酸化的酪蛋白。其中α_{S1}-酪蛋白序列中有6个磷烯残基，α_{S2}-酪蛋白序列中有9个磷烯残基，揭示了α_S-酪蛋白的抗氧化活性可能与磷酸肽有关（Addar等，2019）。Jrad等（2014）认为骆驼乳酪蛋白中富含β-酪蛋白，该蛋白质是抗氧化活性肽的最佳来源。有研究发现，骆驼乳β-酪蛋白含有8个苯丙氨酸（一种高度抗氧化的芳香族氨基酸），而牛乳β-酪蛋白只含有5个苯丙氨酸，导致骆驼乳β-酪蛋白可以产生潜在的抗氧化活性肽（Jrad等，2014）。相对于骆驼乳全蛋白和酪蛋白，Ibrahim等（2018）认为骆驼乳乳清蛋白提取的肽抗氧化活性更高，因为乳清蛋白提取的肽具有两亲性质。这些研究表明，骆驼乳中不同种类蛋白质水解产生的抗氧化活性肽活性不同。

表5-1　　　　　　　　　　　骆驼乳源抗氧化活性肽的研究进展

来源	蛋白质水解酶/发酵菌株	试验类型	测定方法	参考文献
骆驼乳乳清蛋白	糜蛋白酶、胰蛋白酶、嗜热菌蛋白酶和蛋白酶K	体外	ABTS	Salami等（2010）
骆驼乳酪蛋白和β-酪蛋白	糜蛋白酶、胃蛋白酶、胰蛋白酶和胃蛋白酶+胰蛋白酶与糜蛋白酶混合物	体外	ABTS	Salami等（2011）
骆驼乳	嗜酸乳杆菌LAFTI-L10DSL、干酪乳杆菌Zhang和动物双歧杆菌V9	体内	氧化应激标志物	李建美等（2011）
骆驼乳	嗜酸乳杆菌LAFTI-L10DSL	体内	氧化应激标志物	潘蕾等（2011）
脱脂骆驼乳	鼠李糖乳杆菌PTCC 1637	体外	ABTS	Moslehishad等（2013）
骆驼乳酪蛋白	胰蛋白酶	体外	DPPH、总酚含量、还原力和脂质过氧化	Al-Saleh等（2014）
骆驼乳、骆驼初乳和骆驼初乳乳清蛋白	胃蛋白酶+胰蛋白酶	体外	ABTS	Jrad等（2014）
骆驼乳酪蛋白	胃蛋白酶+胰蛋白酶	体外	ABTS	Jrad等（2014）

续表

来源	蛋白质水解酶/发酵菌株	试验类型	测定方法	参考文献
骆驼乳	戊糖片球菌	体外	DPPH	Balakrishnan 等（2014）
骆驼乳乳清蛋白	胰蛋白酶	体内	氧化应激标志物	Ebaid 等（2015）
骆驼乳	胃蛋白酶+胰蛋白酶	体外	DPPH、羟自由基、ABTS、超氧自由基、脂质过氧化和 HepG2 的 SOD 基因表达	Homayouni – Tabrizi 等（2016）
骆驼乳酪蛋白	碱性蛋白酶、α-糜蛋白酶和木瓜蛋白酶	体外	ABTS、DPPH 和 FRAP	Kumar 等（2016）
骆驼乳酪蛋白	碱性蛋白酶、α-糜蛋白酶和木瓜蛋白酶	体外	ABTS、DPPH 和 FRAP	Kumar 等（2016）
脱脂骆驼乳	碱性蛋白酶、α-糜蛋白酶和木瓜蛋白酶	体外	ABTS、DPPH 和 FRAP	Kumar 等（2016）
骆驼乳酪蛋白	蛋白酶 K	体外	ABTS	Rahimi 等（2016）J
脱脂骆驼乳	嗜热链球菌 LMD-9（ATCC BAA-491）	体外	ABTS	Hatmi 等（2016）
骆驼乳	副植物乳植杆菌 SM01、高加索乳杆菌 SM02、屎肠球菌 SM03、副干酪乳杆菌 SM04、格氏乳杆菌 SM05、植物乳植杆菌 SM06、屎肠球菌 SM08、魏斯氏菌 SM09 和乳明串珠菌 SM010（由传统发酵骆驼乳 Chal 分离得到）	体外	ABTS 和 DPPH	Soleymanzadeh 等（2016）
骆驼乳	胃蛋白酶和胰蛋白酶混合物	体外	DPPH、ABTS、羟自由基、超氧自由基和 HepG2 的 SOD 与 CAT 基因表达	Homayouni-Tabrizi 等（2017）
骆驼乳	发酵剂（YO-MIX495 LYO 250 DCU）	体外	DPPH 和还原力	Elhamid 等（2017）
脱脂骆驼乳	碱性蛋白酶、菠萝蛋白酶和木瓜蛋白酶	体外	DPPH、ABTS、FRAP、亚铁离子螯合和脂质过氧化	Al-Shamsi 等（2018）
脱脂骆驼乳、骆驼乳酪蛋白和乳清蛋白	胃蛋白酶	体外	超氧自由基、DPPH 和酵母模型的氧化应激	Ibrahim 等（2018）
脱脂骆驼乳	模拟胃肠消化（α-淀粉酶+胃蛋白酶+胰蛋白酶）	体外	ABTS	Tagliazucchi 等（2018）

续表

来源	蛋白质水解酶/发酵菌株	试验类型	测定方法	参考文献
脱脂骆驼乳	乳酸链球菌 KX881782（从骆驼乳中分离得到）和嗜酸乳杆菌 DSM9126	体外	DPP ABTS	Ayyash 等（2018）
脱脂骆驼乳	罗伊氏乳杆菌 KX88177、植物乳植杆菌 KX881772、植物乳植杆菌 KX881779（从骆驼乳中分离得到）和植物乳植杆菌 DSM2468	体外	DPPH 和 ABTS	Ayyash 等（2018）
骆驼乳	乳酸乳球菌乳脂亚种	体内	氧化应激标志物	Hamed 等（2018）
骆驼乳	乳酸乳球菌乳脂亚种	体内	氧化应激标志物	Hamed 等（2018）
脱脂骆驼乳	乳酸乳球菌乳脂亚种和乳酸乳球菌乳亚种	体外	DPPH 和 ABTS	Singh 等（2018）
骆驼乳 α_s-酪蛋白	胰蛋白酶和 α-糜蛋白酶	体外	ABTS、羟自由基、铁离子螯合、脂质过氧化和酪氨酸酶	Addar 等（2018）
脱脂骆驼乳	胃蛋白酶+胰蛋白酶	体外	DPPH、ABTS 和 FRAP	Maqsood 等（2018）
骆驼乳酪蛋白	胃蛋白酶、胰蛋白酶和胃蛋白酶+胰蛋白酶	体外	DPPH、脂质过氧化和羟自由基	Ugwu 等（2019）
脱脂骆驼乳	木瓜蛋白酶、碱性蛋白酶、胃蛋白酶和胰蛋白酶	体外	ABTS 和 DPPH	Wali 等（2020）
骆驼乳乳清蛋白	胃蛋白酶、胰蛋白酶、碱性蛋白酶和木瓜蛋白酶	体外	DPPH	王瑞雪等（2019）
骆驼乳	乳明串珠菌 PTCC1899	体外	DPPH 和 ABTS	Soleymanzadeh 等（2019）

注：ABTS—2,2′-联氮-双-3-乙基苯并噻唑啉-6-磺酸［（2,2′-azino-bis（3-ethyl-benzothiazoline-6-sulfonic acid）］；DPPH—1,1-二苯基-2-三硝基苯肼（1,1-diphenyl-2-picrylhydrazyl）；HepG2—人肝癌细胞；SOD—超氧化物歧化酶（Superoxide dismutase）；FRAP—铁还原抗氧化能力（Ferric reducing antioxidant power）；CAT—过氧化氢酶（Catalase activity）。

（二）降压活性肽

血管紧张素转换酶（Angiotensin-converting enzyme，ACE）在高血压的形成中发挥着重要作用，因此抑制 ACE 是抗高血压的首要策略。人们目前主要集中研究更安全、更温和的 ACE 抑制剂和食物来源的 ACE 抑制肽，而对于无副作用的天然食源性 ACE 抑制肽的研究其实更具有吸引力。

如表 5-2 所示，ACE 抑制肽被发现存在于许多食物蛋白源的初级结构中，包括骆驼乳蛋白（Shuang 等，2008）。Alhaj 等（2018）指出骆驼乳蛋白本身就具有 ACE 抑制活性，这可能是由于原乳受到细菌的感染或者是原乳本身的内源性酶产生了一些生物活性肽，其本质上还是因为骆驼乳蛋白水解。2018 年，Jafar 等发现与其他蛋白质水解酶相比，用 α-糜蛋白酶获得的乳清蛋白水解产物（在芳香族氨基酸残基后特异性裂解）显示出较高的 ACE 抑制活性，Da Costa 等（2007）和 Adjonu 等（2013）也得出了同样的结果。水解产物之间 ACE 抑制活性的差异可归因于酶反应速率、酶专一性和底物的亲和力（Dryakova 等，2010）。2019 年，Soleymanzadeh 等鉴定出具有 ACE 抑制作用的肽 MYDYPQR（MR7），研究发现该肽含有 4 个疏水性氨基酸、2 个极性氨基酸和 1 个带电氨基酸。肽的疏水性达 57.14%，显示出适度的疏水性。由于肽与 ACE 活性位点的结合与疏水性氨基酸有着本质的关系，因此 MR7 具有高的 ACE 抑制活性（Li 等，2004；Girgih 等，2014）。此外，在肽的 C 端存在如精氨酸等带正电荷的氨基酸，可能有助于抑制 ACE（Ferreira 等，2007；Solanki 等，2018）。分子对接研究也表明，C 端的精氨酸对 MR7 和 ACE 的相互作用有实质性的影响，精氨酸与 ACE 活性位点的氨基酸残基形成氢键，导致 ACE 的四面体几何结构发生畸变，ACE 失活。Maqsood 等（2019）比较了骆驼乳与牛乳以及其模拟胃肠消化后的产物的 ACE 抑制活性，发现水解后的乳蛋白可提高自身的 ACE 抑制能力。此外，骆驼乳蛋白对 ACE 的抑制作用略强于牛乳蛋白，半抑制浓度（Half maximal inhibitory concentration，IC_{50}）分别为 0.34mg/mL 和 0.35mg/mL。其水解产物对 ACE 的 IC_{50} 也低于牛乳蛋白水解产物。造成这种差异的原因是骆驼乳与牛乳的成分不同，从而产生了不同序列的肽段，说明骆驼乳蛋白经胃肠道消化后具有优于牛乳蛋白的 ACE 抑制潜力。

除酶解外，发酵菌株鼠李糖乳杆菌发酵骆驼乳后，能够产生一种富含脯氨酸残基的低分子质量生物活性肽，具有较高的 ACE 抑制活性（Moslehishad 等，2013）。这是因为鼠李糖乳杆菌具有多种蛋白质酶系统，如 X-脯氨酸二肽氨基肽酶和脯氨酸特异性氨基肽酶，它们能水解乳蛋白产生一些与抑制 ACE 有关的生物活性肽（Pastar 等，2003；Savijoki 等，2006）。这种特异性蛋白酶系统也在嗜热链球菌、瑞士乳杆菌和德氏乳杆菌保加利亚亚种中被发现（Solanki 等，2017）。Yahyal 等（2017）利用瑞士乳杆菌 LMG11445 和嗜热链球菌 ATCC19258 发酵的脱脂骆驼乳喂食自发性高血压大鼠，发现与对照组相比，摄入高剂量发酵骆驼乳会在短期和长期作用下具有降压效果。研究发现，不管是体外还是体内试验，骆驼乳蛋白水解后都表现出显著的 ACE 抑制活性，为以后降压食品或药品的开发提供参考。

表 5-2　　　　　　　　　　　骆驼乳源降压活性肽的研究进展

来源	蛋白水解酶/发酵菌株	试验类型	测定方法	参考文献
脱脂骆驼乳	瑞士乳杆菌 130B4	体外	HHL	Shuang 等（2008）
骆驼乳酪蛋白和 β-酪蛋白	糜蛋白酶、胃蛋白酶、胰蛋白酶和胃蛋白酶+胰蛋白酶与糜蛋白酶混合物	体外	FAPGG	Salami 等（2011）
脱脂骆驼乳	鼠李糖乳杆菌 PTCC1637	体外	FAPGG	Moslehishad 等（2013）
骆驼乳、驼初乳和驼初乳乳清蛋白	胃蛋白酶+胰蛋白酶	体外	HHL	Jrad 等（2014）
骆驼乳酪蛋白	蛋白酶 K	体外	FAPGG	Rahimi 等（2016）

续表

来源	蛋白水解酶/发酵菌株	试验类型	测定方法	参考文献
脱脂骆驼乳	模拟胃肠消化	体外	FAPGG	Tagliazucchi 等（2016）
骆驼乳	瑞士乳杆菌 LMG11445 和嗜酸乳杆菌 LMG11430	体外	HPLC-MALDI-TOF MS	Alhaj（2017）
骆驼乳	德氏乳杆菌保加利亚亚种 NCDC（09）和发酵乳杆菌 TDS030603（LBF）	体外	HHL	Solank 等（2017）
脱脂骆驼乳	瑞士乳杆菌 LMG11445+嗜热链球菌 ATCC19258	体内	SBP、DBP 和 ACE 活性试剂盒	Yahya 等（2017）
骆驼乳乳清蛋白	胃蛋白酶、胰蛋白酶和 α-糜蛋白酶	体外	HHL	Jafar 等（2018）
脱脂骆驼乳	模拟胃肠消化（α-淀粉酶+胃蛋白酶+胰蛋白酶）	体外	FAPGG	Tagliazucchi 等（2018）
脱脂骆驼乳	嗜酸乳杆菌+嗜热链球菌和瑞士乳杆菌+嗜热链球菌	体外	HHL	Alhaj 等（2018）
脱脂骆驼乳	乳酸链球菌 KX881782（从骆驼乳中分离得到）和嗜酸乳杆菌 DSM9126	体外	HHL	Ayyash 等（2018）
脱脂骆驼乳	罗伊氏乳杆菌 KX88177、植物乳植杆菌 KX881772、植物乳植杆菌 KX881779（从骆驼乳中分离得到）和植物乳植杆菌 DSM2468	体外	HHL	Ayyash 等（2018）
脱脂骆驼乳	鼠李糖乳杆菌 MTCC5945（NS4）	体外	HHL	Solanki 等（2018）
脱脂骆驼乳	胃蛋白酶+胰蛋白酶	体外	HHL	Maqsood 等（2019）
脱脂骆驼乳	碱性蛋白酶、木瓜蛋白酶和菠萝蛋白酶	体外	HHL	Mudgila 等（2019）
骆驼乳酪蛋白	胃蛋白酶、胰蛋白酶和胃蛋白酶+胰蛋白酶	体外	HHL	Ugwu 等（2019）
骆驼乳	乳明串珠菌 PTCC1899	体外	FAPGG	Soleymanzadeh 等（2019）

注：HHL—马尿酰-组氨酰-亮氨酸（Hippuryl-L-histidyl-L-leucine）；FAPGG—N-［3-（2-呋喃基）丙烯酰］-L-苯丙氨酰-甘氨酰-甘氨酸 N-［3-（2-furyl）acryloyl］-L-phenylalanyl-glycyl-glycine；HPLC-MALDI-TOF MS—高效液相色谱与基质辅助激光解析电离飞行时间质谱联用（High performance liquid chromatography-matrix assisted laser desorption ionization-time of flight mass spectrometry）；SBP—收缩压（Systolic blood pressure）；DBP—舒张压（Diastolic blood pressure）。

（三）抗菌活性肽

与人乳相似，骆驼乳含有重要的抗菌成分，如免疫球蛋白、乳铁蛋白和溶菌酶等保护性蛋白质。且骆驼乳中的免疫球蛋白浓度（1.54mg/mL）远高于人乳（1.14mg/mL）（Shamsia，2007；Tavakolizadeh 等，2018）；溶菌酶含量也高于其他反刍动物，具有很好的抗菌性能（El-Agamy 等，2009；Benkerroum 等，2004）。骆驼乳中的乳铁蛋白可以通过破坏病原菌的细胞膜，从而起到抗菌作用（Conesa 等，2008）。即使是热处理（70℃、30min）过后的骆驼乳也可以激活其天然的抗菌系统，有效抑制微生物（Benkerroum 等，2004）。骆驼乳蛋白本身具有良好的抗菌作用，为此研究者们对这些蛋白质进行水解，研究其水解后的活性变化。

近年来，研究人员主要研究骆驼乳蛋白水解产物对革兰阳性菌和革兰阴性菌的抵抗能力（表5-3）。2010年，Salami 等（2010）发现骆驼乳乳清蛋白和牛乳乳清蛋白及其水解产物都能抑制大肠杆菌的生长。其中未水解的骆驼乳乳清蛋白的抗菌活性明显高于牛乳乳清蛋白，这可能与骆驼乳蛋白中抗菌因子含量高有关。糜蛋白酶、胰蛋白酶、嗜热菌蛋白酶和蛋白酶 K 对乳蛋白有限的水解可增强乳清蛋白本身的抗菌活性，且骆驼乳乳清蛋白水解产物的抗菌活性更强。2015年，Jrad 等对骆驼乳酪蛋白和骆驼乳酪蛋白经胃肠模拟消化后的产物（水解产物）进行了比较，结果表明，水解产物对革兰阳性菌有轻微抑制，而骆驼乳酪蛋白本身却对革兰阳性菌无影响，说明酪蛋白水解后可释放出有效的抗菌肽。2016年，Kumar 等发现经过酶解后的骆驼乳酪蛋白，由于不同分子质量大小的肽段具有相互协同作用，整个水解产物的抗菌活性高于超滤后的各个组分。Salami 等（2010）得出蛋白酶 K 水解后的骆驼乳乳清蛋白 3ku 以下的超滤组分对大肠杆菌的抑制作用最强。2018年，Muhialdin 等也得出同样的结论，其利用植物乳植杆菌发酵的骆驼乳，通过菌株培养过程中产生的蛋白酶，释放出小分子质量的生物活性肽可潜在地增强其抗菌活性。这归因于较小的肽更容易穿透微生物细胞的脂膜，增加离子和代谢物的泄漏，破坏细胞功能，导致细胞死亡（Gharibzahedi 等，2016），说明水解后肽段的大小对抗菌活性有着重要影响。

研究发现，鉴定出的抗菌肽一般具有以下特征：相对分子质量低于1ku，从酪蛋白中提取的抗菌肽相对分子质量在 0.4~0.6ku（Silva 等，2005）；肽段序列含有 2~20 个氨基酸（Salami 等，2010），包含大量的疏水性氨基酸（Yount 等，2013），肽的疏水性会造成细菌细胞壁或细胞膜功能紊乱；大多数抗菌肽带正电荷，它们与细菌细胞壁上带负电荷的成分静电结合，导致细胞壁被破坏（Gobbetti 等，2004；Jenssen 等，2006）。骆驼乳源抗菌肽会具有其中某一或某些特征以抵抗细菌的生长繁殖，从而发挥抗菌作用。

表5-3　　　　　　　　　　　　骆驼乳源抗菌活性肽的研究进展

来源	蛋白水解酶/发酵菌株	试验类型	测定方法	参考文献
骆驼乳乳清蛋白	糜蛋白酶、胰蛋白酶、嗜热菌蛋白酶和蛋白酶 K	体外	大肠杆菌	Salami 等（2010）
骆驼乳、骆驼初乳和骆驼初乳乳清蛋白	胃蛋白酶+胰蛋白酶	体外	大肠杆菌 XL1 和李斯特菌 LRGIA01	Jrad 等（2014）

续表

来源	蛋白水解酶/发酵菌株	试验类型	测定方法	参考文献
脱脂骆驼乳	嗜热链球菌和德氏乳杆菌	体外	大肠杆菌、铜绿假单胞菌、金黄色葡萄球菌	Lafta 等（2014）
骆驼乳酪蛋白	胃蛋白酶+胰蛋白酶	体外	李斯特菌 LRGIA01、蜡样芽孢杆菌 ATCC11778、金黄色葡萄球菌 nsoco3011、大肠杆菌 XL1 和铜绿假单胞菌 ATCC15742	Jrad 等（2015）
骆驼乳乳清蛋白	木瓜蛋白酶	体外	金黄色葡萄球菌 ATCC25923、蜡样芽孢杆菌 ATCC33018、鼠伤寒沙门氏菌 ATCC14028 和大肠杆菌 ATCC25922	Abdel-Hamid 等（2016）
骆驼乳酪蛋白	碱性蛋白酶、α-糜蛋白酶和木瓜蛋白酶	体外	大肠杆菌 MTCC2991、蜡样芽孢杆菌 MTCC6728、金黄色葡萄球菌 MTCC7443 和李斯特菌 MTCC657	Kumar 等（2016）
骆驼乳	发酵剂（YO-MIX495 LYO 250 DCU）	体外	蜡样芽孢杆菌 ATCC9659、大肠杆菌 ACCT8739、鼠伤寒沙门氏菌 ACCT25566 和金黄色葡萄球菌 ATCC6538	Elhamid 等（2017）
骆驼乳 β-酪蛋白	胃蛋白酶	体外	金黄色葡萄球菌 CNRZ3、李斯特菌 ATCC33090 和大肠杆菌 ATCC25922	Almi-Sebbanea 等（2018）
脱脂骆驼乳	嗜酸乳杆菌+嗜热链球菌和瑞士乳杆菌+嗜热链球菌	体外	蜡样芽孢杆菌 ATCC14579、鼠伤寒沙门氏菌 ATCC13311 金黄色葡萄球菌 ATCC25923 和大肠杆菌 ATCC25922	Alhaj 等（2018）
脱脂骆驼乳	植物乳植杆菌	体外	粪链球菌、痢疾志贺菌、金黄色葡萄球菌、大肠杆菌	Muhialdin 等（2018）
骆驼乳乳清蛋白	胃蛋白酶、胰蛋白酶、碱性蛋白酶和木瓜蛋白酶	体外	大肠杆菌 ATCC25922	王瑞雪等（2019）
骆驼乳乳清蛋白	胃蛋白酶	体外	金黄色葡萄球菌 ATCC25923、大肠杆菌 ATCC25922 和变形链球菌 ATCC25175	王瑞雪等（2019）

（四）降血糖活性肽

糖尿病是一种以高血糖为主要特征的代谢性疾病，其主要根源在于血糖浓度过高，因此治疗糖尿病需要控制并降低血糖水平。研究证实，经常食用具有降血糖功效的天然食品，再配合药物治疗，能够达到降血糖的目的，同时还能降低传统药物的毒副作用（杨志寨，2011）。因此，研发毒副作用小并具有降血糖作用的功能性食品或药品，特别是天然生物活性肽对于糖尿病的防御及辅助治疗是很有必要的（Xie 等，2005）。

现有骆驼乳中的降血糖活性肽的研究主要以二肽基肽酶Ⅳ（Dipeptidyl peptidase Ⅳ，DPP-Ⅳ）、α-淀粉酶和 α-葡萄糖苷酶抑制活性作为评定依据，来判断它的降血糖活性。如表 5-4 所示，2017 年，Nongonierma 等指出骆驼乳与牛乳蛋白在相同水解条件下，产生的 DPP-Ⅳ抑制肽的活性不同，其肽段序列也不同，这与蛋白水解酶在不同乳蛋白中肽键断裂的不同选择性以及氨基酸的序列不同有关。再通过液相-质谱联用仪、定性/定量结构-活性关系和合成肽验证性研究相结合的方法，发现最有效的 DPP-Ⅳ抑制肽是 LPVP 和 MPVQA，IC_{50} 分别为（87.0±3.2）μmol/L 和（93.3±8.0）μmol/L。2018 年，Mudgil 等利用不同蛋白酶对骆驼乳蛋白水解，对其活性高的肽段 A9 和 B9 进行鉴定，筛选出肽兰克评分［一种用于评估和预测肽段（peptides）在特定生物系统中表现的评分方法］大于 0.80 的肽段，并预测了与 DPP-Ⅳ和 α-淀粉酶结合的活性位点，发现降血糖活性与氨基酸残基的特性、含量和位置有一定的关系。Ayyash 等（2018）根据 α-淀粉酶和 α-葡萄糖苷酶抑制活性的结果，评价了固有乳酸菌（骆驼乳中分离的乳酸菌）和非固有乳酸菌（外来乳酸菌）发酵骆驼乳的抗糖尿病作用。抑制这些与糖尿病相关的代谢酶实质上是降低碳水化合物的水解，从而减少葡萄糖等糖类物质在肠道内的吸收（Donkor 等，2012）。结果发现，随着贮藏时间的延长，发酵骆驼乳的 α-淀粉酶抑制活性显著增强，而发酵牛乳无显著变化。固有乳酸菌发酵乳的 α-葡萄糖苷酶的抑制活性高于非固有乳酸菌发酵乳。总的来说，发酵骆驼乳对酶的抑制能力力强，可能是由于乳酸菌发酵分泌的蛋白水解酶作用后释放出小分子质量的生物活性肽。

目前，针对骆驼乳降血糖活性肽的研究甚少，主要集中在水解骆驼乳全蛋白上，蛋白酶、微生物菌株和底物单一。基于此，今后应采用多种蛋白酶或发酵菌株水解进一步细化的骆驼乳蛋白，为骆驼乳多肽在防治糖尿病方面作出新的贡献。

表 5-4　　　　　　　　　　　骆驼源乳降糖活性肽的研究进展

来源	蛋白质水解酶/发酵菌株	试验类型	测定方法	参考文献
脱脂骆驼乳	胰蛋白酶	体外	DPP-Ⅳ	Nongonierma 等（2017）
脱脂骆驼乳	胰蛋白酶	体外	DPP-Ⅳ	Nongonierma 等（2017）
脱脂骆驼乳	碱性蛋白酶、木瓜蛋白酶和菠萝蛋白酶	体外	DPP-Ⅳ和 α-淀粉酶	Mudgil 等（2018）
脱脂骆驼乳	模拟胃肠消化（α-淀粉酶+胃蛋白酶+胰蛋白酶）	体外	DPP-Ⅳ	Tagliazucchi 等（2018）
脱脂骆驼乳	乳酸链球菌 KX881782（从骆驼乳中分离得到）和嗜酸乳杆菌 DSM9126	体外	α-淀粉酶和 α-葡萄糖苷酶	Ayyash 等（2018）

续表

来源	蛋白质水解酶/发酵菌株	试验类型	测定方法	参考文献
脱脂骆驼乳	罗伊氏乳杆菌 KX88177、植物乳植杆菌 KX881772、植物乳植杆菌 KX881779（从骆驼乳中分离得到）和植物乳植杆菌 DSM2468	体外	α-淀粉酶和 α-葡萄糖苷酶	Ayyash 等（2018）
脱脂骆驼乳	鼠李糖乳杆菌 GG（ATCC7469）	体外	α-淀粉酶和 α-葡萄糖苷酶	苏娜等（2019）

（五）其他活性肽

除上述生物活性肽外，骆驼乳中还鉴定出了具有抗炎、抗癌和抗肥胖等多种生物功能特性的肽。炎症虽是机体对非致死损伤的反应，但过度和不受控制的炎症变化往往导致慢性疾病。经过水解的骆驼乳蛋白抗炎作用明显增强，对于各种肽序列的研究表明（表5-5），具有较强抗炎活性的肽富含正电荷和疏水性氨基酸，特别是在 N 端和 C 端。此外，谷氨酰胺被认为是抗炎活性肽的关键氨基酸（Mudgila 等，2019）。2018 年，Ayyash 等比较了发酵骆驼乳与牛乳对人结肠癌细胞（Caco-2）、人乳腺癌细胞（MCF-7）和人宫颈癌细胞（HeLa）的抑制作用，发现发酵骆驼乳具有更高的抗增殖活性。这种结果可以解释为发酵骆驼乳较发酵牛乳产生的肽与癌细胞膜受体的生长因子有更强的竞争能力，或者是发酵骆驼乳产生的肽具有特殊的细胞毒性引起癌细胞凋亡（Picot 等，2006；Pessione 等，2016）。最新研究发现，经木瓜蛋白酶水解骆驼乳蛋白 9h 后，可产生 4 个有效的胆固醇酯酶抑制肽 WPMLQPKVM、CLSPLQMR、MYQQWKFL 和 CLSPLQFR，对肥胖个体有很好的改善。分子对接显示这 4 条肽能够与胆固醇酯酶的活性位点结合，具有良好的对接分数和玻恩比表面积结合能（在固体材料科学和表面化学中，描述一种材料的表面原子与体相原子的结合强度的一种量度。具体来说，它通常指材料的原子或分子从体相转移到表面时所涉及的能量变化）（Mudgil 等，2019）。总的来说，水解后的骆驼乳蛋白可能通过不同的作用机制在人体内表现出多功能的生物活性。

表5-5　　　　　　　　　　骆驼乳源其他活性肽的研究进展

来源	蛋白水解酶/发酵菌株	试验类型	测定方法（活性）	参考文献
骆驼乳	嗜酸乳杆菌 LAFTI-L10DSL、干酪乳杆菌 Zhang 和动物双歧杆菌 V9	体内	生化指标和组织病理学（保护肾脏）	李建美等（2011）
骆驼乳	嗜酸乳杆菌 LAFTI-L10DSL	体内	生化指标和组织病理学（保护肾脏）	潘蕾等（2011）
骆驼乳乳清蛋白	胰蛋白酶	体内	炎性细胞因子和组织病理学（伤口愈合）	Ebaid 等（2015）

续表

来源	蛋白水解酶/发酵菌株	试验类型	测定方法（活性）	参考文献
骆驼乳	胃蛋白酶+胰蛋白酶	体外	HepG2（抗癌）	Homayouni-Tabrizi 等（2016）
骆驼乳	胃蛋白酶和胰蛋白酶混合物	体外	HepG2（抗癌）	Homayouni-Tabrizi 等（2017）
骆驼乳乳清蛋白	胃蛋白酶、胰蛋白酶和 α-糜蛋白酶	体外	脂肪酶、胆固醇酶（抗肥胖）和红细胞（抗溶血）	Jafar 等（2018）
脱脂骆驼乳	碱性蛋白酶、木瓜蛋白酶和菠萝蛋白酶	体外	脂肪酶（抗肥胖）	Mudgil 等（2018）
脱脂骆驼乳	乳酸链球菌 KX881782（从骆驼乳中分离得到）和嗜酸乳杆菌 DSM9126	体外	Caco-2、MCF-7 和 HeLa（抗癌）	Ayyash 等（2018）
脱脂骆驼乳	罗伊氏乳杆菌 KX88177、植物乳植杆菌 KX881772、植物乳植杆菌 KX881779（从骆驼乳中分离得到）和植物乳植杆菌 DSM2468	体外	Caco-2、MCF-7 和 HeLa（抗癌）	Ayyash 等（2018）
骆驼乳	乳酸乳球菌乳脂亚种	体内	生化指标和组织病理学（保护肾脏）	Hamed 等（2018）
骆驼乳	乳酸乳球菌乳脂亚种	体内	生化指标和组织病理学（保护心脏）	Hamed 等（2018）
骆驼乳 α_s-酪蛋白	胰蛋白酶和 α-糜蛋白酶	体外	脲酶（降低尿素分解）	Addar 等（2019）
脱脂骆驼乳	碱性蛋白酶、菠萝蛋白酶和木瓜蛋白酶	体外	胆固醇酯酶（抗肥胖）	Mudgil 等（2019）
脱脂骆驼乳	碱性蛋白酶、木瓜蛋白酶和菠萝蛋白酶	体外	卵清蛋白变性（抗炎）	Mudgila 等（2019）

二、骆驼乳源生物活性肽的制备

骆驼乳具有纯天然的生物活性因子和药用成分，其保护性蛋白质的含量也高于其他反刍动物乳。骆驼乳蛋白的一级结构中存在着许多活性肽的氨基酸序列，它们只有通过一定的水解作用才能被释放并发挥功效。与其他来源的肽相比，用骆驼乳中的酪蛋白和乳清蛋白制备的生物活性肽具有很强的生物活性。因此，骆驼乳蛋白可以作为生物活性肽的优质来源。目前，骆驼乳蛋白经水解后主要产生具有抗氧化、降血压、抗菌和降血糖等潜在功能的生物活性肽，能够有效地改善机体健康状况，备受关注。

（一）抗菌肽

骆驼乳具有较高的营养价值以及独特的功能特性，其乳清蛋白不仅具有低致敏性，还含有多种免疫活性因子，具有极高的药用价值。乳清蛋白富含乳铁蛋白、乳过氧化物酶、溶菌酶和免疫球蛋白等保护性蛋白质，且含有较高活性的抑菌因子。大量研究表明，通过特定的蛋白酶水解不同物种来源的乳清蛋白可获得不同的抑菌肽（王瑞雪，2019）。王瑞雪等（2019）利用单因素试验，以水解度为评价指标，研究胃蛋白酶、胰蛋白酶、碱性蛋白酶和木瓜蛋白酶4种蛋白酶对骆驼乳乳清蛋白酶解的影响，确定了胃蛋白酶为水解骆驼乳乳清蛋白制备抑菌肽的最佳蛋白酶。在此基础上，以大肠杆菌抑菌率为评价指标，利用响应面法优化技术对胃蛋白酶制备抑菌肽的工艺进行了优化，获得胃蛋白酶最佳酶解工艺参数：酶解温度40℃、酶解pH 3.00、酶解时间5.3h、酶解底物浓度4%（质量分数）、酶与底物浓度比1∶100。在此最佳工艺条件下，大肠杆菌抑菌率为83.91%。为骆驼乳蛋白源抗菌肽的制备提供了工艺参数，为骆驼乳蛋白附加值的提升提供了新思路，更是为骆驼乳产业的多元化发展奠定了理论基础。

王瑞雪等（2019）以牛乳和骆驼乳乳清蛋白为原料，选取最优的胃蛋白酶进行酶解试验（图5-2），采用超滤分级、葡聚糖凝胶层析（图5-3）对水解产物进行纯化，并对获得的牛乳和骆驼乳抑菌肽的抑菌活性进行比较研究。为了进一步解释抑菌特性，利用反相高效液相、高分辨质谱仪分析了抑菌肽段的分子质量及其氨基酸组成。研究表明，骆驼乳相较于牛乳具有低致敏性（不含β-乳球蛋白），易于消化吸收，且制备肽所需的时间较短。而后采用超滤和凝胶过滤层析从酶解液中分离纯化得到了高纯度的（蛋白质浓度均大于95.00%）且对大肠埃希氏菌和金黄色葡萄球菌抑菌活性较强的组分，发现骆驼乳抑菌肽的抑菌效果较强。通过氨基酸组成和抑菌肽分子质量分布分析（图5-4）发现，骆驼乳G-25-2中总碱性氨基酸和总疏水性氨基酸的含量（分别为65.76%和32.80%）高于牛乳G-25-2（分别为58.70%和31.77%）。骆驼乳抑菌肽中脯氨酸的含量（32.34%）明显高于牛乳（7.43%），因此进一步证明了骆驼乳抑菌肽具有更强的抑菌活性。这为今后研究骆驼乳和牛乳抑菌肽提供了试验参考，为深入研究多肽活性机制提供参考方向。

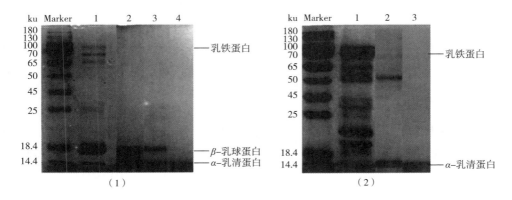

图5-2 牛乳（1）和骆驼乳（2）乳清蛋白胃蛋白酶水解 SDS-PAGE 图

Marker—标记物；1—未经水解的牛乳乳清蛋白；2—水解30min；3—水解1h；4—水解2h。

Wang等（2020）从骆驼乳（CaW）和牛乳（CoW）乳清蛋白中分离纯化抑菌肽，并

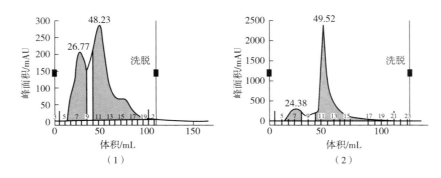

（1）牛乳乳清蛋白 F3　（2）骆驼乳乳清蛋白 F3

图 5-3　葡聚糖凝胶 G-25 层析图谱

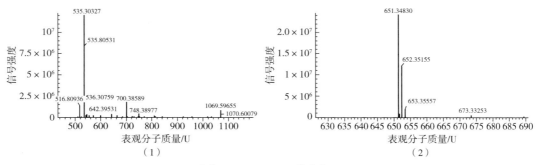

（1）牛乳 G-25-2　（2）骆驼乳 G-25-2

图 5-4　抗菌肽分子质量分析图谱

对其抑菌活性进行了研究。用胰蛋白酶对乳清蛋白进行水解，并用凝胶电泳法鉴定水解程度（图 5-5）。采用超滤和凝胶层析对乳清水解物进行纯化，得到具有抗菌活性的小肽。采用透射电镜观察抗菌肽对菌株形态的影响，如图 5-6 所示。测定其氨基酸组成和抗菌活性。多肽 CaWH-Ⅲ（<3ku）和 CoWH-Ⅲ（<3ku）抗菌活性最强。Fr. A2（CaWH-Ⅲ组分 2）和 Fr. B1（CoWH-Ⅲ组分 1）对大肠杆菌和金黄色葡萄球菌均有抑菌作用，其最低抑菌浓度分别为 65mg/mL 和 130mg/mL；Fr. B1（CoWH-Ⅲ组分 1）也对两株菌均有抑制作用，最低抑菌浓度分别为 130mg/mL 和 130mg/mL。高活性抗菌肽具有较高的碱性氨基酸含量（骆驼乳 Fr. A2 为 28.13%，牛乳 Fr. B1 为 25.07%）和疏水性氨基酸含量（骆驼乳中 Fr. A2 含量为 51.29%，牛乳中 Fr. B1 含量为 57.69%）。结果表明，利用胰蛋白酶水解骆驼乳和牛乳可产生多种有效的抗菌肽，且骆驼乳清的抗菌活性略高于奶牛乳清。研究结果表明，骆驼乳清可作为天然蛋白质的来源，生产具有抗菌活性的水解产物。这些结果将鼓励骆驼乳清水解物和大、小排斥色谱衍生物的未来发展，促使其作为营养添加剂或抗菌药物的成分。研究结果还揭示了骆驼乳清及其水解物作为人类食用的抗菌剂的潜力，以及作为保健食品成分改善其功能和保质期的潜力。

（二）降血糖肽

糖尿病是影响人类健康的常见疾病之一，其危害性大，防治效果差，备受人们关注。近年来，比化学合成药物具有更多优势的食源性降血糖生物活性肽被开发利用，显示出广

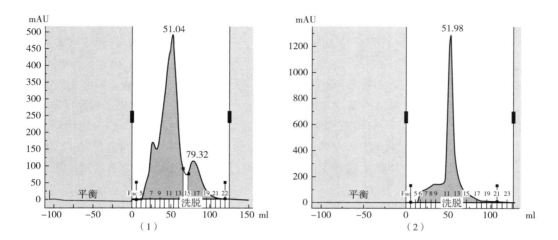

图 5-5 骆驼乳乳清水解肽Ⅲ（CaWH-Ⅲ）（1）和牛乳乳清水解肽Ⅲ
（CoWH-Ⅲ）（2）的葡聚糖凝胶 G-25 凝胶层析图

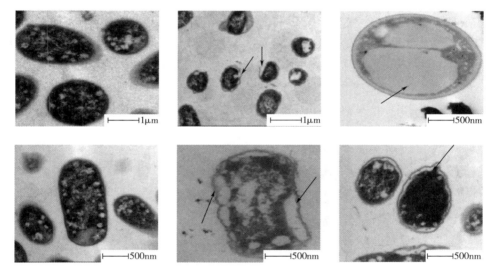

图 5-6 金黄色葡萄球菌与联合抑菌液相互作用的透射电镜图像

泛的应用前景。骆驼乳中的蛋白质含量和种类十分丰富，含有其他动物乳罕有的纯天然生物活性蛋白质，如乳铁蛋白、溶菌酶、免疫球蛋白、重链抗体、胰岛素和类胰岛素生长因子等，可用于抑制血糖升高的研究中。研究表明，骆驼乳在体外和体内试验中都显示出良好的降血糖活性，引起消费者的极大兴趣。目前发现一些降血糖生物活性肽能有效刺激胰岛素的分泌，改善糖尿病动物模型和受试者的血糖水平，因此以骆驼乳蛋白为原料制备降血糖生物活性肽显得十分有价值。

苏娜等（2019）以耐酸、耐氧、定植力强及功能性丰富的鼠李糖乳杆菌 GG（*Lactobacillus rhamnosus* GG，L-GG）单菌发酵的骆驼乳和牛乳为研究对象。通过 L-GG 生长曲线确定发酵时间，评价不同发酵时间和不同储藏时间下，发酵骆驼乳与牛乳的发酵特性（pH、滴定酸度和活菌数)、蛋白质水解活性和降血糖活性(α-淀粉酶和α-葡萄糖苷酶抑制活性)。结果表明，pH、滴定酸度、活菌数和蛋白质水解活性存在一定的内在联系。随着发酵时间的延长，两种发酵乳的pH下降，滴定酸度上升，活菌数和蛋白质水解活性也在不断增加。在储藏期间，pH、滴定酸度、活菌数和蛋白质水解活性逐渐趋于稳定。发酵骆驼乳较发酵牛乳的pH低，滴定酸度、活菌数和蛋白质水解活性高，在维持发酵品质和延长保质期方面优于发酵牛乳。经过发酵的原料乳降血糖活性提高，在发酵和储藏期间发酵骆驼乳和牛乳都表现出很高的α-淀粉酶抑制活性，在储藏期间表现出较高的α-葡萄糖苷酶抑制活性，整体上看发酵骆驼乳的降血糖活性优于发酵牛乳。因此鼠李糖乳杆菌GG发酵乳和骆驼乳都具有开发成辅助降血糖的保健食品或药品的潜力，二者都为辅助治疗糖尿病开辟了一条新的道路。

苏娜等(2020)利用碱性蛋白酶和木瓜蛋白酶对骆驼乳蛋白进行水解(图5-7)，对其酶解工艺、α-淀粉酶抑制活性、氨基酸组成、分子质量分布以及肽段序列(图5-8)进行比较研究，以期获得高活性的α-淀粉酶抑制活性肽。结果表明，酶解可提高骆驼乳蛋白的α-淀粉酶抑制作用。相对于碱性蛋白酶，木瓜蛋白酶在酶用量4%、酶解温度55℃、酶解pH 7.0、酶解时间2h的最佳酶解工艺条件下水解骆驼乳蛋白获得的多肽具有更高的α-淀粉酶抑制活性。肽序列分析显示JX和MG分别鉴定出110种和69种肽段，其中IPLPLPLPLP和LPLPLPLR为最有效的α-淀粉酶抑制肽。因此，骆驼乳蛋白可以成为功能性食品中控制糖尿病有效成分的潜在来源。

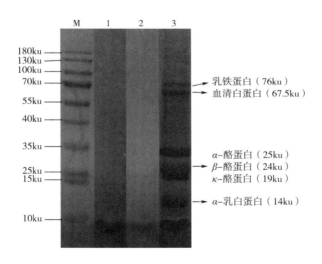

图5-7 碱性蛋白酶、木瓜蛋白酶水解产物和骆驼乳蛋白的SDS-PAGE结果

Marker—标记物。

苏娜(2020)利用木瓜蛋白酶、风味蛋白酶、复合蛋白酶和碱性蛋白酶水解骆驼乳蛋白，对其酶解工艺、降血糖活性、氨基酸组成、分子质量分布及其肽段序列进行比较研究，以期获得高活性的骆驼乳源降血糖生物活性肽。研究得出：①骆驼乳蛋白是生物活性肽的潜在来源，具有抑制与糖尿病相关的关键代谢酶的潜力；②用于水解的蛋白酶类型和水解条件对产生肽的生物活性有深刻的影响，复合蛋白酶在酶用量

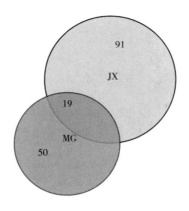

图 5-8 碱性蛋白酶、木瓜蛋白酶水解产物差异性肽段

6%、酶解温度 55℃、酶解 pH 6.5、酶解时间 4h 的最佳酶解工艺条件下水解骆驼乳蛋白获得的酶解产物较其他 3 种骆驼乳酶解产物的降血糖活性高，从而证实了用特异性蛋白酶控制水解的重要性；③经过分离纯化后的组分降血糖活性提高，这与其氨基酸组成、肽段性质及其之间的协同作用等有关；④鉴定的肽段主要是由酪蛋白降解所得，其中筛选出的 LPLPLPLR 和 LPPLLLRP 2 条新肽段被预测具有抑制 α-淀粉酶、α-葡萄糖苷酶和 DPP-Ⅳ 活性的潜力（图 5-9、图 5-10、图 5-11）。

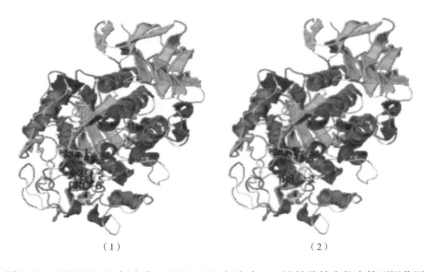

（1） （2）

图 5-9 LPLPLPLR（1）和 LPPLLLRP（2）与 α-淀粉酶结合位点的可视化图

（三）抗氧化肽

骆驼乳清含有一些免疫调节蛋白，如血清白蛋白（SA）、α-乳清白蛋白（α-LA）、乳酸和肽聚糖，这些天然存在的蛋白质也是乳清蛋白初级序列的一部分，是抗氧化肽的良好来源。郝晓丽等（2020）为了研究不同蛋白水解酶对骆驼乳和牛乳抗氧化能力的影响，向骆驼乳和牛乳乳清蛋白中添加不同蛋白水解酶，探究乳清蛋白抗氧化活性肽的最佳制备条

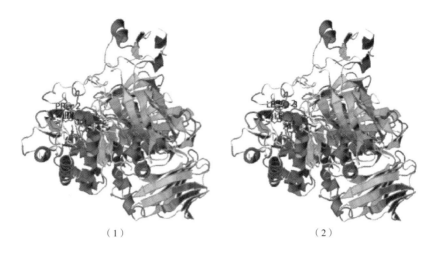

（1）　　　　　　　　　　　　（2）

图 5-10　LPLPLPLR（1）和 LPPLLLRP（2）与 α-葡萄糖苷酶结合位点的可视化图

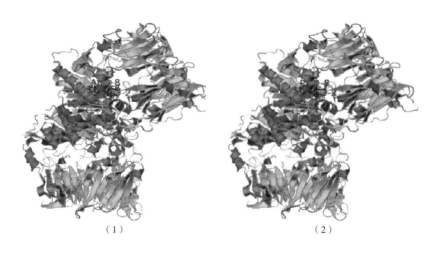

（1）　　　　　　　　　　　　（2）

图 5-11　LPLPLPLR（1）和 LPPLLLRP（2）与 DPP-Ⅳ结合位点的可视化图

件，并对其抗氧化能力进行比较分析。首先从 3 种蛋白水解酶中筛选出最佳用酶，在此基础上以 1,1-二苯基-2-三硝基苯肼（1,1-diphenyl-2-Trinitrophenylhydrazine，DPPH）自由基的清除率为响应值，进行单因素和响应面试验，同时研究了骆驼乳和牛乳乳清蛋白抗氧化肽对 DPPH 自由基（DPPH·）、羟自由基（·OH）、超氧阴离子自由基（O_2^-）的清除效果。结果表明，木瓜蛋白酶水解物的抗氧化能力最强，水解度可达 15%（图 5-12）。骆驼乳乳清蛋白最佳酶解工艺为酶解 pH 6.4、酶解温度 55℃、底物浓度 2.73%，DPPH 自由基清除率达 71.9%。牛乳乳清蛋白最佳酶解工艺为酶解 pH 6、酶解温度 54℃、底物浓度 4%，DPPH 自由基清除率达 69.9%。在最佳酶解条件下，骆驼乳乳清蛋白酶解液的羟自由基清除率为 58.2%，超氧阴离子自由基清除率为 67.2%；牛乳乳清蛋白酶解液羟自由基清除率为 52.2%，超氧阴离子自由基清除率为 60.7%。骆驼乳乳清蛋白酶解液的抗氧化性在不同程度上均高于牛乳乳清蛋白酶解液，骆驼乳和牛乳乳清酶解液的 DPPH 自由基清除能力较强，其次是超氧阴离子自由基清除能力，羟自由基清除能力最弱（图5-13），骆驼乳乳清蛋白抗氧化肽可用于保健食品以及功能性药物中（郝晓丽，2020）。

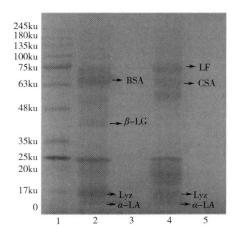

图5-12 骆驼乳乳清蛋白与牛乳乳清蛋白的SDS-PAGE分析图

1泳道为标志物；2泳道为牛乳乳清蛋白；3泳道为牛乳乳清蛋白酶解液；4泳道为骆驼乳乳清蛋白；5泳道为骆驼乳乳清蛋白酶解液。BSA：牛血清白蛋白；β-LG：β-乳球蛋白；Lyz：溶菌酶；LF：乳铁蛋白；CSA：骆驼血清白蛋白；α-LA：α-血清白蛋白。

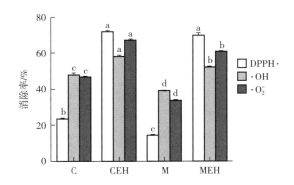

图5-13 乳清蛋白及其酶解液的抗氧化能力

C：骆驼乳清蛋白；CEH：骆驼乳清蛋白酶解液；M：牛乳清蛋白；MEH：牛乳清蛋白酶解液。不同字母表示差异显著（$P<0.05$），相同字母表示差异不显著（$P>0.05$）。

三、小结

随着乳源生物活性肽研究报道的多样化和广泛化，乳源生物活性肽的探索成为研究热点。其中骆驼乳凭借着丰富的营养成分和可观的健康益处，成为生物活性肽的优质来源，备受研究人员的关注。通过酶解、模拟胃肠消化和对发酵骆驼乳蛋白释放的生物活性肽的研究，研究人员已证实骆驼乳蛋白具备抗氧化、降血压、抗菌、降血糖、抗炎和抗癌等生物活性，并对其作用机制和分子机制进行了简单阐述。骆驼乳生物活性肽已被证明可以直接或通过体内或体外蛋白酶水解对人体生理和代谢产生积极影响。骆驼乳蛋白水解后产生的生物活性肽表现出很高的利用价值，它们相互联系，协同作用，共同促进身体健康。其中生物活性肽的氨基酸组成、序列和结构受到底物、蛋白水解酶和发酵菌株的影响，从而直接关系到活性的高低。骆驼乳生物活性肽基本是在某一特定条件下水解骆驼乳蛋白所制得，但在优化骆驼乳蛋白的水解条件方面目前仍缺乏研究。为此，以后的研究应对酶解和发酵过程中的外在条件进行优化，以期获得活性更高的生物活性肽。此外，应对其毒性、理化性质以及消化吸收性进行研究，并证实其在动物体内的活性，为今后将制备的生物活性肽运用到现实生活奠定坚实的基础。在工业规模上水解骆驼乳蛋白时，还应综合考虑感官质量和经济成本问题，如减少苦味氨基酸的释放，节约成本等。

虽然骆驼乳生物活性肽在理论研究上表现突出，但由于种种原因未真正应用到实际产品中，如保健品和功能食品等。为此，人们需要科学地管理和饲养骆驼以提高其产乳量，开发骆驼相关产品，加大投入力度，提高骆驼产业的发展水平；有关部门应该强化骆驼科研建设，研究骆驼潜在的功能特性和作用机制，提高骆驼的利用价值；国家政府需要出台相关政策，大力推动并扶持骆驼产业，鼓励牧民养殖骆驼，推广骆驼副产品，提高骆驼产品的知名度，扩大骆驼市场。这一举措不仅可以充分利用自然环境资源和平衡生态环境，而且还可以推动边疆地区的经济发展和牧民们的经济收入，具有重大的现实意义和开阔的发展前景。

第二节　骆驼乳中乳脂肪球膜的组成

乳是人类最早接触的营养物质，含有多种营养成分，如碳水化合物、蛋白质、脂质、维生素和矿物质等。但由于多种因素影响，部分母亲无法亲自喂养婴儿，因此动物乳源成为其最佳选择之一。其中，乳脂质是乳中的重要营养物质和储能物质，截至目前仍是结构和功能最复杂的脂质。它由各种大小不一、数量不同的乳脂肪球（MFG）组成，表面被一层乳脂肪球膜（MFGM）包被。膜上含有营养特性的蛋白质和脂类化合物，可以防止 MFG 合并（ManoniM，2020）。因其成分复杂，研究人员对其产生了浓厚的兴趣，据报道，MFGM 因其具有生物活性物质可有效保护婴儿免受病原体的侵害，以及调节婴儿免疫系统和促进其神经发育作用（HeX，2019）。

MFG 是由蛋白质、糖脂、胆固醇、糖蛋白、中性脂质和极性脂质等组成的复杂体系，它以一种微小的球状物存在于乳中，直径为 $0.2\sim15\mu m$，外表被很薄的膜包裹，这层膜被称为 MFGM。研究发现，MFGM 来自细胞的不同部分，包括内质网膜、乳腺分泌细胞的顶端质膜和细胞质。因此围绕在乳脂肪球外围共有 3 层膜，其含有约 76% 的蛋白质、7% 的磷脂和 1.9% 的唾液酸（ArranzE，2017）。此外，MFGM 还是一种天然的乳化剂，它具有高度结构化的特点以及独特的极性脂类，如磷脂酰胆碱（PC）、磷脂酰乙醇胺（PE）、鞘磷脂（SM）、磷脂酰肌醇、膜特异性蛋白（主要是糖蛋白）、甘油三酯、固醇（主要是胆固醇）和糖脂。MFGM 衍生蛋白具有抗菌、抗病毒、抗癌及其抗炎等多种生物活性（Fransson GB，1984）。

诸多研究证实，MFGM 对机体健康发挥积极作用。例如，MFGM 中的磷脂组分和一些MFGM 蛋白质都具有抗癌活性；将 MFGM 作为食品补充剂可以有效抑制癌细胞的生长，特别是乳腺癌；神经鞘磷脂（SM）通过其代谢物神经鞘氨醇和神经酰胺能够有效抑制细胞生长，发育和识别（Pabon ML，2001）；嗜乳脂蛋白能够调整致脑炎 T 细胞对髓磷脂少突细胞糖蛋白的应答（Lonnerdal B，1997），但目前配方乳粉中的 MFGM 含量却很低。Liao研究证实，MFGM 蛋白质虽然仅占乳粉中总蛋白质的 1%~4%，但提供了母乳喂养婴儿所需能量的 50%，同时脂肪球膜富含丰富的脂类物质（Cavaletto M，2008）。因此，MFGM的营养功能特性研究已然成为全世界科学家关注的焦点之一。本节以牛、羊和骆驼乳的乳脂肪球为原料，通过实验分离得到不同乳源 MFGM 脂质，采用 UPLC-Orbitrap 质谱进行非靶向脂质组学分析。通过 LC-MS 分析，进行脂质的定量和定性，确定不同乳源 MFGM 中脂质的相对含量，并探究其差异原因。同时，通过分离得到不同乳源 MFGM 蛋白质，纯化后利用无标记定量的方法进行蛋白质组学分析。采用聚类分析的方法比较不同乳源 MFGM蛋白质的表达模式；采用 KEGG 代谢通路分析不同乳源 MFGM 蛋白质的生物学功能和代谢通路。

一、不同乳源 MFGM 脂质组学分析

（一）定性分析

如图 5-14 所示，甘油脂类共检测出 2 个亚类，其中甘油三酯（TG）占 64.15%、甘油二酯（DG）占 4.58%。甘油磷脂类共检测出 8 个亚类，其中磷脂酰乙醇胺（PE）占6.92%、磷脂酰胆碱（PC）占 5.39%、磷脂酸（PA）占 0.27%、磷脂酰甘油（PG）占0.34%、磷脂酰肌醇（PI）占 2.50%、磷脂酰丝氨酸（PS）占 1.78%、溶血磷脂酰胆碱（LPC）占 1.15%、溶血磷脂酰乙醇胺（LPE）占 1.24%，溶血磷脂酰肌醇（LPI）和心磷脂（CL）所占比例最小，分别为 0.09% 和 0.18%。鞘脂类共检测出 6 个亚类，其中鞘磷脂（SM）占 5.30%、神经酰胺（Cer）占 4.85%、鞘糖脂类 2（CerG$_2$）占 0.54%，鞘糖脂类 1（CerG$_1$）和神经鞘氨醇（So）均占 0.27%，植物鞘氨醇（phSM）占比最少，为0.09%。尽管在 ESI$^+$、ESI$^-$模式下共检测出 794 种脂质分子，但脂质作为一种复杂的混合物，许多低丰度脂类仍未知。

（二）定量分析

图 5-15 为脂质亚类含量图，其中 TG 含量通过 log2 转换［图 5-15（1）］，其余脂质亚类均以 log10 转换［图 5-15（2）］。由图 5-15 可知，甘油三酯含量为：骆驼乳>牛乳>山羊乳，DG 含量为：骆驼乳>山羊乳>牛乳，甘油酯类含量的差异可能与其体积有关。甘油磷脂类中，不同乳源 MFGM 所含磷脂类分子均有不同的含量差异，CM 组中磷脂酰胆碱含量明显高于其他两组。

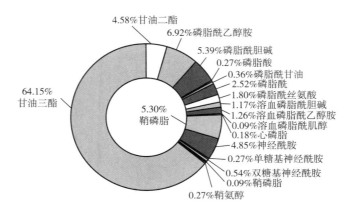

图 5-14　脂质亚类和脂质分子数量占比统计图

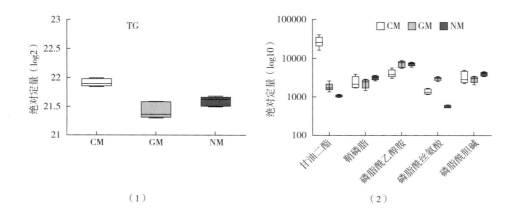

（1）　　　　　　　　　　　　　　（2）

图 5-15　不同乳源 MFGM 中脂质亚类含量比较

CM 表示骆驼乳、GM 表示山羊乳、NM 表示牛乳。

（三）不同乳源 MFGM 中性脂质分析

脂类的相关类别主要包括三酰甘油或甘油三酯、二酰甘油或甘油二酯，甘油磷脂、鞘脂、胆固醇等。这些脂质的含量及结构分布会影响消化和吸收效率。尽管甘油磷脂类和鞘脂类的相对丰度较低，但它们仍是 MFGM 脂质的主要成分，对于婴儿的神经发育和健康均有着积极影响。但由于不同哺乳动物的饲养条件、环境以及品种均会对其成分占比及结构特性产生影响，因此对不同乳源（牛、山羊、骆驼）MFGM 脂质的分类测定仍然重要。如彩图 5-1 所示，不同乳源 MFGM 脂质中共鉴得 387 种 TG 分子，相对分子质量为 458~1103，酰基总碳数 22~68，最多含有 8 个不饱和双键，其中在骆驼乳 MFGM 脂质中含有不饱和键分子含量占比要高于其他两种乳源。其中酰基总碳数：双键数（CAN：DB）50：3、46：2、52：3、48：3 的 TG 分子在 CM 组中最为丰富。

不同乳源 MFGM 脂质中共识别出 51 种 DG，为了使其含量占比分布更为直观，选取了含量前 12 的差异脂质分子。如彩图 5-2 所示，骆驼乳 MFGM 脂质所含 DG 分子含量占比分布相较均匀，山羊乳 MFGM 脂质所含的 DG 脂质分子含量占比却与其他乳源具有很大差异。山羊乳 MFGM 脂质中的 DG 差异分子含量均低于骆驼乳 MFGM 的 DG 分子含量。

（四）不同乳源 MFGM 极性脂质分析

甘油磷脂是由甘油、脂肪酸、磷酸等化合物组成，由于甘油磷脂含有可离解的磷酸基团，因此属于极性脂质的一种。具有一定的抗菌活性，具有调节肠道微生物以及预防心脑血管疾病的功能。如彩图 5-3 所示，甘油磷脂类中种类最多且含量最高的是 PE，其次是 PI、PS。骆驼乳 MFGM-PE 含量最高的是 PE（34∶1）-H，其次是 PE（36∶2）-H，与骆驼乳 MFGM 脂质不同的是，牛乳 MFGM 与山羊乳 MFGM 中 PE（36∶2）-H 含量最高，分别占 PE 总量的 39.71%、38.31%，其次含量最高的是 PE（34∶1）-H。

鞘脂是一类含有鞘氨骨架的两性脂，它的一端连接一个长链脂肪酸，另一端连接一个极性醇，所以常见的鞘脂类分子多为极性脂，主要包括鞘磷脂、神经节苷脂等。如彩图 5-4 所示，不同乳源 MFGM 鞘脂类含量最高的是 SM，这可能会对神经信号传导以及大脑和神经发育具有积极影响。骆驼乳 MFGM 脂质中 SM（d34∶1）+HCOO、SM（d40∶1）+HCOO、SM（d41∶1）+HCOO 分子含量占比最高，分别为 26.71%、19.19% 和 11.88%。山羊乳和牛乳 MFGM 中含量最多的是 SM（d41∶1）+HCOO，分别为 20.86%、18.77%。

二、不同乳源 MFGM 蛋白质组学分析

（一）肽段与蛋白质鉴定情况

为了提高分析质量，减少假阳性，以肽伪发现率（Peptide FDR）≤0.01 筛选过滤，骆驼乳 MFGM 与山羊乳 MFGM 蛋白中共鉴定到 1318225 个二级图谱，数据库匹配谱图总数为 145545 个，肽段总数为 25823 个，唯一肽段数为 15688 个，鉴定蛋白质总数为 4333 个，定量蛋白质总数为 3749 个；骆驼乳 MFGM 与牛乳 MFGM 蛋白质中共鉴定到 1325189 个二级图谱，数据库匹配图总数为 112145 个，肽段总数为 18892 个，唯一肽段数为 11321 个，鉴定蛋白质总数为 3632 个，定量蛋白质总数为 3168 个。

（二）不同乳源 MFGM 差异蛋白表达分析

1. 不同乳源 MFGM 蛋白质含量统计

CM 与 GM 中测得的蛋白质共有 4216 种，其中两者共有的为 2324 种，957 种蛋白质为 CM 独有，935 种蛋白质为 GM 独有。CM 与 NM 中测得的蛋白质共有 3513 种，其中两者共有的为 1620 种，1119 种蛋白质为 CM 独有，774 种蛋白质为 NM 独有。并以 $P<0.05$ 且 FC>1.2 为条件筛选差异蛋白，如图 5-16 所示，CM 与 GM 相比，上调蛋白为 309 个，下调蛋白为 283 个；CM 与 NM 相比，上调蛋白 315 个，下调蛋白为 232 个。

2. 不同乳源 MFGM 差异蛋白聚类分析

为了更加直观地了解不同乳源 MFGM 差异蛋白表达谱，基于亲缘性对不同乳源 MFGM 样本及差异蛋白相对表达量进行层次聚类分析。CM 与 NM、GM 相比，分别筛出上调蛋白 315 种、309 种，种类过多，因此为呈现较清晰的差异关系，从两组中筛选出骆驼乳相

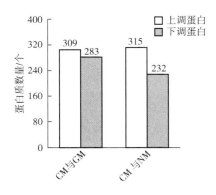

图 5-16　不同乳源 MFGM 差异蛋白含量

注：CM 表示骆驼乳、GM 表示山羊乳、NM 表示牛乳。

较于牛乳、山羊乳 MFGM 蛋白质丰度前 50 的绘制了差异聚类热图。如彩图 5-5、彩图 5-6 所示，CM 与 NM、GM 色块相比均存在明显色差。其中 CM 与 NM 相比，差异蛋白含量最为明显的是：长链脂肪酸辅酶 A 连接酶（A0A5N4DK22）、α_{S1}-酪蛋白（O97943）、脂肪酸合成酶（A0A6J3ADX8）以及肽聚糖识别蛋白 1（Q9GK12）等。其中长链脂肪酸辅酶 A 连接酶可以催化长链脂肪酸转化为其活性形式的酰基辅酶 A，用于细胞脂质的合成和通过 β-氧化降解，继而影响脂肪酸的代谢。肽聚糖识别蛋白 1 作为先天蛋白，在抗菌和抗肿瘤防御系统中起着多种重要作用，并且对于脂质的结合和抗氧化活性均具有积极影响。

如彩图 5-6 所示，CM 与 GM 相比，差异蛋白含量最为明显的是：长链脂肪酸辅酶 A 连接酶（A0A5N4DK22）、α_{S1}-酪蛋白（O97943）、脂肪酸合成酶（A0A6J3ADX8）以及肽聚糖识别蛋白 1（Q9GK12）。此外，κ-酪蛋白（W0K8B9）、脂肪酸结合蛋白（A0A6J3AYT9）、脂肪酸合酶（T0NML8）也均存在显著差异。其中，κ-酪蛋白可以促进形成稳定的胶束，防止酪蛋白沉淀在乳中，继而形成固形物；脂肪酸结合蛋白（A0A6J3AYT9）可以促进脂质代谢。上述蛋白质多与脂质代谢有关。

3. 不同乳源 KEGG 富集分析

相同的差异蛋白可能在机体的不同代谢途径中发挥不同的生物学功能，因此为了进一步探究不同乳源（牛、山羊和骆驼）MFGM 差异蛋白在机体中所参与的代谢途径，对这些差异蛋白进行 KEGG 通路富集分析。彩图 5-7 所示为 CM 与 NM 组间的 KEGG 差异蛋白富集通路。结果显示，这些差异蛋白富集前三的通路为：内质网中的蛋白质加工，该通路主要与糖基化、羟基化、酰基化以及二硫键的形成有关，其中参与的差异蛋白为 78 个；胞吞作用，是细胞的一种自我保护措施，可以将外来的有害物质吞入细胞，继而被酶水解，参与的差异蛋白为 66 个；作为吞噬体，可以有效吞噬外界进入的细菌等外来因子，参与的差异蛋白为 57 个。整体而言，两者差异蛋白参与的代谢通路多与代谢和免疫相关。

彩图 5-8 所示为 CM 与 GM 组间差异蛋白富集前 20 的 KEGG 通路图。结果表明，这些差异蛋白富集前三最多的通路与 CM 和 GM 组间相同，均为：胞吞作用，参与的差异蛋白为 84 个；内质网中的蛋白质加工，参与的差异蛋白为 68 个；吞噬体，参与的差异蛋白为 53 个。

三、小结

通过提取牛乳、山羊乳和骆驼乳中乳脂肪球膜脂质以及膜蛋白，可以对其进行脂质组学、蛋白质组学分析，探究其组分差异。并通过模拟婴幼儿体外消化模型，探究不同乳源MFG 组分在消化过程中的差异，主要结论如下。

（1）不同乳源 MFGM 脂质含量存在差异。其中，骆驼乳 MFGM 甘油脂类多以不饱和分子含量最为丰富，牛、山羊乳 MFGM 中甘油酯类则是以饱和脂质分子为主。此外，牛乳、山羊乳 MFGM 脂质中的磷脂类分子多以奇链、饱和分子含量占比更多。骆驼乳中 Cer 含量最为丰富。

（2）骆驼乳 MFGM 蛋白质与牛乳 MFGM 蛋白质相比，上调蛋白为 315 种。骆驼乳 MFGM 蛋白与羊乳 MFGM 蛋白相比上调蛋白为 309 种。对上调蛋白进行功能注释后发现，骆驼乳中的上调蛋白与蛋白质合成、肌动蛋白重组、糖酵解/糖异生、细胞周期、细胞凋亡等多个生物学功能相关。

参考文献

［1］ Abdel-hamid M, Goda H A, De G C, et al. Antibacterial activity of papain hydrolysed camel whey and its fractions ［J］. International Dairy Journal, 2016, 61: 91-98.

［2］ Abdurahman O S, Cooray R, Bornstein S. The ultrastructure of cells and cell fragments in mammary secretions of camelus bactrianus ［J］. Journal of Veterinary Medicine Series A, 1992, 39 (1-10): 648-655.

［3］ Addar L, Bensouici C, Saliha S A Z, et al. Antioxidant, tyrosinase inhibitory and urease inhibitory activities of camel α S-casein and its hydrolysate fractions ［J］. Small Ruminant Research, 2019, 173: 30-35.

［4］ Adjonu R, Doran G, Torley P, et al. Screening of whey protein isolate hydrolysates for their dual functionality: Influence of heat pre-treatment and enzyme specificity ［J］. Food Chemistry, 2013, 136 (3/4): 1435-1443.

［5］ Alhaider A, Abdelgader A G, Turjoman A A, et al. Through the eye of an electrospray needle: mass spectrometric identification of the major peptides and proteins in the milk of the one-humped camel (*Camelus dromedarius*) ［J］. Journal of Mass Spectrom, 2013, 48: 779-794.

［6］ Alhaj O A, Metwalli A A, Ismail E A, et al. Angiotensin converting enzyme-inhibitory activity and antimicrobial effect of fermented camel milk (*Camelus dromedarius*) ［J］. International Journal of Dairy Technology, 2018, 71 (1): 27-35.

［7］ Alhaj O A. Identification of potential ACE-inhibitory peptides from dromedary fermented camel milk ［J］. Cyta-Journal of Food, 2017, 15 (2): 191-195.

［8］ Almi-sebbanea D, Adt I, Degraeve P, et al. Casesidin-like anti-bacterial peptides in peptic hydrolysate of camel milk β-casein ［J］. International Dairy Journal, 2018, 86: 49-56.

［9］ Al-Saleh A A, Metwalli A A M, Ismail E A, et al. Antioxidative activity of camel milk casein hydrolysates ［J］. Journal of Camel Practice & Research, 2014, 21 (2): 229-237.

［10］ Al-Shamsi K A, Mudgil P, Hassan H M, et al. Camel milk protein hydrolysates with improved technofunctional properties and enhanced antioxidant potential in *in vitro* and in food model systems ［J］. Journal of Dairy Science, 2018, 101 (1): 47-60.

［11］ Ayadi M, Aljumaah R S, Musaad A, et al. Relationship between udder morphology traits, alveolar and cisternal milk compartments and machine milking performances of dairy camels (*Camelus dromedarius*) ［J］. Spanish Journal of Agricultural Research, 2013, 11 (3): 790-797.

［12］ Ayyash M, Al-dhaheri A S, Al-mahadin S, et al. *In vitro* investigation of anticancer, antihypertensive, antidiabetic, and antioxidant activities of camel milk fermented with camel milk probiotic: A comparative study with fermented bovine milk ［J］. Journal of Dairy Science, 2018, 101 (2): 900-911.

［13］ Ayyash M, Al-nuaimi A K, Al-mahadin S, et al. *In vitro* investigation of anticancer and ACE-inhibiting activity, α-amylase and α-glucosidase inhibition, and antioxidant activity of camel milk fermented with camel milk probiotic: A comparative study with fermented bovine milk ［J］. Food Chemistry, 2018, 239: 588-597.

［14］ Balakrishnan G, Agrawal R. Antioxidant activity and fatty acid profile of fermented milk prepared by *Pediococcus pentosaceus* ［J］. Journal of Food Science and Technology, 2014, 51 (12): 4138-4142.

［15］ Barzegar A, Yousefi R, Sharifzadeh A, et al. Chaperone activities of bovine and camel β – caseins: Importance of their surface hydrophobicity in protection against alcohol dehydrogenase aggregation ［J］. International Journal of Biological Macromolecules, 2008, 42 (4): 392-399.

［16］ Benkerroum N, Mekkaoui M, Bennani N, et al. Antimicrobial activity of camel's milk against pathogenic strains of Escherichia coli and Listeria monocytogenes ［J］. International Journal of Dairy Technology, 2004, 57 (1): 39-43.

［17］ Conesa C, Sanchez L, Rota C, et al. Isolation of lactoferrin from milk of different species: Calorimetric and antimicrobial studies ［J］. Comparative Biochemistry and Physiology – Part B: Biochemical and Molecular Biology, 2008, 150 (1): 131-139.

［18］ Da C E L, Da R G J A, Netto F M. Effect of heat and enzymatic treatment on the antihypertensive activity of whey protein hydrolysates ［J］. International Dairy Journal, 2007, 17 (6): 632-640.

［19］ Donkor O N, Stojanovska L, Ginn P, et al. Germinated grains: sources of bioactive compounds ［J］. Food Chemistry, 2012, 135 (3): 950-959.

［20］ Dryakova A, Pihlanto A, Marnila P, et al. Antioxidantproperties of whey protein hydrolysates as measured by three methods ［J］. European Food Research and Technology, 2010, 230 (6): 865-874.

［21］ Ebaid H, Abdel-salam B, Hassan I, et al. Camel milk peptide improves wound healing in diabetic rats by orchestrating the redox status and immune response ［J］. Lipids in Health and Disease, 2015, 14 (1): 132.

［22］ El A E S I, Ruppanner R, Ismail A, et al. Antibacterial and antiviral activity of camel milk protective proteins ［J］. Journal of Dairy Research, 1992, 59 (2): 169-175.

［23］ El-bahay C M. Normal contents of Egyptian Camel milk ［J］. Veterinary Medical Journal, 1962, 8: 7-17.

［24］ Elhamid A M A, Elbayoumi M M. Effect of heat treatment and fermentation on bioactive behavior in yoghurt made from camel milk ［J］. American Journal of Food Science and Technology, 2017, 5 (3): 109-116.

［25］ Farah K O, Nyariki D M, Ngugi R K, et al. The somali and the camel: ecology, management and economics ［J］. Anthropologist, 2004, 6 (1): 45.

［26］ Ferreira I M P L V O, Pinho O, Mota M V, et al. Preparation of ingredients containing an ACE-inhibitory peptide by tryptic hydrolysis of whey protein concentrates ［J］. International Dairy Journal, 2007, 17 (5): 481-487.

［27］ Gharibzahedi S M T, Mohammadnabi S. Characterizing the novel surfactant-stabilized nanoemulsions of stinging nettle essential oil: Thermal behaviour, storage stability, antimicrobial activity and bioaccessibility ［J］. Journal of Molecular Liquids, 2016, 224: 1332-1340.

［28］ Girgih A T, He R, Aluko R E. Kinetics and molecular docking studies of the inhibitions of angiotensin converting enzyme and renin activities by hemp seed (Cannabis sativa L.) peptides ［J］. Journal of Agricultural and Food Chemistry, 2014, 62 (18): 4135-4144.

［29］ Gobbetti M, Minervini F, Rizzello C G. Angiotensin I-converting-enzyme-inhibitory and antimicrobial bioactive peptides ［J］. International Journal of Dairy Technology, 2004, 57 (2/3): 173-188.

［30］ Haj O A A, Kanhal H A A. Compositional, technological and nutritional aspects of dromedary camel milk ［J］. International Dairy Journal, 2010, 20 (12): 811-821.

［31］ Hamed H, Chaari F, Ghannoudi Z, et al. Beneficial effects of fermented camel milk by, *Lactococcus lactis* subsp. *cremoris*, on cardiotoxicity induced by carbon tetrachloride in mice ［J］. Biomedicine & Pharmacotherapy, 2018, 97: 107-114.

［32］ Hamed H, Gargouri M, Boulila S, et al. Fermented camel milk prevents carbon tetrachloride induced acute injury in kidney of mice ［J］. Journal of Dairy Research, 2018, 85 (2): 251-256.

［33］ Hartmann R, Meisel H. Food-derived peptides with biological activity: from research to food applications ［J］. Current Opinion in Biotechnology, 2007, 18 (2): 163-169.

［34］ Hassanein A, Soliman A S, Ismail M. A clinical case of mastitis in she-camel (*Camelus dromedarius*) caused by *Corynebacterium pyogenes* ［J］. Assiut Veterinary Medical Journal, 1984, 12 (23): 239-241.

［35］ Hatmi H E, Jrad Z, Khorchani T, et al. Identification of bioactive peptides derived from caseins, glycosylation-dependent cell adhesion molecule-1 (GlyCAM-1), and peptidoglycan recognition protein-1 (PGRP-1) in fermented camel milk ［J］. International Dairy Journal, 2016, 56: 159-168.

［36］ Homayouni-tabrizi M, Asoodeh A, Soltani M. Cytotoxic and antioxidant capacity of camel milk peptides: Effects of isolated peptide on superoxide dismutase and catalase gene expression ［J］. Journal of Food and Drug Analysis, 2017, 25 (3): 567-575.

［37］ Homayouni-tabrizi M, Shabestarin H, Asoodeh A, et al. Identification of two novel antioxidant peptides from camel milk using digestive proteases: impact on expression gene of superoxide dismutase (SOD) in hepatocellular carcinoma cell line ［J］. International Journal of Peptide Research and Therapeutics, 2016, 22 (2): 187-195.

［38］ Ibrahim H R, Isono H, Miyata T. Potential antioxidant bioactive peptides from camel milk proteins ［J］. Animal Nutrition, 2018, 4 (3): 37-44.

［39］ Izadia A, Khedmatb L, Mojtahedi S Y, et al. Nutritional and therapeutic perspectives of camel milk and its protein hydrolysates: A review on versatile biofunctional properties ［J］. Journal of Functional Foods, 2019, 60: 103441.

［40］ Jafar S, Kamal H, Mudgil P, et al. Camel whey protein hydrolysates displayed enhanced cholesteryl esterase and lipase inhibitory, anti-hypertensive and anti-haemolytic properties ［J］. LWT-Food Science and Technology, 2018, 98: 212-218.

［41］ Jenssen H, Hamill P, Hancock R E W. Peptide antimicrobial agents ［J］. Clinical Microbiology Reviews, 2006, 19 (3): 491-511.

［42］ Jrad Z, Ei Hatmi H, Adt I, et al. Effect of digestive enzymes on antimicrobial, radical scavenging and ACE-inhibitory activities of camel colostrum and milk proteins ［J］. Dairy Science & Technology, 2014, 94 (3): 205-224.

［43］ Jrad Z, El H H, Adt I, et al. Antimicrobial activity of camel milk casein and its hydrolysates ［J］. Acta Alimentaria, 2015, 44 (4): 609-616.

［44］ Jrad Z, Girardet J M, Adt I, et al. Antioxidant activity of camel milk casein before and after *in vitro* simulated enzymatic digestion ［J］. Mljekarstvo, 2014, 64 (4): 287-294.

［45］ Kamoun M, Jemmali B. Milk yield and characteristics of tunisian camel ［J］. Journal of Animal Scientist, 2012, 1 (1): 12-13.

［46］ Khademi T G. A review of genetic and biological status of Iranian two-humped camels (*Camelus bactrianus*），a valuable endangered species ［J］. Journal of Entomology & Zoology Studies，2017，5（4）：906-909.

［47］ Kumar D，Chatli M K，Singh R，et al. Antioxidant and antimicrobial activity of camel milk casein hydrolysates and its fractions ［J］. Small Ruminant Research，2016，139：20-25.

［48］ Kumar D，Chatli M K，Singh R，et al. Enzymatic hydrolysis of camel milk casein and its antioxidant properties ［J］. Dairy Science & Technology，2016，96（3）：391-404.

［49］ Kumar D，Chatli M K，Singh R，et al. Enzymatic hydrolysis of camel milk proteins and its antioxidant properties ［J］. Journal of Camel Practice and Research，2016，23（1）：33-40.

［50］ Lafta H，Jarallah E M，Darwash A. Antibacterial activity of fermented camel milk using two lactic acid bacteria ［J］. Journal of Babylon University，2014，22：2377-2382.

［51］ Li G，Le G，Shi Y，et al. Angiotensin I -converting enzyme inhibitory peptides derived from food proteins and their physiological and pharmacological effects ［J］. Nutrition Research，2004，24（7）：469-486.

［52］ Maqsood S，Al-dowaila A，Mudgil P，et al. Comparative characterization of protein and lipid fractions from camel and cow milk，their functionality，antioxidant and antihypertensive properties upon simulated gastro-intestinal digestion ［J］. Food Chemistry，2019，279：328-338.

［53］ Mehari Y，Mekuriaw Z，Gebru G. Camel and camel product marketing in Babilie and Kebribeyah woredas of the Jijiga zone，Somali region，Ethiopia ［J］. Livestock Research for Rural Development，2007，19（4）：49.

［54］ Moslehishad M，Ehsani M R，Salami M，et al. The comparative assessment of ACE-inhibitory and antioxidant activities of peptide fractions obtained from fermented camel and bovine milk by *Lactobacillus rhamnosus* PTCC 1637 ［J］. International Dairy Journal，2013，29（2）：82-87.

［55］ Mudgil P，Baby B，Ngoh Y Y，et al. Identification and molecular docking study of novel cholesterol esterase inhibitory peptides from camel milk proteins ［J］. Journal of Dairy Science，2019，102（12）：10748-10759.

［56］ Mudgil P，Kamal H，Chee Y G，et al. Characterization and identification of novel antidiabetic and anti-obesity peptides from camel milk protein hydrolysates ［J］. Food Chemistry，2018，259：46-54.

［57］ Mudgila P，Babyb B，Ngoh Y Y，et al. Molecular binding mechanism and identification of novel anti-hypertensive and anti-inflammatory bioactive peptides from camel milk protein hydrolysates ［J］. LWT-Food Science and Technology，2019，112：108193.

［58］ Muhialdin B J，Algboory H L. Identification of low molecular weight antimicrobial peptides from Iraqi camel milk fermented with *Lactobacillus plantarum* ［J］. Pharma Nutrition，2018，6：69-73.

［59］ Nongonierma A B，Paolella S，Mudgil P，et al. Dipeptidyl peptidase Ⅳ（DPP－Ⅳ）inhibitory properties of camel milk protein hydrolysates generated with trypsin ［J］. Journal of Functional Foods，2017，34：49-58.

［60］ Nongonierma A B，Paolella S，Mudgil P，et al. Identification of novel dipeptidyl peptidase Ⅳ（DPP-Ⅳ）inhibitory peptides in camel milk protein hydrolysates ［J］. Food Chemistry，2017，244：340-348.

［61］ Pastar I，Tonic I，Golic N，et al. Identification and genetic characterization of a novel proteinase，PrtR，from the human isolate *Lactobacillus rhamnosus* BGT10 ［J］. Applied and Environmental Microbiology，2003，69（10）：5802-5811.

［62］ Pessione E, Cirrincione S. Bioactive molecules released in food by lactic acid bacteria: Encrypted peptides and biogenic amines ［J］. Frontiers in Microbiology, 2016, 7: 1-19.

［63］ Picot L, Bordenave S, Diaelot S, et al. Antiproliferative activity of fish protein hydrolysates on human breast cancer cell lines ［J］. Process Biochemistry, 2006, 41 (5): 1217-1222.

［64］ Rahimi M, Ghaffari S M, Salami M, et al. ACE - inhibitory and radical scavenging activities of bioactive peptides obtained from camel milk casein hydrolysis with proteinase K ［J］. Dairy Science & Technology, 2016, 96 (4): 489-499.

［65］ Salami M, Moosavi-movahedi A A, Ehsani M R, et al. Improvement of the antimicrobial and antioxidant activities of camel and bovine whey proteins by limited proteolysis ［J］. Journal of Agricultural and Food Chemistry, 2010, 58 (6): 3297-3302.

［66］ Salami M, Moosavi-movahedi A A, Moosavi-Movahedi F, et al. Biological activity of camel milk casein following enzymatic digestion ［J］. Journal of Dairy Research, 2011, 78 (4): 471-478.

［67］ Salami M, Niasari-naslaji A, Moosavi-movahediI A A, et al. Recollection: camel milk proteins, bioactive peptides and casein micelles ［J］. Journal of Camel Practice and Research, 2017, 24 (2): 181-182.

［68］ Saleh S K, Faye B. Detection of subclinical mastitis in dromedary camels (*Camelus dromedaries*) using somatic cell counts, california mastitis test and udder pathogen ［J］. Emirates Journal of Food & Agriculture (EJFA), 2011, 23 (1): 48-58.

［69］ Savijoki K, Ingmer H, Varmanen P. Proteolytic systems of lactic acid bacteria ［J］. Applied Microbiology and Biotechnology, 2006, 71 (4): 394-406.

［70］ Shamsia S M. Nutritional and therapeutic properties of camel and human milks ［J］. International Journal of Genetics and Molecular Biology, 2007, 1 (2): 52-58.

［71］ Shuang Q, Harutoshi T, Taku M. Angiotensin I -converting enzyme inhibitory peptides in skim milk fermented with *Lactobacillus helveticus* 130B4 from camel milk in Inner Mongolia, China ［J］. Journal of the Science of Food & Agriculture, 2008, 88 (15): 2688-2692.

［72］ Shuiep E T S, Giambra I J, Zubeir I E Y M E, et al. Biochemical and molecular characterization of polymorphisms of α S1-casein in Sudanese camel (*Camelus dromedarius*) milk ［J］. International Dairy Journal, 2013, 28 (2): 88-93.

［73］ Silva S V, Malcata F X. Caseins as source of bioactive peptides ［J］. International Dairy Journal, 2005, 15 (1): 1-15.

［74］ Singh S, Bais B, Singh R, et al. Determination of the bio active potential (antioxidant activity) of camel milk during fermentation process ［J］. Journal of Camel Practice and Research, 2018, 25 (1): 131-134.

［75］ Solanki D, Hati S, Sakure A. *In silico* and *in vitro* analysis of novel angiotensin I-converting enzyme (ACE) inhibitory bioactive peptides derived from fermented camel milk (*Camelus dromedarius*) ［J］. International Journal of Peptide Research and Therapeutics, 2017, 23 (4): 441-459.

［76］ Solanki D, Hati S. Considering the potential of *Lactobacillus rhamnosus* for producing angiotensin I-converting enzyme (ACE) inhibitory peptides in fermented camel milk (Indian breed)［J］. Food Bioscience, 2018, 23: 16-22.

［77］ Soleymanzadeh N, Mirdamadi S, Kianirad M. Antioxidant activity of camel and bovine milk fermented by lactic acid bacteria isolated from traditional fermented camel milk (Chal) ［J］. Dairy Science &

Technology, 2016, 96 (4): 443-457.

[78] Soleymanzadeh N, Mirdamadi S, Mirzaei M, et al. Novel β-casein derived antioxidant and ACE-inhibitory active peptide from camel milk fermented by *Leuconostoc lactis* PTCC1899: Identification and molecular docking [J]. International Dairy Journal, 2019, 97: 201-208.

[79] Tagliazucchi D, Martini S, Shamsia S, et al. Biological activities and peptidomic profile of *in vitro*-digested cow, camel, goat and sheep milk [J]. International Dairy Journal, 2018, 81: 19-27.

[80] Tagliazucchi D, Shamsia S, Conte A. Release of angiotensin converting enzyme-inhibitory peptides during *in vitro* gastro-intestinal digestion of camel milk [J]. International Dairy Journal, 2016, 56: 119-128.

[81] Tavakolizadeh R, Izadi A, Seirafi G, et al. Maternal risk factors for neonatal jaundice: a hospital-based cross-sectional study in Tehran [J]. European Journal of Translational Myology, 2018, 28 (3): 7618.

[82] Turki I Y, Abdalla A, Elsir B E, et al. Effect of water restriction on milk yield and milk composition in camels (*Camelus dromedarius*) [J]. Sud J Stnds Metrol, 2008, 2: 78-82.

[83] Ugwu C P, Abarshi M M, Mada S B, et al. Camel and horse milk casein hydrolysates exhibit angiotensin converting enzyme inhibitory and antioxidative effects *in vitro* and *in silico* [J]. International Journal of Peptide Research and Therapeutics, 2019, 25 (4): 1595-1604.

[84] Uttara B, Singh A, Zamboni P, et al. Oxidative stress and neurodegenerative diseases: a review of upstream and downstream antioxidant therapeutic options [J]. Current Neuropharmacology, 2009, 7 (1): 65-74.

[85] Wali A, Yanhua G, Ishimov U, et al. Isolation and identification of three novel antioxidant peptides from the bactrian camel milk hydrolysates [J]. International Journal of Peptide Research and Therapeutics, 2020, 26 (2): 641-650.

[86] Wang R, Han Z, Ji R, et al. Antibacterial activity of trypsin-hydrolyzed camel and cow whey and their fractions [J]. Animals, 2020, 10 (2): 337.

[87] Wernery U, Johnson B, Jose S. The most important dromedary mastitis organisms [J]. Journal of Camel Practice & Research, 2008, 15 (2): 159-161.

[88] Xie J T, Mchendale S, Yuan C S. Ginseng and diabetes [J]. American Journal of Chinese Medicine, 2005, 33 (3): 397-404.

[89] Yahya M A, Alhaj O A, Alkhalifa A S. Antihypertensive effect of fermented skim camel (*Camelus dromedarius*) milk on spontaneously hypertensive rats [J]. Nutrición Hospitalaria, 2017, 34 (2): 416-421.

[90] Yount N Y, Yeaman M R. Peptide antimicrobials: cell wall as a bacterial target [J]. Annals of the New York Academy of Sciences, 2013, 1277 (1): 127-138.

[91] 郝麟. 骆驼挤奶机结构与工作参数的试验研究 [D]. 乌鲁木齐: 新疆农业大学, 2015.

[92] 郝晓丽, 张霞, 李磊, 等. 骆驼乳与牛乳乳清蛋白酶解工艺优化及其产物抗氧化能力分析 [J]. 食品工业科技, 2020, 41 (13): 187-194.

[93] 郝晓丽. 骆驼乳和牛乳乳清蛋白抗氧化活性的比较分析及其应用研究 [D]. 呼和浩特: 内蒙古农业大学, 2020.

[94] 李建美, 潘蕾, 张敏, 等. 益生菌发酵骆驼乳对慢性肾功能衰竭的治疗作用 [J]. 乳业科学与技术, 2011, 34 (4): 174-179.

[95] 陆东林，刘朋龙，徐敏，等．骆驼乳的化学成分和营养特点［J］．新疆畜牧业，2014（2）：10-12.

[96] 牛春娥，杜天庆，席斌，等．阿拉善双峰驼品种资源状况调查［J］．畜牧兽医杂志，2007（6）：44-46.

[97] 潘蕾，李建美，张敏，等．发酵骆驼乳和发酵牛乳对慢性肾功能衰竭大鼠影响的比较研究［J］．乳业科学与技术，2011，34（3）：101-108.

[98] 苏娜，伊丽，吉日木图．鼠李糖乳杆菌 GG 发酵骆驼乳与牛乳的发酵特性和降糖活性比较［J］．食品工业科技，2019，40（24）：14-19.

[99] 苏娜，伊丽，吉日木图．骆驼乳蛋白 α-淀粉酶抑制活性肽的制备与鉴定［J］．食品科学，2020，41（22）：148-157.

[100] 苏娜．骆驼乳蛋白中降血糖生物活性肽的制备及鉴定［D］．呼和浩特：内蒙古农业大学，2020.

[101] 王瑞雪，方舒，伊丽，等．骆驼乳和牛乳乳清蛋白抑菌肽的分离纯化及抑菌活性的比较［J］．食品工业科技，2019，40（18）：107-113.

[102] 王瑞雪，吉日木图，伊丽．响应面法优化骆驼乳乳清蛋白酶解制备抑菌肽工艺参数［J］．中国酿造，2019，38（2）：73-79.

[103] 王瑞雪．骆驼乳和牛乳乳清蛋白抗菌肽的制备及其抗菌活性的比较研究［D］．呼和浩特：内蒙古农业大学，2020.

[104] 杨志寨．糖尿病治疗现状［J］．中外医疗，2011，9（2）：183-184.

[105] 伊日贵，明亮，伊丽，等．中国不同地区双峰骆驼乳常规营养成分及氨基酸的比较研究［J］．食品科技，2018，43（6）：77-82.

[106] 张颖．牛、羊乳酪蛋白源 DPP-Ⅳ抑制肽的制备、鉴定及抑制机理研究［D］．北京：中国农业大学，2016.

第六章

骆驼乳的加工特性

第一节　均质对骆驼乳蛋白的影响

牛乳是人类膳食中蛋白质和微量营养素的主要来源之一。近年来，骆驼乳因其低乳糖、高蛋白、高钙含量以及与牛乳相比有更高可消化脂肪酸的比例而受到消费者的欢迎。骆驼乳蛋白主要由酪蛋白（Casein，CN）和乳清蛋白组成，其中 α-CN、β-CN 和 κ-CN 是主要的酪蛋白组成成分（Omar A，2016）。乳清蛋白（Kamal M，2017）主要由肽聚糖识别蛋白、免疫球蛋白、乳铁蛋白、血清白蛋白和 α-乳白蛋白组成。乳脂肪球膜蛋白是骆驼乳蛋白中另一重要组分（Cebo C，2012）。除了其在干旱地区的营养价值（Yagil R，1980）外，骆驼乳还被用于治疗糖尿病、炎症（Agrawal R P，2011）和癌症（Yang J，2019）。目前，骆驼乳多以鲜食为主，因此，可以采用不同的热处理方式来延长骆驼乳的保质期。在乳制品行业，重要的前处理工艺之一为均质，在均质过程中，由于机械外力的作用，脂肪球的尺寸减小，提高了乳脂的消化吸收率（Tabea B，2017）。同时，均质过程中的剪切应力、湍流、空化等作用使温度升高（Amador-Espejo G G，2017）。此外，均质还可以通过蛋白质-蛋白质相互作用从而改变酪蛋白、乳清蛋白和脂肪球膜蛋白的结构（Chen D，2018）。一般经过均质处理后，乳的颜色变白，亮度增加，更易消化吸收。但是，关于均质处理对骆驼乳蛋白组成和结构的影响尚未研究。

一、均质对骆驼乳理化性质和蛋白质结构特性的影响

以下以新鲜骆驼乳为原料，在 65℃、（20±2）MPa 的压力下对样品进行均质处理，对照组不做任何处理。基于蛋白质组学等技术研究均质处理对骆驼乳理化性质和蛋白结构特性的影响。

（一）粒径及电动电位（Zeta 电位）分析

与新鲜骆驼乳蛋白相比，均质骆驼乳蛋白的粒径减小，如图 6-1（1）所示。经过均质的高速剪切、振动、空化、对流冲击等机械力作用后，脂肪球会破碎，粒径显著减小。这因为脂肪球之间具有足够的静电斥力和空间位阻，抑制了它们在热加工过程中的絮凝和聚结。因此，均质后，由于乳脂肪球直径减小，乳脂肪易于消化吸收。如图 6-1（2）所示，所有样品的表面均带负电荷；然而，均质组的 Zeta 电位低于对照组。较低的 Zeta 电位使颗粒更容易聚集，降低体系稳定性。均质乳比原料乳具有更大的负电荷，这是由于均质破坏了天然 MFGM 的结构，乳中的表面活性蛋白吸附在新形成的脂滴表面。

（二）形态分析

如图 6-2 所示，均质后，由于温度升高，蛋白质之间的相互作用引起聚集。Chen 等（2019）观察了羊乳乳清蛋白和酪蛋白胶束的结构变化，形态学研究结果表明均质降低了乳清蛋白的尺寸，提高了蛋白质分布均匀性，但没有明显聚集现象。然而，均质后的骆驼乳蛋白发生了聚集。据报道，蛋白聚集可以降低乳的凝固时间和热稳定性（Meena G S，2018）。

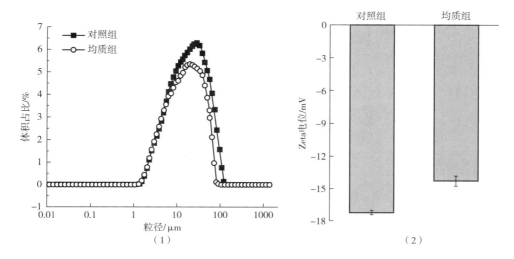

图 6-1　均质骆驼乳蛋白粒径（1）和 Zeta 电位（2）的变化

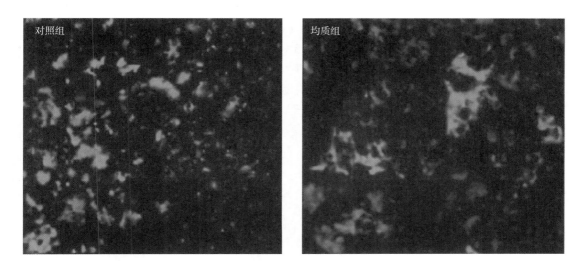

图 6-2　热处理对骆驼乳蛋白微观结构的影响

（三）傅里叶变换红外光谱仪（Fourier transform infrared spectrometer，FTIR）分析

采用 FTIR 对对照组和均质组蛋白质的二级结构进行分析。在 FTIR 分析中，酰胺 I 带（1700~1600cm⁻¹）表示蛋白质分子内 C ═O 伸缩振动，可以提供更明确的二级结构信息。蛋白质二级结构主要有 β-折叠、α-螺旋、β-转角、无规卷曲，而这些信息都在酰胺 I 带上，均质对蛋白质二级结构占比的影响如图 6-3 所示，与对照组相比，均质组样品的 β-折叠结构占比降低，包括 β-转角在内的不规则结构占比增加。该结果显示，均质处理虽然会引起蛋白质的变化，但不足以破坏整个胶束结构。

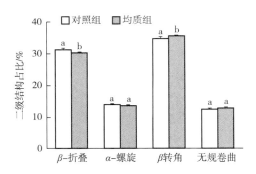

图6-3　均质对蛋白质二级结构的影响

不同字母表示对照组和均质组之间存在显著差异（$P<0.05$），相同字母表示不存在显著差异（$P>0.05$）。

二、均质对骆驼乳蛋白组成和功能的影响

LC/MS 分析在对照组和均质组中分别定量了 280 和 264 个蛋白质，其中 262 个蛋白质在两组之间是共同的［图6-4（1）］。通过 t 检验，在对照组和均质组（$P<0.05$）之间鉴定出 171 个显著差异表达的蛋白质，其中 31 个蛋白质在均质组中表达上调，140 个蛋白质表达下调。先前的研究结果显示，S9YFK0（α-乳白蛋白）、S9W187（血清白蛋白）和 S9XE70（乳铁蛋白）表达明显下降，都被鉴定到高丰度。对不同样品进行聚类分析，对照组和均质组明显分开［图6-4（2）］。

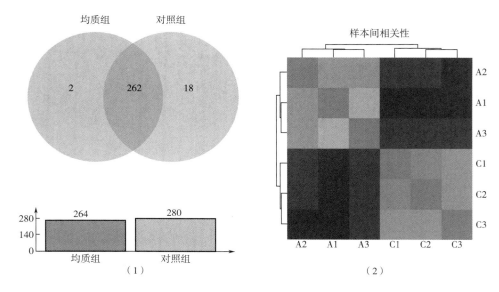

图6-4　对照组和均质组蛋白质维恩图（1）和层次聚类图（2）

彩图6-1 所示为对照组和均质组丰度前 60 的差异蛋白层次聚类热图。经过均质后，免疫蛋白、S9XE70（乳铁蛋白）和 S9X7Q1（乳过氧化物酶）含量下降，这可能是由于均质过程伴随加热，导致热敏性骆驼乳蛋白含量降低。此外，与对照组相比，均质组中

S9XBS9（Igγ-3）、S9XI30（FABP3）、S9Z0L8（PAO5）、S9Y4T1（XDH）、S9XP75（CD14）蛋白质含量也下降。但是，均质组 S9XWY9（PGRP）、S9X006（AGP1）、S9XCM5（APOA1）、T0MGY4（MUC2）和 S9YK74（OPN）蛋白质含量上升。这可能是由于均质不仅会破坏脂肪滴，使球膜重新排列，也会导致乳清蛋白、酪蛋白和脂肪球膜之间的相互作用增加。

三、小结

研究人员采用非标记定量方法研究了均质过程中骆驼乳中蛋白质的变化，在对照组和均质组中，分别定量了 280 和 264 个蛋白质。均质的同时伴随着加热，使得骆驼乳中的蛋白质聚集体变小，分布更加均匀。同时，蛋白质二级结构的分布也发生了变化。蛋白质组学分析验证了均质改变蛋白质组成，如 FABP3、乳过氧化物酶和乳铁蛋白等含量显著降低。该研究丰富了对均质和热处理如何影响骆驼乳蛋白的认识，为骆驼乳产品的生产加工提供理论参考。

第二节　热处理对骆驼乳蛋白的影响

热处理是乳制品生产过程中最常见的加工工艺。它可以减少致病微生物的残留，延长产品保质期，保障消费者安全。但加热同时会对乳的结构和性质产生一定影响，引起一系列物理化学变化，如美拉德反应、酶失活、维生素降解、诱导聚合物的形成等，从而对产品质量和性质产生影响。

目前，液态乳常用的热处理方式是巴氏杀菌（Pasteurization）和超高温瞬时灭菌（Ultra-heat temperature，UHT）。巴氏杀菌是以较低的温度对液态乳进行灭菌处理，主要包括低温长时巴氏杀菌（LTLT）和高温短时巴氏杀菌（HTST），它最大程度地保留了乳原有的风味和营养。UHT 虽然在高温下可提升致病菌的灭活率，但乳的部分营养成分如钙等矿物质会流失，并且发生美拉德反应会使乳的颜色加深，还会产生蒸煮味。液态乳不同热加工工艺的常见加热温度和时间如表 6-1 所示。

表 6-1　　　　　　　　　　液态乳不同热加工工艺的常见加热温度和时间

热加工工艺	加热温度	加热时间
预杀菌	63~65℃	15s
低温长时巴氏杀菌（LTLT）	62~65℃	30min
高温短时巴氏杀菌（HTST）	75℃/85℃	15~20s
超巴氏杀菌	120~125℃	15s
超高温瞬时杀菌	135~150℃	4~15s
保持式杀菌	110~116℃	10~20min

我国骆驼乳的利用历史悠久，自古骆驼乳就被人们视为滋补佳品。但目前我国乳制品

行业主要以牛乳为乳源、骆驼乳及其制品较少。究其原因主要是骆驼的泌乳量少，并且骆驼多生活在沙漠或半沙漠地区，骆驼乳的储存和运输不具备便利条件。近年来，我国乳制品行业进入多元化阶段，骆驼乳的营养特性被越来越多的人所了解，与此同时，国内外对于骆驼乳理化性质和加工特性的研究较少，而骆驼乳与牛乳在组成和性质方面具有差异性，盲目参照牛乳的工艺生产骆驼乳制品会导致产品出现质量问题，并且在一定程度上对骆驼乳造成浪费，从而限制骆驼乳产业的发展。因此，有必要从理论层面为骆驼乳的发展提供支持。

热处理是保存乳制品最常见的方法。由于乳中成分复杂，在对其进行加热处理的过程中，体系中复杂的组分之间往往会发生很多复杂的物理及化学反应，例如分子内二硫键重组，形成分子间二硫键，乳清蛋白变性凝集，乳脂球膜表面蛋白、酪蛋白与乳清蛋白结合，从而导致乳稳定性发生变化（Wang T T，Guo Z W，2016）。此外，加热会促使蛋白质变性，激活氨基酸残基，特别是半胱氨酸，释放 H_2S，从而改变乳风味。热处理还会导致乳蛋白的赖氨酸游离氨基与乳糖的羰基发生美拉德反应，最终产生一系列褐色类黑色素物质，导致乳的色泽加深并产生苦味，加热温度越高时间越长，褐变程度越严重。同时，免疫球蛋白、金属结合蛋白、抗菌蛋白、多数生长因子和激素等生物活性蛋白质都也会在加热过程失去活性（Mehta B M，2016）。热处理还会导致乳蛋白中赖氨酸被封闭而无法被机体吸收利用（Claeys W L，2014）。

在牛乳的热处理过程中，热处理首先造成乳清蛋白变性，变性的乳清蛋白除发生自聚外还与 κ-酪蛋白和酪蛋白胶束发生互相作用（孙佳悦，2017；王立枫，2018）。该复合物除了与二硫键的形成有关外，还与分子间的疏水相互作用有关。当加热温度>80℃时，κ-酪蛋白和 β-乳球蛋白的存在及其在加热过程中的相互作用被认为是维持牛乳稳定性的关键（Anema S G，2021）。但是过度热处理会导致蛋白质的凝固以及产生肉眼看不到的蛋白质聚集，从而影响乳的稳定性和营养品质。例如，热处理会导致乳蛋白交联，乳蛋白交联会导致蛋白质的凝聚和沉淀，降低牛乳的品质和功能性（Holland J W，2011）。乳蛋白交联还会产生异构肽，这些异构肽无法被机体吸收，会降低乳蛋白的生物利用率。此外，热处理会导致酪蛋白发生美拉德反应，即还原性糖与乳蛋白中特定氨基酸（主要为赖氨酸）残基发生的糖基化修饰，部分美拉德产物参与乳蛋白的交联作用（Le T T，2013），加剧蛋白质间的互相作用；而部分美拉德产物（如丙酮醛）对于机体具有一定毒性（Talukdar D，2008）。

先前研究已证实，牛乳蛋白的热稳定性高于骆驼乳蛋白，将牛乳清蛋白和骆驼乳清蛋白由60℃热处理至100℃，骆驼乳清蛋白受影响更大，变性程度更大；但是骆驼乳和牛乳两者的酪蛋白都比乳清蛋白表现出更高的热稳定性（Ho T M，2022）。骆驼乳蛋白的热稳定性为：酪蛋白>总蛋白>乳清蛋白，其中酪蛋白和乳清蛋白的热变性温度分别为90.5℃和62.3℃（李荣蓉，2020）。随着温度的升高以及时间的延长，骆驼乳中的血清白蛋白、α-乳清蛋白、肽聚糖识别蛋白、碱性磷酸酶、γ-谷氨酰转移酶等蛋白质受热处理影响的程度加重（Felfoul I，2017）。热处理还会损失骆驼乳中天然抑菌蛋白质的活性。例如，在85℃/10min 热处理后，骆驼乳铁蛋白完全丧失抗轮状病毒的活性，温度>100℃时，其乳铁蛋白抑菌作用显著下降（Parrón J A，2018）。不同于牛乳（牛乳13.6%），骆驼乳中不含 β-乳球蛋白、仅含少量的 κ-酪蛋白（骆驼乳3.5%），且其乳清蛋白与酪蛋白比值高，导致其蛋白质热变性不同于牛乳。但是目前对骆驼乳蛋白热变性方面的研究主要集中于乳清蛋白。对骆驼乳加工过程中热处理导致乳蛋白间如何变化，以及蛋白质的变化会造成骆驼乳生物利用率如何改变，尚未明确。

以下以脱脂骆驼乳为原料，研究不同加热强度以及不同生产工艺对骆驼乳蛋白结构和理化性质的影响，探究骆驼乳蛋白经热处理后结构及性质的变化，讨论骆驼乳蛋白热聚集过程中分子间相互作用的变化及聚合物的组成成分。

一、脱脂牛乳与脱脂骆驼乳的热稳定性及蛋白质差异分析

（一）热凝固时间

乳样热凝固时间使用热凝固时间（HCT）表示。热凝固时间越长，乳的热稳定性越好。脱脂牛乳和脱脂骆驼乳在自然 pH（pH 6.5）下的热凝固时间如图 6-5 所示。随着加热温度的升高，脱脂牛乳和脱脂骆驼乳的热凝固时间逐渐降低，即热稳定性降低。脱脂骆驼乳在 110~140℃下的热凝固时间均小于脱脂牛乳，表明脱脂骆驼乳在较高温度下热稳定性较脱脂牛乳差。二者均在 110℃时热凝固时间较长，分别为 38.50min 和 25.65min；当加热温度达到 120℃时，二者热凝固时间均明显下降，分别降至 7.44min 和 6.77min；140℃时，脱脂牛乳和脱脂骆驼乳的热凝固时间降至最低，分别为 3.43min 和 2.39min。研究表明，κ-酪蛋白和 β-乳球蛋白含量越高，乳的热稳定性越好。牛乳与骆驼乳的蛋白组成不同，牛乳中 κ-酪蛋白和 β-乳球蛋白含量丰富，更容易形成二硫键，而骆驼乳中 κ-酪蛋白含量较少并且缺乏 β-乳球蛋白，因此导致脱脂骆驼乳在 110~140℃下的热稳定性均低于脱脂牛乳。

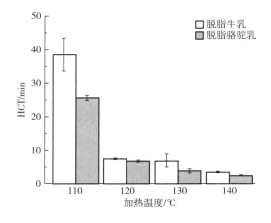

图 6-5 脱脂牛乳和脱脂骆驼乳在自然 pH 下的热凝固时间

（二） SDS-PAGE 分析

脱脂牛乳和脱脂骆驼乳的 SDS-PAGE 分析如图 6-6 所示。脱脂牛乳和脱脂骆驼乳的蛋白质组成具有一定差异。脱脂牛乳和脱脂骆驼乳中均含有乳铁蛋白、血清白蛋白、α-酪

蛋白、β-酪蛋白以及α-乳白蛋白。脱脂骆驼乳中未发现β-乳球蛋白，但脱脂牛乳中的β-乳球蛋白是牛乳乳清中的主要蛋白质。脱脂骆驼乳中血清白蛋白、β-酪蛋白、糖基化依赖细胞黏附分子1（GLYCAM-1）、肽聚糖识别蛋白（PGRP）和α-乳白蛋白的条带明显深于脱脂牛乳。Elsayed等的研究表明，骆驼乳与人乳中均含有较高比例的β-酪蛋白，因此骆驼乳与人乳一样，在肠道中的消化率更高，过敏发生率更低。

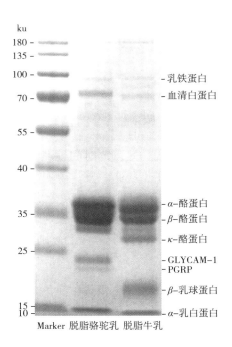

图6-6　脱脂牛乳与脱脂骆驼乳的SDS-PAGE分析

Marker：标记物。

二、不同加热强度及热加工工艺对骆驼乳蛋白理化性质的影响

（一）不同加热强度对骆驼乳蛋白理化性质的影响

（1）粒径　不同加热强度下骆驼乳蛋白的粒径分布如图6-7所示。随着加热温度的升高，样品的平均粒径逐渐增大；随着加热时间的延长，样品的平均粒径同样逐渐增大，粒径分布峰逐渐向右偏移。对于脱脂骆驼乳、65℃、75℃和85℃热处理样品，其粒径主要分布在300~400nm，未处理的脱脂骆驼乳粒径最小，为（343.93±7.05）nm。当加热温度达到85℃、加热时间为30min时，骆驼乳蛋白的粒径明显增大，达到（516.93±5.76）nm。在95℃下加热30min时骆驼乳蛋白的粒径为（766.70±63.52）nm。由图6-7（4）可知，骆驼乳蛋白在95℃/15min和95℃/30min下处理时，粒径呈双峰和三峰分布，溶液中形成了团聚，粒径分布不均匀。图6-7（5）显示，在相同加热时间下，随着加热温度的升高，骆驼乳蛋白的平均粒径分别增加至（367.47±2.25）nm、（375.60±2.44）nm、（386.77±2.06）nm、（441.23±9.60）nm，在120℃/15s热处理时粒径达到（976.93±51.45）nm。导致该

现象的主要原因是热处理会促进乳清蛋白和酪蛋白相互作用，使骆驼乳蛋白结构发生改变，粒径增大。

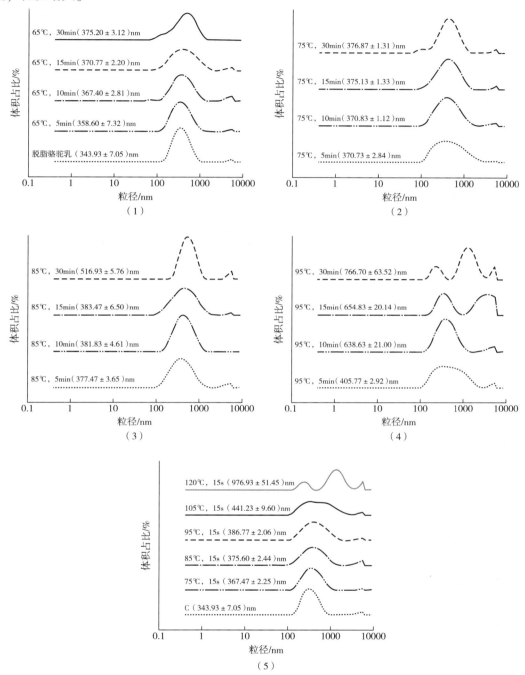

图6-7　不同加热强度下骆驼乳蛋白的粒径分布

C：未经热处理的骆驼乳。

（2）Zeta电位　Zeta电位可以反映样品体系的稳定性。电位的正负由蛋白质所带电荷决定。Zeta 电位的绝对值越大，样品的聚集程度越低，样品体系的稳定性越好。如图 6-8（1）所示，随着加热温度的升高，骆驼乳蛋白 Zeta 电位的绝对值逐渐减小；随着加热时间的延长，骆驼乳蛋白 Zeta 电位的绝对值也逐渐减小。与未经加热骆驼乳蛋白的电势相比，95℃/30min 对骆驼乳蛋白 Zeta 电位的影响最大，其电位由（−22.43±0.25）mV 升高至（−1.10±0.13）mV。如图 6-8（2）可知，加热时间不变，随着加热温度升高，骆驼乳蛋白的 Zeta 电位逐渐升高，120℃/15s 热处理时骆驼乳蛋白的 Zeta 电位为（−1.76±0.10）mV，较未经热处理的骆驼乳蛋白 Zeta 电位（−22.43±0.25）mV 显著增大（$P<0.05$），说明骆驼乳蛋白溶液的稳定性随着加热强度的增大而降低。

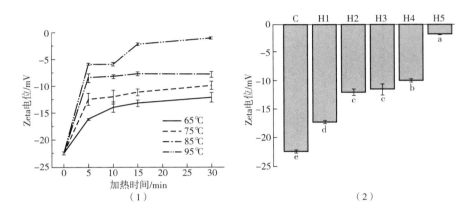

图 6-8　不同加热强度对骆驼乳蛋白 Zeta 电位的影响

C：未经热处理的骆驼乳；H1：75℃/15s；H2：85℃/15s；H3：95℃/15s；H4：105℃/15s；H5：120℃/15s。含有不同字母表示差异显著（$P<0.05$），含有相同字母表示差异不显著（$P>0.05$）。

（3）浊度　浊度的大小与溶液中聚合物的形成和解离有关。不同加热强度对骆驼乳蛋白溶液浊度的影响如图 6-9 所示。由图 6-9（1）可知，在相同温度下，随着加热时间的延长，骆驼乳蛋白溶液的吸光度逐渐增加；相同加热时间下，随着加热温度的升高，骆驼乳蛋白溶液的吸光度逐渐增加。整体来看，95℃的加热条件对骆驼乳蛋白溶液浊度的影响大于 65℃，但骆驼乳蛋白溶液经 95℃/5min 热处理后的浊度比 75℃/15min（0.577±0.03）和 85℃/10min（0.558±0.01）热处理后的浊度小，其浊度为 0.552±0.01。该结果表明骆驼乳蛋白在 95℃/5min 热处理下的聚合程度比 75℃/15min 和 85℃/10min 热处理下的聚合程度低。由图 6-9（2）可知，在相同处理时间下，热处理温度越高，骆驼乳蛋白溶液的浊度越大。与未经加热的脱脂骆驼乳相比，85℃以上热处理显著增加了骆驼乳蛋白溶液的吸光度（$P<0.05$）。吸光度于 120℃/15s 热处理时达到最大，由 0.368±0.004 增加到 0.783±0.072。这一结果说明热处理对骆驼乳蛋白溶液浊度的影响较大。骆驼乳经过热处理后溶液中会形成聚合物，使溶液浊度增大。

（二）不同热加工工艺对骆驼乳蛋白理化性质的影响

（1）粒径　乳蛋白的粒径可反映出乳蛋白分子聚集或解离的程度。粒径大小会影响体系的稳定性。研究表明，颗粒粒径越大，溶液体系的稳定性越差。不同热加工工艺下骆驼

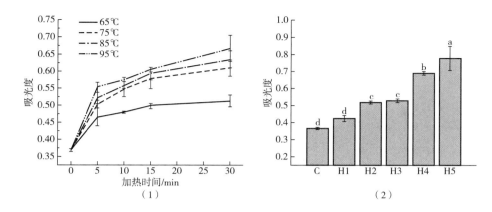

（1）　　　　　　　　　　　　　　（2）

图6-9　不同加热强度对骆驼乳蛋白溶液浊度的影响

C：未经热处理的骆驼乳；H1：75℃/15s；H2：85℃/15s；H3：95℃/15s；H4：105℃/15s；H5：120℃/15s。含有不同字母表示差异显著（P<0.05），含有相同字母表示差异不显著（P>0.05）。

乳蛋白的粒径分布如图6-10所示。结果表明，65℃/30min处理对骆驼乳蛋白粒径的影响最小，平均粒径为（374.20±3.12）nm。120℃/15s热处理时骆驼乳蛋白的平均粒径最大，为（976.93±51.45）nm。此时骆驼乳蛋白溶液中同时存在较小颗粒和大聚合物，粒径分布图中有3个吸收峰出现。骆驼乳蛋白经135℃/5s处理后，粒径开始减小。张雪喜的研究结果同样证明了这一现象产生的原因。

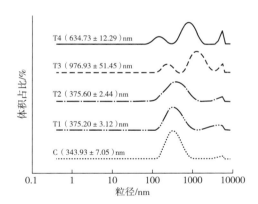

图6-10　不同热加工工艺下骆驼乳蛋白的粒径分布

C：未经热处理的骆驼乳；T1：65℃/30min；T2：85℃/15s；T3：120℃/15s；T4：135℃/5s。

（2）Zeta电位　如图6-11所示，不同热加工工艺对骆驼乳蛋白的Zeta电位有显著影响（P<0.05）。骆驼乳蛋白经热加工后，各样品的Zeta电位分别为C（-22.43±0.25）mV、T1（-12.13±0.90）mV、T2（-12.01±0.55）mV、T3（-1.76±0.10）mV和T4（-4.03±0.38）mV。其中，T3的Zeta电位绝对值最小，样品体系最不稳定，T4的Zeta电位绝对值显著大于T3（P<0.05），表明其稳定性较T3好。造成这种现象的原因可能是热处理使蛋白质发生了糖基化反应，κ-酪蛋白发生糖基化反应后会产生净负电荷，导致酪蛋白胶束之间产生静电排斥，最终使溶液的Zeta电位绝对值升高。

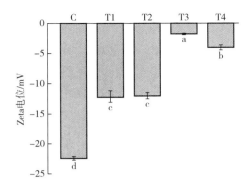

图6-11　不同热加工工艺对骆驼乳蛋白 Zeta 电位的影响

C：未经热处理的骆驼乳；T1：65℃/30min；T2：85℃/15s；T3：120℃/15s；T4：135℃/5s。含有不同字母表示差异显著（$P<0.05$），含有相同字母表示差异不显著（$P>0.05$）。

（3）浊度　如图6-12所示，不同热加工工艺对骆驼乳蛋白溶液的浊度具有显著影响（$P<0.05$）。经不同热加工后，骆驼乳蛋白溶液的吸光度均显著高于未经热处理骆驼乳蛋白溶液的吸光度（$P<0.05$）。其中，65℃/30min 与 85℃/15s 两组之间的吸光度不具有显著性（$P>0.05$）。120℃/15s 处理时骆驼乳蛋白溶液的吸光度最大。此时骆驼乳蛋白受热处理影响发生变性，乳清蛋白和酪蛋白相互作用形成了大分子聚合物，增大了溶液的浊度。当骆驼乳蛋白经135℃/5s 处理后吸光度略有降低，但仍显著高于未经热处理骆驼乳样品（$P<0.05$），而且与 120℃/15s 处理无显著差异（$P>0.05$）。

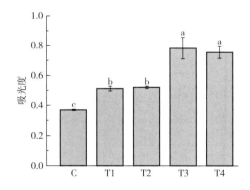

图6-12　不同热加工工艺对骆驼乳蛋白浊度的影响

C：未经热处理的骆驼乳；T1：65℃/30min；T2：85℃/15s；T3：120℃/15s；T4：135℃/5s。含有不同字母表示差异显著（$P<0.05$），含有相同字母表示差异不显著（$P>0.05$）。

三、不同加热强度及热加工工艺对骆驼乳蛋白结构的影响

通过上述试验结果可知，热处理温度及时间对骆驼乳蛋白理化性质的影响较大，因此，选取常见的加热强度（75℃/15s、85℃/15s、95℃/15s、105℃/15s、120℃/15s）及热加工工艺条件（65℃/30min、85℃/15s、120℃/15s、135℃/5s）对骆驼乳蛋白的聚集结

构及蛋白质分子间的作用力进行进一步分析。

（一）不同加热强度对骆驼乳蛋白结构的影响

1. 二级结构

傅里叶红外光谱可用于表征蛋白质的结构特征。表 6-2 所示为未加热骆驼乳蛋白红外谱带的特征吸收峰及相关蛋白质的化学结构信息。本研究以未加热骆驼乳蛋白的红外谱带为对照，分析了不同加热强度对骆驼乳蛋白二级结构的影响。

表 6-2　　　　　　　　　　　　未加热骆驼乳蛋白红外谱带的特征吸收峰

光谱范围/cm^{-1}	特征吸收峰/cm^{-1}	特征化学结构
3600~3300	3373	N—H 伸缩、O—H 伸缩、游离 O—H 和 C—O 结合为分子内和分子间氢键
2980~2850	2925、2867	饱和碳 C—H 伸缩
1700~1600	1655	C＝O 伸缩振动（酰胺 I 带）
1600~1500	1549	C—N 伸缩振动和 N—H 变形振动（酰胺 II 带）
1420~1350	1404	C—OH 振动变形
1330~1200	1252	C—O 和 C—O—C 振动变形（酰胺 III 带）
1100~1060	1075	P＝O 基团或 P—O—C 对称伸缩振动

如图 6-13 所示，不同加热强度下的骆驼乳蛋白红外光谱图与未经热处理的骆驼乳蛋白的红外光谱图之间略有差异。表明热处理使蛋白质的二级结构发生了一定改变。由表 6-2 可知，3600~3300cm^{-1} 表征蛋白质的 N—H 伸缩、O—H 伸缩、游离 O—H 和 C—O 结合为分子内和分子间氢键。Farrell 等研究发现，当分子内或分子间形成氢键时，游离 O—H 的特征吸收峰会从 3600~3500cm^{-1} 向低波数移动，与 N—H 的吸收峰重叠，形成一个较宽的吸收峰。骆驼乳蛋白的红外光谱在 3400cm^{-1} 左右处有一宽而强的吸收峰，表明此时蛋白质内存在大量分子内与分子间氢键，这与孙佳悦的研究结果一致。随着热处理温度的升高，该吸收峰逐渐向高波数移动，H1、H2、H3、H4 的特征吸收峰由 3373cm^{-1} 分别移动至 3405cm^{-1}、3413cm^{-1}、3416cm^{-1}、3419cm^{-1}，当加热温度达到 125℃时，该吸收峰偏移程度最大，移动至 3439cm^{-1} 处，表明热处理会破坏维持乳蛋白空间结构的分子内氢键，使乳蛋白的分子构象发生改变。如图 6-13 所示，骆驼乳蛋白在酰胺 I 带（1700~1600cm^{-1}）存在强吸收峰，该吸收峰的峰形可揭示乳蛋白二级结构的变化。随着热处理温度的升高，该吸收峰的峰高逐渐降低，并逐渐向低波数移动。未经热处理的骆驼乳蛋白的酰胺 I 带吸收峰为 1655cm^{-1}，当加热温度达到 105℃ 和 120℃ 时，该吸收峰移动至 1649cm^{-1}。此时，蛋白质受到热处理影响，分子结构展开，与周围介质形成氢键。较强的氢键作用使 C＝O 的电子云密度降低，使吸收峰逐渐向低波数移动。

为进一步分析蛋白质的二级结构（α-螺旋、β-折叠、无规卷曲、β-转角）的变化信息，使用 Peak Fit V4.12 对骆驼乳蛋白 1600~1700cm^{-1} 的红外光谱进行去基线、去卷积处理，再使用二阶导数对谱带进行高斯拟合，计算各样品蛋白质二级结构的组分占比，结果如表 6-3 所

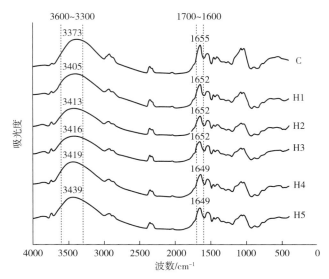

图 6-13　不同加热强度下骆驼乳蛋白的红外光谱图

C：未经热处理的骆驼乳；H1：75℃/15s；H2：85℃/15s；H3：95℃/15s；H4：105℃/15s；H5：120℃/15s。

示。随着热处理温度的升高，骆驼乳蛋白的 α-螺旋和 β-转角结构占比逐渐降低，β-折叠和无规卷曲占比逐渐升高。与未经热处理的骆驼乳蛋白相比，热处理显著改变了骆驼乳蛋白的二级结构（$P<0.05$）。随着加热温度的升高，骆驼乳蛋白二级结构中的规则结构（α-螺旋和β-折叠）比例逐渐降低，而不规则结构（β-转角和无规卷曲）比例逐渐升高。当骆驼乳蛋白经 120℃/15s 热处理时，二级结构的变化最大，无规卷曲占比最高，并且显著高于对照组（$P<0.05$）。表明热处理破坏了蛋白质的二级结构，使其有序结构逐渐变为无序结构。

表 6-3　　　　　　　　不同加热强度对蛋白质二级结构占比的影响

样品名称	α-螺旋/%	β-折叠/%	无规卷曲/%	β-转角/%
C	25.24±0.07[a]	25.94±0.03[b]	11.91±0.04[e]	36.91±0.05[a]
H1	14.52±0.03[b]	35.37±0.55[a]	14.82±0.59[d]	35.29±0.07[b]
H2	14.25±0.06[be]	35.58±0.28[a]	15.36±0.06[cd]	34.82±0.28[be]
H3	14.15±0.06[c]	35.64±0.41[a]	15.66±0.06[bc]	34.55±0.41[cd]
H4	13.77±0.18[d]	35.85±0.29[a]	16.18±0.32[ab]	34.20±0.09[de]
H5	13.66±0.30[d]	35.84±0.31[a]	16.66±0.41[a]	33.84±0.31[e]

注：C：未经热处理的骆驼乳；H1：75℃/15s；H2：85℃/15s；H3：95℃/15s；H4：105℃/15s；H5：120℃/15s。不同字母表示差异显著（$P<0.05$），相同字母表示差异不显著（$P>0.05$）。

2. 三级结构

色氨酸对微环境极性十分敏感，因此，以色氨酸为蛋白质的内源荧光基团，使用荧光分光光度计对不同加热强度的骆驼乳蛋白溶液进行波长扫描，可反映骆驼乳蛋白构象的变化。如图 6-14 所示，随着加热温度的升高，骆驼乳蛋白溶液的荧光强度逐渐升高。其中，85℃/15s 和 95℃/15s 热处理的荧光光谱图较为相似。与未经热处理的骆驼乳相比，120℃/15s 对骆驼乳蛋白荧光强度的影响最大。表明热处理破坏了骆驼乳蛋白的三级结构，蛋白质内部的色氨酸基团暴露出来，使荧光强度增加。未加热骆驼乳蛋白的最大荧光强度吸收峰位于355nm处，随着热处理温度的升高，该吸收峰逐渐向高波数移动，其对应峰位分别为356nm、356nm、357nm、358nm和359nm。该结果表明热处理破坏了蛋白质的结构，使蛋白质内部的色氨酸基团暴露出来，吸收峰发生红移。

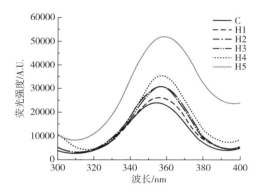

图6-14　不同加热强度对骆驼乳蛋白三级结构的影响

C：未经热处理的骆驼乳；H1：75℃/15s；H2：85℃/15s；H3：95℃/15s；H4：105℃/15s；H5：120℃/15s。

3. 微观结构

使用共聚焦激光扫描显微镜观察不同加热强度下骆驼乳蛋白的微观结构，如图6-15所示。未经热处理的骆驼乳蛋白呈均匀的颗粒分布，无明显团聚。经热处理后，蛋白质开始发生聚集，并且，随着热处理强度的增大，聚集程度越来越大。当骆驼乳蛋白经120℃/15s处理时，可观察到溶液中存在大分子蛋白质团聚。分析原因，是由于热处理强度增加导致乳清蛋白与酪蛋白相互作用，乳清蛋白附着在酪蛋白胶束表面，形成聚合物。综上，热处理强度增加会促进骆驼乳蛋白聚合物形成增加。

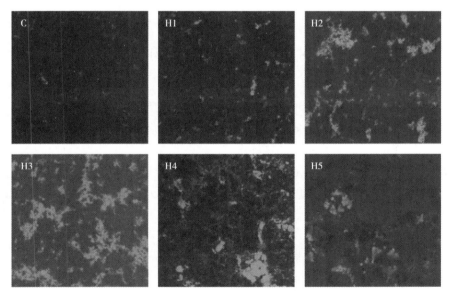

图6-15　不同加热强度对骆驼乳蛋白微观结构的影响

C：未经热处理的骆驼乳；H1：75℃/15s；H2：85℃/15s；H3：95℃/15s；H4：105℃/15s；H5：120℃/15s。

4. 还原型及非还原型 SDS-PAGE

如图 6-16（1）所示，升高加热温度后，各个蛋白质条带均变浅。120℃/15s 热处理时血清白蛋白、α-酪蛋白、β-酪蛋白、GLYCAM-1 和 PGRP 的条带明显较未经热处理的骆驼乳蛋白颜色变浅。分析原因可能是热处理强度的增加促进了乳清蛋白与酪蛋白之间的相互作用，溶液中形成了乳清蛋白-酪蛋白聚合物。与还原型 SDS-PAGE 相比，非还原型 SDS-PAGE 中梳子下方及分离胶与浓缩胶分界处存在无法进入分离胶的大分子蛋白质聚合物［图 6-16（2）］。并且，与未经热处理的骆驼乳蛋白相比，骆驼乳蛋白经过热处理后，大分子聚合物的条带均有所加深，表明溶液中大分子聚合物的形成逐渐增加。添加 β-巯基乙醇后的凝胶梳子下方及分离胶与浓缩胶分界处的大分子蛋白质聚合物消失。β-巯基乙醇可将二硫键还原，使大分子聚合物条带消失，表明这种大分子聚合物主要由二硫键形成。

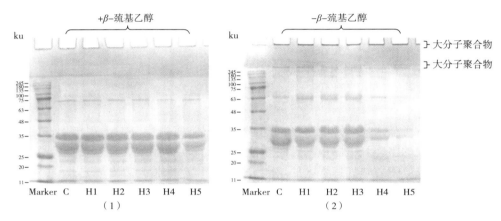

图 6-16　不同加热强度下骆驼乳蛋白的 SDS-PAGE 分析

C：未经热处理的骆驼乳；H1：75℃/15s；H2：85℃/15s；H3：95℃/15s；H4：105℃/15s；H5：120℃/15s。Marker：标记物。

（二）不同热加工工艺对骆驼乳蛋白结构的影响

1. 二级结构

如图 6-17 所示，4 种热加工工艺均对骆驼乳蛋白的红外图谱产生了一定影响，位于 3400cm^{-1} 处的吸收峰均发生了一定偏移。T1、T2、T3、T4 的吸收峰由 3373cm^{-1} 处分别移至 3410cm^{-1}、3413cm^{-1}、3439cm^{-1}、3445cm^{-1}。这一结果说明热处理会使维持蛋白质结构的分子内氢键被破坏，而 120℃/15s 和 135℃/5s 热处理对分子内氢键的破坏程度较大。随着热处理温度的升高，酰胺 Ⅰ 带的吸收峰也逐渐向低波数移动。其中，T3 和 T4 的吸收峰均由 1655cm^{-1} 移动至 1649cm^{-1}。表明 120℃/15s 热处理和 135℃/5s 热处理时，游离氨基酸残基之间形成的分子间氢键作用较强。

如表 6-4 所示，与未加热骆驼乳蛋白相比，65℃/30min、85℃/15s 和 120℃/15s 热处理后，骆驼乳蛋白二级结构中的 α-螺旋含量和 β-转角占比显著降低（$P<0.05$），β-折叠和无规卷曲占比显著升高（$P<0.05$）。135℃/5s 热处理后 β-折叠和无规卷曲占比略有降低。α-螺旋占比与表面疏水性呈负相关，β-折叠和无规卷曲占比与表面疏水性呈正相关。

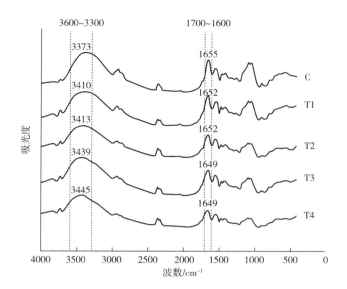

图 6-17 不同热加工工艺下骆驼乳蛋白的红外光谱图

C：未经热处理的骆驼乳；T1：65℃/30min；T2：85℃/15s；T3：120℃/15s；T4：135℃/5s。

因此，120℃/15s 热处理时骆驼乳蛋白可能具有较强的表面疏水性。整体来看，热加工后骆驼乳蛋白二级结构中规则结构的占比由 51.18% 降低至 49.50%，不规则结构的占比由 48.82% 增加到 50.5%。120℃/15s 处理时无规卷曲占比为（16.66±0.41）%，高于 135℃/5s 处理的（15.95±0.34）%。表明 120℃/15s 热处理对骆驼乳蛋白二级结构的影响最大。

表 6-4　　　　　　　　不同热加工工艺对蛋白质二级结构占比的影响

样品名称	α–螺旋/%	β–折叠/%	无规卷曲/%	β–转角/%
C	25.24±0.07[a]	25.94±0.03[c]	11.91±0.04[d]	36.91±0.05[a]
T1	14.76±0.16[b]	35.16±0.28[b]	14.65±0.56[c]	35.43±0.47[b]
T2	14.25±0.06[c]	35.58±0.28[ab]	15.36±0.06[b]	34.82±0.28[c]
T3	13.66±0.30[d]	35.84±0.31[a]	16.66±0.41[a]	33.84±0.31[d]
T4	13.85±0.41[cd]	35.77±0.14[a]	15.95±0.34[b]	34.43±0.11[c]

注：C：未经热处理的骆驼乳；T1：65℃/30min；T2：85℃/15s；T3：120℃/15s；T4：135℃/5s。不同字母表示差异显著（$P<0.05$），相同字母表示差异不显著（$P>0.05$）。

2. 三级结构

如图 6-18 所示，与未经热处理的骆驼乳蛋白相比，65℃/30min、85℃/15s、120℃/15s 和 135℃/5s 热处理增大了骆驼乳蛋白的荧光强度。120℃/15s 热处理条件下加热骆驼乳蛋白，扫描其在 300~400nm 的内源荧光光谱，可发现 120℃/15s 热处理对骆驼乳蛋白内源荧光的影响最大，并且其荧光强度明显高于未经热处理的骆驼乳蛋白的荧光强度。当骆驼乳蛋白经 135℃/5s 热处理后，荧光强度比 120℃/15s 热处理的荧光强度有所降低，但仍高于未加热样品的荧光强度。65℃/30min 热处理没有改变最大荧光强度对应吸收峰的峰位，当骆驼乳蛋白经 85℃/15s、120℃/15s 和 135℃/5s 热加工后，该吸收峰由 355nm 分别移至 356nm、359nm、359nm 处。表明热处理可破坏骆驼乳蛋白的三级结构，将色氨酸基团暴露出来。

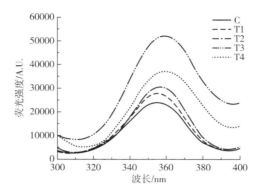

图 6-18　不同热加工工艺对骆驼乳蛋白三级结构的影响

C：未经热处理的骆驼乳；T1：65℃/30min；T2：85℃/15s；T3：120℃/15s；T4：135℃/5s。

3. 微观结构

如图 6-19 所示，不同热加工工艺对骆驼乳蛋白的微观结构有不同的影响。当骆驼乳蛋白经 85℃/15s 处理时即可观察到蛋白质发生了一定程度的聚集；经 120℃/15s 和 135℃/5s 热处理时，可明显观察到骆驼乳蛋白形成了粒径更大的聚合物。这可能是因为在较低温度时乳清蛋白发生变性，形成乳清蛋白自聚体。随着加热温度的升高，κ-酪蛋白开始解离，变性的乳清蛋白附着在酪蛋白胶束表面，形成了更大的乳清蛋白-酪蛋白聚合物。研究表明，热处理可以使乳蛋白结构发生改变，促进乳蛋白聚合物形成。巴氏杀菌条件下乳蛋白可观察到部分聚集，当温度升高到 135℃以上时，几乎所有乳蛋白均形成聚合物且结构复杂。

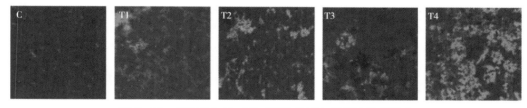

图 6-19　不同热加工工艺对骆驼乳蛋白微观结构的影响

C：未经热处理的骆驼乳；T1：65℃/30min；T2：85℃/15s；T3：120℃/15s；T4：135℃/5s。

不同热加工工艺下骆驼乳蛋白的 SDS-PAGE 分析如图 6-20 所示。如图 6-20（1）所示，热处理温度越高，蛋白质条带的颜色越浅。其中，乳铁蛋白条带在 135℃/5s 热处理条件下完全消失，骆驼血清白蛋白条带在 135℃/5s 热处理后明显变浅。与未经热处理的骆驼乳蛋白相比，135℃/5s 条件下 α-酪蛋白、β-酪蛋白和 PGRP 条带明显变浅。这一结果说明，骆驼乳蛋白经热加工后蛋白质发生变性，135℃/5s 对骆驼乳蛋白影响最大，乳铁蛋白等热敏性活性乳清蛋白结构遭到破坏，蛋白质含量减少。图 6-20（2）的结果显示，不添加 β-巯基乙醇时，梳子下方及胶界处有大分子蛋白质聚合物的条带存在，表明热处理后骆驼乳蛋白之间会相互作用，产生由二硫键连接而成的大分子聚合物。同时，胶界处的大分子聚合物条带逐渐变浅，表明可溶性聚合物含量逐渐减少。

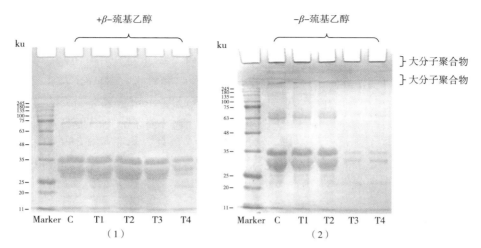

图 6-20　不同热加工工艺下骆驼乳蛋白的 SDS-PAGE 分析

C：未经热处理的骆驼乳；T1：65℃/30min；T2：85℃/15s；T3：120℃/15s；T4：135℃/5s。Marker：标记物。

四、不同加热强度及热加工工艺对骆驼乳蛋白分子间作用力的影响

（一）不同加热强度对骆驼乳蛋白分子间作用力的影响

1. 表面疏水性

表面疏水性能够反映暴露于蛋白质表面可键合的疏水基团的数量，它可以保持蛋白质的稳定性，并对蛋白质的构象和功能特性起重要作用。8-苯胺-1-萘磺酸（ANS）是一种对疏水基团所在微环境极性十分敏感的荧光探针，与蛋白质表面的疏水基团有特异性结合位点。因此可使用 ANS 作为外源荧光探针，测定不同加热强度对骆驼乳蛋白表面疏水性的影响。如图 6-21 所示，随着热处理温度的升高，骆驼乳蛋白的表面疏水性逐渐升高，热处理显著增大了骆驼乳蛋白的表面疏水性（$P<0.05$）。当加热温度达到 105℃时，骆驼乳蛋白的表面疏水性较 95℃时显著增高（$P<0.05$），最后于 120℃/15s 热处理时达到最大。导致这一现象的原因可能是热处理使蛋白质的空间结构发生了改变，蛋白质表面暴露出更多的疏水基团，从而增强了蛋白质的表面疏水性。

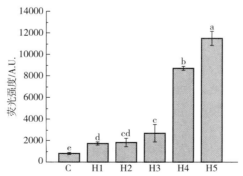

图 6-21　不同加热强度对骆驼乳蛋白表面疏水性的影响

C：未经热处理的骆驼乳；H1：75℃/15s；H2：85℃/15s；H3：95℃/15s；H4：105℃/15s；H5：120℃/15s。含有不同字母表示差异显著（$P<0.05$），含有相同字母表示差异不显著（$P>0.05$）。

2. 二硫键

二硫键是维持蛋白质三级结构的主要作用力。热处理等因素会引起蛋白质分子内部的巯基和二硫键相互转化。如图 6-22 所示，骆驼乳蛋白经热处理后，二硫键含量呈先升高后降低的趋势。与未加热的骆驼乳蛋白相比，在 75~95℃的加热条件下，骆驼乳蛋白二硫键含量显著升高（$P<0.05$）。此时，骆驼乳蛋白受热处理影响，游离巯基发生—SH—SS 互换反应，逐渐转化为二硫键，使二硫键含量升高。随后，当加热温度升高到 105℃时，二硫键含量开始减少，在 120℃/15s 热处理条件下含量最低。表明加热温度过高导致乳蛋白之间发生聚集，将暴露的游离巯基重新包裹起来，不再发生—SH—SS 互换反应。同时，过高的加热温度会使二硫键遭到破坏，使二硫键含量降低。

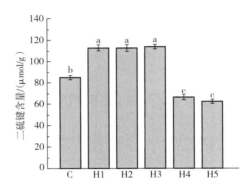

图 6-22 不同加热强度下骆驼乳蛋白中二硫键含量的变化

C：未经热处理的骆驼乳；H1：75℃/15s；H2：85℃/15s；H3：95℃/15s；H4：105℃/15s；H5：120℃/15s。含有不同字母表示差异显著（$P<0.05$），含有相同字母表示差异不显著（$P>0.05$）。

（二）不同热加工工艺对骆驼乳蛋白分子间作用力的影响

1. 表面疏水性

不同热加工工艺对骆驼乳蛋白表面疏水性的影响如图 6-23 所示。65℃/30min 处理增加了骆驼乳蛋白的表面疏水性，但与未经热处理的骆驼乳蛋白之间无显著差异（$P>0.05$）。85℃/15s 处理和 120℃/15s 处理显著增加了骆驼乳蛋白的表面疏水性（$P<0.05$）。吴海波等的研究发现，热处理会改变蛋白质的二级结构和三级结构，使内部的疏水残基暴露出来，导致蛋白质表面疏水区域分布发生改变。在 85℃/15s 和 120℃/15s 处理条件下，骆驼乳蛋白因受热处理影响而发生变性，埋藏在蛋白质分子内部的疏水基团暴露出来，增加了与 ANS 的特异性结合位点，从而使表面疏水性增大。当骆驼乳蛋白经 135℃/5s 处理后，表面疏水性开始降低，但仍显著高于未经热处理的骆驼乳蛋白的表面疏水性（$P<0.05$）。导致这一现象的原因可能是疏水基团被包裹在聚合物分子内部，使表面疏水性下降。

2. 二硫键

热聚合物的形成过程可能伴随着二硫键的形成与断裂。如图 6-24 所示，随着热处理温度的升高，骆驼乳蛋白中二硫键的含量先升高后降低。与未经热处理的骆驼乳蛋白相比，65℃/30min 和 85℃/15s 热处理条件显著升高了骆驼乳蛋白中的二硫键含量（$P<0.05$）。而 120℃/15s 和 135℃/5s 热处理使骆驼乳蛋白中的二硫键含量显著减少（$P<$

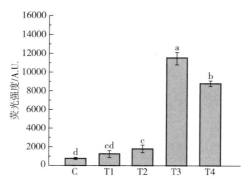

图6-23　不同热加工工艺对骆驼乳蛋白表面疏水性的影响

　　C：未经热处理的骆驼乳；T1：65℃/30min；T2：85℃/15s；T3：120℃/15s；T4：135℃/5s。含有不同字母表示差异显著（$P<0.05$），含有相同字母表示差异不显著（$P>0.05$）。

0.05）。表明较低的加热温度会使游离巯基向二硫键转化，使二硫键含量增多，而加热温度过高时二硫键会遭到破坏，含量逐渐降低。

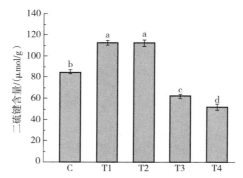

图6-24　不同热加工工艺下骆驼乳蛋白中二硫键的含量

　　C：未经热处理的骆驼乳；T1：65℃/30min；T2：85℃/15s；T3：120℃/15s；T4：135℃/5s。含有不同字母表示差异显著（$P<0.05$），含有相同字母表示差异不显著（$P>0.05$）。

五、小结

（一）脱脂牛乳与脱脂骆驼乳的差异

　　骆驼乳与牛乳的蛋白质组成具有一定差异。SDS-PAGE分析结果显示，牛乳乳清蛋白以β-乳球蛋白为主，而骆驼乳乳清蛋白中未发现β-乳球蛋白。脱脂骆驼乳中可观察到GLYCAM-1、PGRP和颜色较深的β-酪蛋白条带。并且，脱脂骆驼乳的热变性温度低于脱脂牛乳，在110~140℃下热稳定性较牛乳差。

（二）不同加热强度及热加工工艺对骆驼乳蛋白理化性质的影响

　　随着加热强度的增大，骆驼乳蛋白的粒径、浊度逐渐增大，电势绝对值逐渐减小。经不同热加工工艺处理后，120℃/15s对骆驼乳蛋白理化性质的影响最大。骆驼乳蛋白经热处理后，溶液中逐渐形成聚合物，稳定性降低。骆驼乳蛋白经热处理后，二级结构和三级结构被破坏，溶液中形成以二硫键连接而成的大分子聚合物。

（三）不同加热强度及热加工工艺对骆驼乳蛋白分子间作用力的影响

骆驼乳蛋白在65~95℃热处理条件下游离巯基含量减少，二硫键含量增加，骆驼乳蛋白主要通过二硫键形成聚合物。当加热加工温度升高到105℃以上时，蛋白质的结构被破坏，疏水基团暴露出来，蛋白质主要通过疏水作用聚集，形成聚合物。

第三节　均质和热处理对骆驼乳体外消化特征的影响

乳是哺乳动物分娩之后从乳腺分泌的一种白色或稍带黄色的液体，其含有多种营养物质，比较具有代表性的有蛋白质、维生素等。乳易于被人体消化吸收，因此它被视为牲畜幼崽和人类获取营养物质的重要来源。所以，在人类饮食中，使用驯养哺乳动物的乳有着悠久的传统。世界各地都使用牛、水牛、绵羊、山羊和骆驼生产供人类食用的乳和乳制品（Villa C，2018）。世界上大约82.4%和13.6%的新鲜乳来自奶牛和水牛，剩下的4.0%来自山羊、绵羊和骆驼。乳是新生儿最理想的食物，能为其提供天然的营养和抗体，在新生儿生长发育过程中起到非常关键的作用。此外，乳也是成年人膳食中的一种重要蛋白质来源。《中国居民膳食指南（2022）》推荐成人将乳作为膳食组成的必需品，吃各种乳制品的摄入量相当于每天液态乳300g。在我国，牛乳与山羊乳是我国乳制品行业的主要乳源供应，占据乳品消费市场份额的大部分（孙玉雪，2019；中国营养学会，2016）。很长一段时间以来，母乳被看作婴儿最为理想的食品，然而因为受到女性工作、健康等多方面因素的影响，婴儿的母乳喂养率并不高。所以，开发更为优良的母乳替代品已成为业界学者研究的热点问题（陈辉，2003；吴庆贺，2008）。目前，国内母乳替代品的类型多种多样，但其中最为典型的是牛乳婴儿配方乳粉。但在婴儿和幼儿期，牛乳过敏被认为是最主要的食物过敏（Rona R J，2007）。由于婴幼儿在发育不成熟的情况下，这种乳制品来源的过敏反应或严重过敏反应可能会危及生命，所以有必要开发和研究其他乳制品来源作为新的母乳代替物。骆驼乳富含丰富的营养，相比牛乳更易消化且致敏性低，作为一种新型乳制品受到越来越多消费者的青睐，在近些年得到了广泛的应用和研究。由于骆驼乳比其他哺乳类动物的乳更容易消化和吸收，当母亲无法喂养婴儿时，它也被视为人类婴儿母乳的替代品。

热处理和均质是食品加工过程中常用的方法，加工过程涉及的搅拌、温度变化、与空气的接触等因素都将影响乳品的组成、结构，甚至影响后续的消化吸收。热处理强度越高，越利于有效地杀死微生物。但热处理会改变乳的理化状态，促使乳中热敏性物质发生变化，如乳蛋白的变性，使乳营养成分损失，甚至产生可能有害的新物质，如此大幅降低了乳的营养价值。加热过程还会降低乳的感官质量，使乳发生褐变。蛋白质的二硫键断裂后会产生游离巯基，从而产生蒸煮味。随着加热强度增加，还会出现pH降低、磷酸钙沉淀、酶失活、乳清蛋白变性、维生素损失、脂肪球凝聚以及美拉德反应等，降低了乳制品营养价值。乳经加热后产生的有害新物质主要是美拉德反应产物和乳糖异构化产物（韩荣伟，2011）。所以，热处理造成的乳蛋白变化与多种因素存在关联，其中比较具有代表性的包括热处理温度、时间等，对乳体系产生的影响是多元化的。在具体应用的过程中，必须分析热处理强度对乳造成的影响，防止乳和乳蛋白的品质口感受到负面影响。

在均质过程中，各类机械作用力能够有效缩减脂肪球体积，使颗粒分布表现出相对较高的均匀性，令乳品更为理想（Pereda J，2008）。对于这个过程而言，动能变为热能，二者产生协同效应，升高原料乳的温度，改变乳蛋白的结构，降低酶活性和维生素水平（Amador-Espejo G G，2014）。尽管均质能够使乳蛋白结构发生一定变化，然而相关学者发现酪蛋白涵盖的二级结构并未出现明显变化（Qi P X，2015）。均质可以把脂肪球进行有效分解，从而使其粒径明显缩减（粒径<1μm），如此能够显著提高乳脂的消化率和吸收率。这个过程中乳脂肪球结构一旦遭到破坏，即便覆盖一定量的膜蛋白，也难以使系统保持相对稳定的状态（AnagnostoPoulos A K，2016）。为了对脂肪球表面进行良好的覆盖，从而避免脂肪持续聚集沉淀，表面活性蛋白通常情况下会吸附于脂肪小球，从而构成平衡体系（Tabea B，2017）。这个过程中各蛋白质能够彼此影响，而且脂肪球总量的提升可以实现光衍射，所以，均质乳会比生鲜乳颜色更白（Huppertz T，2011）。

对生骆驼乳进行均质和热处理，评价均质和热处理对骆驼乳理化特性有何影响。同时，构建两段式（包括胃、小肠两阶段）体外婴儿消化模型，系统研究骆驼乳在模拟婴儿消化过程中对蛋白质和脂质消化的影响。通过考察整个消化过程中消化乳糜的 Zeta 电位、粒径、共聚焦显微镜、游离脂肪酸、游离氨基酸、蛋白质电泳图及肽段的组成等指标的变化，探究骆驼乳在婴儿的消化特性方面的差异。

一、均质和热处理对骆驼乳各消化样品结构影响的比较分析

（一）均质和热处理对骆驼乳各消化样品粒径影响的比较分析

均质和热处理骆驼乳各消化样品平均粒径如图 6-25 所示。从整体来看，初始阶段到胃消化再到肠消化粒径逐渐减小。通常界面平均粒径尺寸可以反映出乳聚集稳定性，界面平均粒径尺寸越大，表明乳滴趋于聚集，乳稳定性降低。不同处理方式之间进行比较，生骆驼乳和均质骆驼乳在整个消化阶段粒径逐渐减小（$P<0.05$）；HTST 均质骆驼乳在初始阶段到胃消化再到肠消化粒径变化不同，但有显著变化（$P<0.05$）；UHT 均质骆驼乳在初始阶段到胃消化有显著下降（$P<0.05$），但肠消化粒径无显著变化（$P>0.05$）。

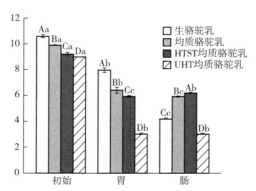

图 6-25　均质和热处理骆驼乳各消化样品平均粒径

不同小写字母（a、b、c）表示不同消化阶段间差异显著（$P<0.05$），不同大写字母（A、B、C）表示不同热处理方式间差异显著（$P<0.05$）。

（二）均质和热处理对骆驼乳各消化样品微观结构影响的比较分析

热处理骆驼乳各消化样品的微观结构如图6-26所示。4种骆驼乳样品在初始结构上，生骆驼乳的蛋白质和脂质均匀分散在乳浆中。对于均质骆驼乳和均质热加工骆驼乳，蛋白质和脂质开始部分出现聚集状态，其中HTST均质骆驼乳和UHT均质骆驼乳聚集更为明显。经过胃消化2h后，4种不同加工热处理骆驼乳都明显聚集，蛋白质和脂质逐渐减少。均质骆驼乳虽有明显聚集，但相对均匀地分散，而2种热加工骆驼乳则存在大量的凝乳块。再经过2h的肠消化后，聚集更加明显，蛋白质和脂质减少显著。说明消化已经彻底，但是仍然有一些大直径的蛋白质未被消化。其中，UHT均质骆驼乳聚集凝乳块较少，说明消化性较好。这与Zeta电位、粒径分析结果相一致。

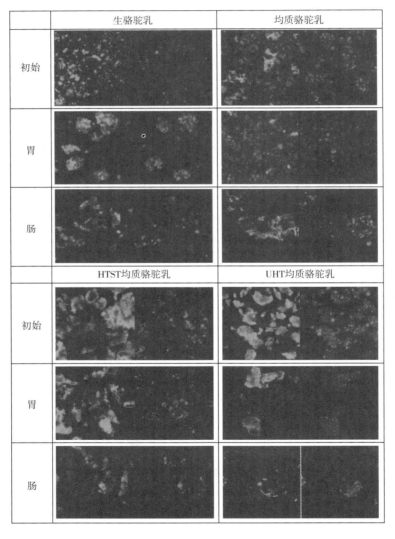

图6-26 均质和热处理骆驼乳各消化样品的微观结构

二、均质和热处理对骆驼乳脂肪消化特性影响的比较分析

（一）均质和热处理对骆驼乳模拟小肠阶段游离脂肪酸（FFA）释放量影响的比较分析

均质和热处理骆驼乳模拟小肠阶段 FFA 释放量的变化如图 6-27 所示。可看出，4 种骆驼乳样品的初始（0min）脂肪消化速率存在显著性差异（$P<0.05$），在肠消化过程中，FFA 释放量随时间逐渐上升，在肠液消化前 15min，FFA 释放迅速加快，30min 后，曲线平缓，其上升的趋势减弱，消化速率降低。肠消化 1h 后，UHT 均质骆驼乳释放了 62μmol/mL FFA，而 HTST 均质骆驼乳、生骆驼乳和均质骆驼乳分别释放了 80、91 和 91μmol/mL FFA，有显著差异（$P<0.05$）。在肠消化 2h 后，均质骆驼乳、生骆驼乳、HTST 均质骆驼乳、UHT 均质骆驼乳又分别释放了 102、95、91 和 74μmol/mL FFA，可知整个肠消化速率，依此顺序递减：均质骆驼乳>生骆驼乳>HTST 均质骆驼乳>UHT 均质骆驼乳。4 种骆驼乳样品消化后释放的 FFA 差异大（$P<0.05$），结果表明，均质骆驼乳的 FFA 释放量最高，随着温度的增加 UHT 均质骆驼乳 FFA 释放量最少。这与上述试验结果一致。

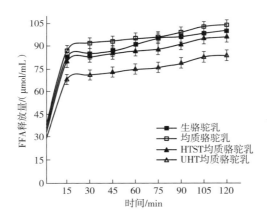

图 6-27 均质和热处理骆驼乳模拟小肠阶段 FFA 释放量的变化

（二）热处理对骆驼乳各消化样品游离脂肪酸（FFA）影响的比较分析

每 100mg 均质和热处理骆驼乳初始消化游离脂肪酸含量如表 6-5 所示。初始释放的游离脂肪酸种类略有不同，其中，$C_{20:2}$ 只在均质骆驼乳中检测出；$C_{20:4}$ 只有生骆驼乳和均质骆驼乳中存在，但生骆驼乳和均质骆驼乳中不含有 $C_{20:5n3}$；只有 HTST 均质骆驼乳中不含有 $C_{20:3n6}$。整体来看，饱和脂肪酸（SFA）含量较高。在 SFA 中，存在最多的是 $C_{16:0}$ 和 $C_{18:0}$，相比较下 HTST 均质骆驼乳中含量较多；此外，UHT 均质骆驼乳的 $C_{21:0}$ 含量最小值为 0.58mg，与其他 3 种骆驼乳有差异（$P<0.05$）。在 MUFA 中，$C_{18:1n9c}$ 含量较多，且 UHT 均质骆驼乳含量最多为 23.33mg 并显著高于其他 3 种骆驼乳（$P<0.05$）。在 PUFA 中，$C_{18:2n6c}$ 含量高，UHT 均质骆驼乳显著高于其他 3 种骆驼乳（$P<0.05$）。所有相比之

下，UHT 均质骆驼乳 SFA 含量较少，MUFA 和 PUFA 含量较多。

表 6-5　　　均质和热处理骆驼乳初始消化游离脂肪酸含量（每 100mg）　　单位：mg

脂肪酸	生骆驼乳	均质骆驼乳	HTST 均质骆驼乳	UHT 均质骆驼乳
$C_{4:0}$	0.49 ± 0.361^a	0.27 ± 0.240^a	0.28 ± 0.262^a	0.25 ± 0.071^a
$C_{6:0}$	0.13 ± 0.007^a	0.11 ± 0.014^a	0.17 ± 0.042^a	0.10 ± 0.021^a
$C_{8:0}$	0.17 ± 0.049^a	0.22 ± 0.120^a	0.21 ± 0.035^a	0.15 ± 0.021^a
$C_{10:0}$	0.20 ± 0.092^a	0.22 ± 0.113^a	0.24 ± 0.057^a	0.15 ± 0.007^a
$C_{12:0}$	1.16 ± 0.212^a	1.62 ± 0.863^a	1.27 ± 0.092^a	0.90 ± 0.014^a
$C_{13:0}$	0.06 ± 0.021^a	0.04 ± 0.014^a	0.05 ± 0.007^a	0.07 ± 0.014^a
$C_{14:0}$	13.63 ± 2.440^a	13.82 ± 1.372^a	14.93 ± 0.085^a	12.71 ± 0.198^a
$C_{14:1}$	0.89 ± 0.099^a	0.82 ± 0.014^{ab}	0.94 ± 0.049^a	0.69 ± 0.042^b
$C_{15:0}$	1.41 ± 0.177^a	1.39 ± 0.057^a	1.50 ± 0.007^a	1.61 ± 0.042^a
$C_{16:0}$	29.14 ± 3.196^a	30.00 ± 1.527^a	30.80 ± 0.976^a	28.57 ± 0.240^a
$C_{16:1}$	7.21 ± 0.672^a	7.30 ± 0.092^a	7.62 ± 0.219^a	7.30 ± 0.113^a
$C_{17:0}$	0.57 ± 0.134^b	0.55 ± 0.000^b	0.71 ± 0.042^b	0.95 ± 0.064^a
$C_{17:1}$	0.44 ± 0.014^b	0.45 ± 0.028^b	0.43 ± 0.007^b	0.70 ± 0.007^a
$C_{18:0}$	13.60 ± 1.117^{ab}	14.03 ± 0.594^{ab}	15.12 ± 1.061^a	12.63 ± 0.127^b
$C_{18:1n9t}$	0.57 ± 0.021^b	0.59 ± 0.007^b	0.58 ± 0.014^b	0.70 ± 0.064^a
$C_{18:1n9c}$	17.68 ± 0.771^b	18.01 ± 0.290^b	17.17 ± 0.686^b	23.33 ± 0.721^a
$C_{18:2n6c}$	1.91 ± 0.283^{bc}	2.36 ± 0.078^b	1.78 ± 0.148^c	3.02 ± 0.035^a
$C_{20:0}$	0.37 ± 0.028^a	0.42 ± 0.028^a	0.39 ± 0.042^a	0.32 ± 0.021^a
$C_{20:1}$	0.13 ± 0.021^a	0.15 ± 0.035^a	0.13 ± 0.014^a	0.19 ± 0.000^a
$C_{18:3n3}$	1.22 ± 0.191^{ab}	1.09 ± 0.078^b	1.38 ± 0.000^a	0.54 ± 0.021^c
$C_{21:0}$	1.07 ± 0.021^c	1.13 ± 0.000^b	1.22 ± 0.028^a	0.58 ± 0.000^d
$C_{20:2}$	—	0.03 ± 0.007		
$C_{22:0}$	0.27 ± 0.134^a	0.26 ± 0.078^a	0.15 ± 0.000^a	0.15 ± 0.000^a
$C_{20:3n6}$	0.06 ± 0.000	0.07 ± 0.042	—	0.08 ± 0.000
$C_{22:1}$	7.08 ± 6.696^a	4.62 ± 3.932^a	2.39 ± 2.305^a	3.81 ± 0.057^a
$C_{20:4}$	0.06 ± 0.042	0.05 ± 0.007	—	—
$C_{23:0}$	0.09 ± 0.007^b	0.06 ± 0.021^b	0.11 ± 0.014^{ab}	0.14 ± 0.000^a

续表

脂肪酸	生骆驼乳	均质骆驼乳	HTST 均质骆驼乳	UHT 均质骆驼乳
$C_{22:2n6}$	0.21 ± 0.156^a	0.14 ± 0.099^a	0.11 ± 0.064^a	0.13 ± 0.007^a
$C_{24:0}$	0.09 ± 0.021^a	0.09 ± 0.028^a	0.08 ± 0.007^a	0.05 ± 0.021^a
$C_{20:5n3}$	—	—	0.10 ± 0.028	0.08 ± 0.007
$C_{24:1}$	0.09 ± 0.085^a	0.10 ± 0.021^a	0.10 ± 0.042^a	0.08 ± 0.049^a
SFA	62.4 ± 4.93^a	64.22 ± 3.05^a	67.21 ± 1.11^a	59.3 ± 0.48^b
MUFA	34.07 ± 4.84^a	32.02 ± 2.98^a	29.34 ± 1.05^b	36.79 ± 0.45^a
PUFA	3.56 ± 0.1^a	3.76 ± 0.07^a	3.45 ± 0.08^a	3.92 ± 0.02^a

注：相同字母表示差异不显著（$P>0.05$），不同字母表示差异显著（$P<0.05$）。

均质和热处理骆驼乳胃消化游离脂肪酸含量如表 6-6 所示。在胃液消化 2h 后，产生的 FFA 种类与初始种类基本相同。脂解的主要产物为 $C_{16:0}$ 和 $C_{18:1n9c}$，其次是 $C_{14:0}$ 和 $C_{18:0}$。其中，UHT 均质骆驼乳的 $C_{18:1n9c}$ 和 $C_{21:0}$ 含量最少，为 22.54mg、0.51mg。与其他 3 种骆驼乳样品有显著性差异（$P<0.05$）。对于其他 FFA，4 种骆驼乳之间无显著差异（$P>0.05$）。

表 6-6　　　　均质和热处理骆驼乳胃消化游离脂肪酸含量（每 100mg）　　　单位：mg

脂肪酸	生骆驼乳	均质骆驼乳	HTST 均质骆驼乳	UHT 均质骆驼乳
$C_{4:0}$	0.49 ± 0.361^a	0.27 ± 0.240^a	0.28 ± 0.262^a	0.25 ± 0.071^a
$C_{6:0}$	0.13 ± 0.007^a	0.11 ± 0.014^a	0.17 ± 0.042^a	0.10 ± 0.021^a
$C_{8:0}$	0.17 ± 0.049^a	0.22 ± 0.120^a	0.21 ± 0.035^a	0.15 ± 0.021^a
$C_{10:0}$	0.20 ± 0.092^a	0.22 ± 0.113^a	0.24 ± 0.057^a	0.15 ± 0.007^a
$C_{12:0}$	1.16 ± 0.212^a	1.62 ± 0.863^a	1.27 ± 0.092^a	0.90 ± 0.014^a
$C_{13:0}$	0.06 ± 0.021^a	0.04 ± 0.014^a	$0.05\pm0.007a$	0.07 ± 0.014^a
$C_{14:0}$	13.63 ± 2.440^a	13.82 ± 1.372^a	14.93 ± 0.085^a	12.71 ± 0.198^a
$C_{14:1}$	0.89 ± 0.099^a	0.82 ± 0.014^{ab}	0.94 ± 0.049^a	0.69 ± 0.042^b
$C_{15:0}$	1.41 ± 0.177^a	1.39 ± 0.057^a	1.50 ± 0.007^a	1.61 ± 0.042^a
$C_{16:0}$	28.51 ± 2.715^a	30.63 ± 1.414^a	28.72 ± 2.751^a	28.72 ± 0.106^a
$C_{16:1}$	6.93 ± 0.375^a	7.28 ± 0.509^a	6.88 ± 0.792^a	6.75 ± 0.325^a
$C_{17:0}$	0.57 ± 0.099^b	0.60 ± 0.042^b	0.62 ± 0.064^b	0.94 ± 0.120^a
$C_{17:1}$	0.34 ± 0.078^b	0.46 ± 0.028^b	0.37 ± 0.085^b	0.66 ± 0.007^a
$C_{18:0}$	13.42 ± 1.442^a	14.22 ± 0.587^a	13.63 ± 1.563^a	12.63 ± 0.233^a
$C_{18:1n9t}$	0.50 ± 0.085^a	0.51 ± 0.120^a	0.59 ± 0.021^a	0.72 ± 0.078^a
$C_{18:1n9c}$	16.36 ± 0.587^b	16.58 ± 0.488^b	16.70 ± 1.556^b	22.54 ± 0.262^a

续表

脂肪酸	生骆驼乳	均质骆驼乳	HTST 均质骆驼乳	UHT 均质骆驼乳
$C_{18:2n6c}$	1.61 ± 0.014^b	1.63 ± 0.035^b	1.87 ± 0.240^b	3.06 ± 0.318^a
$C_{20:0}$	0.36 ± 0.021^a	0.38 ± 0.007^a	0.36 ± 0.099^a	0.35 ± 0.041^a
$C_{20:1}$	0.33 ± 0.290^a	0.14 ± 0.028^a	0.13 ± 0.000^a	0.20 ± 0.007^a
$C_{18:3n3}$	0.83 ± 0.382^a	1.20 ± 0.057^a	0.90 ± 0.007^a	0.47 ± 0.007^a
$C_{21:0}$	1.01 ± 0.049^a	1.08 ± 0.007^a	1.09 ± 0.021^a	0.51 ± 0.021^b
$C_{20:2}$	—	0.02 ± 0.008	0.03 ± 0.009	0.04 ± 0.007
$C_{22:0}$	0.26 ± 0.078^a	0.21 ± 0.042^a	0.26 ± 0.106^a	0.18 ± 0.035^a
$C_{20:3n6}$	0.04 ± 0.002^a	0.04 ± 0.00^a	—	0.08 ± 0.028
$C_{22:1}$	10.12 ± 6.010^a	5.66 ± 3.203^a	8.62 ± 7.347^a	5.48 ± 0.205^a
$C_{20:4}$	0.04 ± 0.009	0.04 ± 0.000	—	—
$C_{23:0}$	0.05 ± 0.003^a	0.09 ± 0.028^a	0.07 ± 0.003^a	0.12 ± 0.007^a
$C_{22:2n6}$	0.22 ± 0.071^a	0.14 ± 0.057^a	0.23 ± 0.198^a	0.18 ± 0.035^a
$C_{24:0}$	0.09 ± 0.002^a	0.07 ± 0.007^a	0.10 ± 0.049^a	0.06 ± 0.000^a
$C_{20:5n3}$	—	—	0.04 ± 0.007	0.04 ± 0.007
$C_{24:1}$	0.10 ± 0.007^a	0.08 ± 0.042^a	0.12 ± 0.085^a	0.09 ± 0.011^a
SFA	61.86 ± 3.29^a	65.36 ± 1.6^a	62.5 ± 3.5^a	59.05 ± 0.18^b
MUFA	35.44 ± 3.54^a	31.58 ± 1.5^a	34.32 ± 3.53^a	36.97 ± 0.4^a
PUFA	2.7 ± 0.25^b	3.08 ± 0.08^b	3.19 ± 0.01^b	4 ± 0.22^a

注：不同字母表示差异显著（$P<0.05$），相同字母表示差异不显著（$P>0.05$）。

　　均质和热处理骆驼乳肠消化游离脂肪酸含量如表 6-7 所示。经肠液消化 2h 后，产生 FFA 组分含量无明显变化。一些 FFA 随着消化时间的延长，逐渐消化完全，4 种 FFA 消化完全的种类各有不同。脂解的主要 FFA 与胃消化的相同。从胃消化到肠消化释放 $C_{14:0}$ 减少，生骆驼乳从 13.63mg 减少到 11.58mg，均质骆驼乳从 13.82mg 减少到 10.80mg，HTST 均质骆驼乳从 14.93mg 到减少 11.51mg，UHT 均质骆驼乳从 12.71mg 减少到 7.59mg，对于释放 $C_{16:0}$ 量，4 种骆驼乳减少不明显。相反，从胃消化到肠消化释放的 $C_{18:0}$ 增加，生骆驼乳从 13.42mg 增加到 14.20mg，均质骆驼乳从 14.22mg 增加到 14.95mg，UHT 均质骆驼乳从 12.63mg 增加到 4.84mg；对于 $C_{18:1n9c}$ 释放量，生骆驼乳从 16.36mg 增加到 17.67mg，均质骆驼乳从 16.58mg 增加到 19.70mg，HTST 均质骆驼乳从 16.70mg 增加到 17.58mg，UHT 均质骆驼乳从 22.54mg 增加到 26.72mg，且 UHT 均质骆驼乳的释放量显著高于其他 3 种骆驼乳。相比之下，UHT 均质骆驼乳 SFA 最低，反之 MUFA 最高。结果表明，UHT 均质骆驼乳释放的 FFA 对婴儿有较高的营养价值。

表 6-7　　　　　　均质和热处理骆驼乳肠消化游离脂肪酸含量（每 100mg）　　　　单位：mg

脂肪酸	生骆驼乳	均质骆驼乳	HTST 均质骆驼乳	UHT 均质骆驼乳
$C_{4:0}$	1.00 ± 0.078^a	0.59 ± 0.064^b	1.41 ± 0.969^a	0.45 ± 0.014^b
$C_{6:0}$	0.29 ± 0.177^a	0.13 ± 0.049^b	0.32 ± 0.156^a	0.04 ± 000^c
$C_{8:0}$	0.17 ± 0.049	0.09 ± 0.007	0.36 ± 0.325	—
$C_{10:0}$	$0.17\pm0.07^b 8$	0.25 ± 0.198^b	0.59 ± 0.354^a	0.13 ± 0.158^b
$C_{12:0}$	0.97 ± 0.021^a	0.75 ± 0.141^a	2.44 ± 2.305^a	0.31 ± 0.092^a
$C_{14:0}$	11.58 ± 1.534^a	10.80 ± 0.700^a	11.51 ± 2.461^a	7.59 ± 1.768^a
$C_{14:1}$	0.63 ± 0.127^a	0.53 ± 0.226^a	0.52 ± 0.021^a	0.15 ± 0.042^a
$C_{15:0}$	1.30 ± 0.085^a	1.13 ± 0.035^a	1.16 ± 0.141^a	1.30 ± 0.177^a
$C_{16:0}$	28.29 ± 1.725^a	29.56 ± 0.03^a	27.18 ± 0.382^a	27.81 ± 1.803^a
$C_{16:1}$	6.02 ± 0.240^a	6.32 ± 0.785^a	5.53 ± 0.226^a	5.01 ± 0.382^a
$C_{17:0}$	0.63 ± 0.014^b	0.55 ± 0.163^b	0.42 ± 0.191^b	1.01 ± 0.014^a
$C_{17:1}$	0.41 ± 0.028^b	0.43 ± 0.007^b	0.31 ± 0.014^b	0.61 ± 0.113^a
$C_{18:0}$	14.20 ± 0.997^a	14.95 ± 1.633^a	13.32 ± 0.445^a	14.84 ± 0.057^a
$C_{18:1n9t}$	0.75 ± 0.191^a	0.54 ± 0.085^b	0.79 ± 000^a	0.81 ± 0.148^a
$C_{18:1n9c}$	17.67 ± 1.103^b	19.70 ± 0.396^b	17.58 ± 1.358^b	26.72 ± 4.660^a
$C_{18:2n6c}$	1.89 ± 0.099^b	1.90 ± 0.127^b	3.42 ± 0.552^a	2.91 ± 0.601^{ab}
$C_{20:0}$	0.39 ± 0.078^a	0.46 ± 0.007^a	0.31 ± 0.148^a	0.45 ± 0.007^a
$C_{20:1}$	0.16 ± 0.028^b	0.19 ± 0.00^b	0.17 ± 0.02^b	0.27 ± 0.035^a
$C_{18:3n3}$	0.95 ± 0.014^a	0.98 ± 0.057^a	0.63 ± 0.255^a	0.22 ± 0.014^b
$C_{21:0}$	1.00 ± 0.120^a	1.11 ± 0.071^a	0.91 ± 0.113^a	0.55 ± 0.042^b
$C_{22:0}$	0.27 ± 0.042^a	0.18 ± 0.057^a	0.26 ± 0.043^a	0.20 ± 0.014^a
$C_{20:3n6}$	—	—	—	0.10 ± 0.028
$C_{22:1}$	10.88 ± 3.125^a	8.49 ± 0.014^a	10.94 ± 3.274^a	7.79 ± 1.945^a
$C_{22:2n6}$	0.28 ± 0.120^a	0.21 ± 0.035^a	0.36 ± 0.057^a	0.21 ± 0.049^a
$C_{24:0}$	—	0.09 ± 0.064	0.16 ± 0.05	0.08 ± 0.021
$C_{24:1}$	0.15 ± 0.057^b	0.19 ± 0.035^b	0.15 ± 0.05^b	0.40 ± 0.304^b
SFA	60.22 ± 2.99^a	60.59 ± 1^a	60.12 ± 4.17^a	54.72 ± 2.87^b
MUFA	36.67 ± 2.81^b	36.28 ± 0.92^b	35.43 ± 3.97^b	41.74 ± 2.59^a
PUFA	3.12 ± 0.17^b	3.13 ± 0.07^b	4.45 ± 0.21^a	3.56 ± 0.3^b

注：不同字母表示差异显著（$P<0.05$），相同字母表示差异不显著（$P>0.05$）。

三、均质和热处理对骆驼乳蛋白质消化特性影响的比较分析

（一）均质和热处理对骆驼乳各消化样品游离氨基酸影响的比较分析

每 100mg 均质和热处理骆驼乳初始消化游离氨基酸含量如表 6-8 所示，在总氨基酸、必需氨基酸和非必需氨基酸方面，4 种骆驼乳中的游离氨基酸含量依次均为：均质骆驼乳>生骆驼乳>UHT 均质骆驼乳>HTST 均质骆驼乳，且均质骆驼乳中的含量显著较高（$P<0.05$）。

表 6-8　　均质和热处理骆驼乳初始消化游离氨基酸含量（每 100mg）　　单位：mg

氨基酸分类	氨基酸名称	生骆驼乳	均质骆驼乳	HTST 均质骆驼乳	UHT 均质骆驼乳
非必需氨基酸	天冬氨酸（Asp）	0.87±0.028[a]	0.98±0.035[a]	0.83±0.057[a]	0.80±0.198[a]
	精氨酸（Arg）	0.51±0.007[a]	0.55±0.049[a]	0.46±0.021[a]	0.46±0.113[a]
	丝氨酸（Ser）	0.67±0.014[a]	0.71±0.071[a]	0.59±0.014[a]	0.59±0.127[a]
	谷氨酸（Glu）	2.90±0.000[a]	3.10±0.283[a]	2.55±0.071[a]	2.60±0.566[a]
	酪氨酸（Tyr）	0.59±0.014[a]	0.64±0.071[a]	0.53±0.028[a]	0.53±0.134[a]
	组氨酸（His）	0.57±0.014[a]	0.56±0.021[a]	0.52±0.014[a]	0.50±0.078[a]
	甘氨酸（Gly）	0.18±0.007[a]	0.18±0.014[a]	0.16±0.007[a]	0.15±0.028[a]
	丙氨酸（Ala）	0.33±0.014[a]	0.34±0.021[a]	0.30±0.021[a]	0.31±0.078[a]
	脯氨酸（Pro）	1.50±0.000[a]	1.55±0.071[a]	1.35±0.071[a]	1.35±0.212[a]
	总量	8.11±0.05[ab]	8.59±0.45[a]	7.28±0.19[b]	7.28±1.09[b]
必需氨基酸	缬氨酸（Val）	0.78±0.021[a]	0.81±0.071[a]	0.68±0.014[a]	0.70±0.148[a]
	甲硫氨酸（Met）	0.19±0.007[a]	0.32±0.007[a]	0.26±0.021[a]	0.24±0.106[a]
	异亮氨酸（Ile）	0.68±0.000[a]	0.73±0.085[a]	0.61±0.035[a]	0.61±0.127[a]
	亮氨酸（Leu）	1.25±0.071[a]	1.35±0.071[a]	1.15±0.071[a]	1.19±0.304[a]
	苯丙氨酸（Phe）	0.60±0.014[a]	0.66±0.071[a]	0.53±0.014[a]	0.54±0.120[a]
	赖氨酸（Lys）	1.03±0.042[a]	1.15±0.071[a]	0.93±0.028[a]	0.89±0.156[a]
	苏氨酸（Thr）	0.64±0.014[a]	0.68±0.064[a]	0.56±0.014[a]	0.56±0.127[a]
	总量	5.16±0.12[ab]	5.69±0.31[a]	4.71±0.14[b]	4.71±0.77[b]
总氨基酸	—	13.27±0.17[ab]	14.28±0.76[a]	11.99±0.34[b]	11.99±1.86[b]

注：同行不同字母表示差异显著（$P<0.05$），相同字母表示差异不显著（$P>0.05$）。

每 100mg 在热处理骆驼乳胃消化游离氨基酸含量如表 6-9 所示，4 种热处理骆驼乳样品胃消化 2h，在总氨基酸，必需氨基酸和非必需氨基酸方面，4 种热处理骆驼乳中的含量均为：均质骆驼乳>生骆驼乳>HTST 均质骆驼乳>UHT 均质骆驼乳，且 UHT 均质骆驼乳中的含量均显著低于其他 3 种热处理骆驼乳差异性显著（$P<0.05$）。说明 UHT 均质骆驼乳

中蛋白质可能具有较低消化利用率。

表 6-9　　　　　均质和热处理骆驼乳胃消化游离氨基酸含量（每 100mg）　　　单位：mg

分类	名称	生骆驼乳	均质骆驼乳	HTST 均质骆驼乳	UHT 均质骆驼乳
非必需氨基酸	天冬氨酸（Asp）	0.42±0.057[a]	0.42±0.021[a]	0.41±0.014[a]	0.32±0.014[a]
	精氨酸（Arg）	0.24±0.014[a]	0.24±0.000[a]	0.25±0.042[a]	0.20±0.007[a]
	丝氨酸（Ser）	0.33±0.014[a]	0.33±0.007[a]	0.31±0.007[a]	0.26±0.014[b]
	谷氨酸（Glu）	1.40±0.141[a]	1.40±0.000[a]	1.35±0.071[ab]	1.15±0.071[b]
	酪氨酸（Tyr）	0.29±0.021[a]	0.29±0.007[a]	0.26±0.000[ab]	0.23±0.021[b]
	组氨酸（His）	0.40±0.028[a]	0.35±0.028[a]	0.41±0.000[a]	0.35±0.014[a]
	甘氨酸（Gly）	0.09±0.005[a]	0.09±0.004[a]	0.08±0.006[a]	0.36±0.402[a]
	丙氨酸（Ala）	0.17±0.007[a]	0.17±0.007[a]	0.16±0.007[a]	0.13±0.000[b]
	脯氨酸（Pro）	0.73±0.057[a]	0.71±0.014[a]	0.68±0.007[a]	0.58±0.035[b]
	总量	4.06±0.24[a]	3.98±0.02[a]	3.9±0.1[a]	3.56±0.16[b]
必需氨基酸	缬氨酸（Val）	0.39±0.035[a]	0.38±0.014[a]	0.35±0.014[a]	0.32±0.000[a]
	甲硫氨酸（Met）	0.08±0.064[a]	0.06±0.035a	0.08±0.016[a]	0.06±0.012[a]
	异亮氨酸（Ile）	0.34±0.035[a]	0.32±0.00[ab]	0.300.014[ab]	0.26±0.035[b]
	亮氨酸（Leu）	0.61±0.042[a]	0.60±0.014[a]	0.57±0.021[ab]	0.50±0.035[b]
	苯丙氨酸（Phe）	0.30±0.021[a]	0.29±0.014[a]	0.28±0.014[a]	0.24±0.007[b]
	赖氨酸（Lys）	0.52±0.035[a]	0.51±0.007[a]	0.47±0.014[a]	0.40±0.014[b]
	苏氨酸（Thr）	0.32±0.021[a]	0.31±0.014[a]	0.29±0.014[a]	0.25±0.007[b]
	总量	2.53±0.18[a]	2.47±0.07[a]	2.33±0.05[a]	2.01±0.06[b]
氨基酸总量	—	6.59±0.42[a]	6.44±0.09[a]	6.23±0.15[a]	5.57±0.1[b]

注：同行不同字母表示差异显著（$P<0.05$），相同字母表示差异不显著（$P>0.05$）。

每 100mg 均质和热处理骆驼乳肠消化游离氨基酸含量如表 6-10 所示。4 种骆驼乳样品肠消化 2h，在氨基酸总量、必需氨基酸总量和非必需氨基酸总量方面，含量从高到低依次均为：生骆驼乳>UHT 均质骆驼乳>HTST 均质骆驼乳>均质骆驼乳，且 4 种样品含量没有显著差异（$P>0.05$）。结果表明生骆驼乳的非必需氨基酸总量、必需氨酸总量、氨基酸总量相比较最高，说明生骆驼乳中的蛋白质更易被消化利用。

表 6-10　　　　　均质和热处理骆驼乳肠消化游离氨基酸含量（每 100mg）　　　单位：mg

分类	名称	生骆驼乳	均质骆驼乳	HTST 均质骆驼乳	UHT 均质骆驼乳
非必需氨基酸	天冬氨酸（Asp）	0.24±0.014[a]	0.18±0.092[a]	0.21±0.028[a]	0.22±0.006[a]
	精氨酸（Arg）	0.13±0.007[a]	0.10±0.041[a]	0.11±0.016[a]	0.12±0.014[a]
	丝氨酸（Ser）	0.17±0.000[a]	0.14±0.049[a]	0.14±0.014[a]	0.16±0.007[a]

续表

分类	名称	生骆驼乳	均质骆驼乳	HTST 均质骆驼乳	UHT 均质骆驼乳
	谷氨酸（Glu）	0.73±0.007[a]	0.58±0.240[a]	0.64±0.078[a]	0.69±0.049[a]
	酪氨酸（Tyr）	0.14±0.000[a]	0.09±0.071[a]	0.12±0.014[a]	0.13±0.007[a]
	组氨酸（His）	0.32±0.021[a]	0.30±0.042[a]	0.32±0.007[a]	0.31±0.007[a]
	甘氨酸（Gly）	0.08±0.003[a]	0.07±0.016[a]	0.07±0.001[a]	0.08±0.008[a]
	丙氨酸（Ala）	0.09±0.001[a]	0.08±0.021[a]	0.08±0.008[a]	0.08±0.008[a]
	脯氨酸（Pro）	0.38±0.035[a]	0.32±0.106[a]	0.31±0.014[a]	0.38±0.014[a]
	总量	2.26±0.03[a]	1.84±0.48[a]	1.99±0.1[a]	2.15±0.08[a]
必需氨基酸	缬氨酸（Val）	0.21±0.007[a]	0.18±0.028[a]	0.18±0.021[a]	0.19±0.007[a]
	甲硫氨酸（Met）	0.07±0.003[a]	0.04±0.032[a]	0.06±0.011[a]	0.04±0.023[a]
	异亮氨酸（Ile）	0.18±0.014[a]	0.17±0.035[a]	0.15±0.014[a]	0.15±0.014[a]
	亮氨酸（Leu）	0.33±0.007[a]	0.29±0.057[a]	0.29±0.035[a]	0.32±0.035[a]
	苯丙氨酸（Phe）	0.16±0.014[a]	0.14±0.028[a]	0.14±0.014[a]	0.13±0.014[a]
	赖氨酸（Lys）	0.27±0.007[a]	0.21±0.085[a]	0.23±0.021[a]	0.25±0.007[a]
	苏氨酸（Thr）	0.16±0.000[a]	0.14±0.049[a]	0.14±0.014[a]	0.15±0.014[a]
	总量	1.37±0.03[a]	1.16±0.22[a]	1.17±0.09[a]	1.22±0.01[a]
总氨基酸	—	3.63±0[a]	3±0.7[a]	3.16±0.19[a]	3.37±0.08[a]

注：不同字母表示差异显著（$P<0.05$），同行相同字母表示差异不显著（$P>0.05$）。

（二）均质和热处理骆驼乳各消化样品 SDS-PAGE 电泳分析

均质和热处理骆驼乳各个消化时间段的 SDS-PAGE 电泳分析如图 6-28 所示。生骆驼乳的蛋白质条带明显比消化乳的颜色更深，特别是高分子质量区域，说明生骆驼乳含有更多高分子质量的蛋白质。消化 30min 后，在 18ku 附近出现一条明显的条带，这可能是由于分子质量较高的蛋白质水解。婴儿消化体系的 pH 可能限制了胃蛋白质酶的活性。随着肠消化的进行，17ku 以下的蛋白质条带强度变强，17ku 以上的蛋白质条带虽逐渐模糊，仅在 90ku 附近有一条较浅的蛋白质条带但仍然可见，说明骆驼乳中某些高分子质量的蛋白质可能不能被完全水解。与生骆驼乳相比，3 种热处理的骆驼乳在胃消化过程中蛋白质条带的变化与生骆驼乳相似，变化主要发生在肠消化的过程中。经过胃消化，骆驼乳的主要蛋白质条带仍然可见。肠消化 30min 后，仅在 17ku 以下，蛋白质条带随消化时间的延长而向下迁移，这种轻微的迁移变化表明这些肽正被水解成分子质量更小的肽。

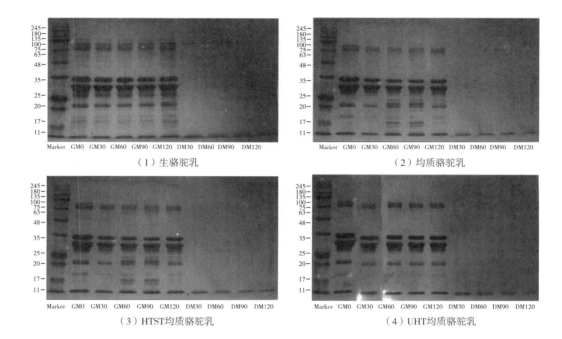

图 6-28　均质和热处理骆驼乳各消化时间段的 SDS-PAGE 电泳分析

GM0、GM30、GM60、GM90、GM120 分别表示胃阶段消化 0min、30min、60min、90min、120min；DM30、DM60、DM90、M120 分别表示肠阶段消化 0min、60min、90min、120min。

（三）均质和热处理对骆驼乳消化后肽段影响的分析

经过 4h 的胃肠消化后，4 种加工处理骆驼乳的消化乳在分子质量<5ku 的区域分布了较多的肽段，而这些小肽通过 SDS-PAGE 电泳分析进行表征时效果较差。因此对乳消化终产物中分子质量<5ku 的这些小肽进一步分析，分别鉴定出不同肽段。这一结果与 SDS-PAGE 电泳分析的结果一致，即乳中的某些蛋白质经过胃肠 4h 的消化后仍有部分未完全水解。

在分析 4 种热处理骆驼乳肠消化后的样品，共鉴定出 1424 个具有独特序列的肽。生骆驼乳、均质骆驼乳、UHT 均质骆驼乳、HTST 均质骆驼乳样品特有的肽的数量和样品间共享的肽的数量如图 6-29（1）。生骆驼乳共有 1039 个肽，具有 23 个独有肽；均质骆驼乳共有 1039 个肽，具有 46 个独有肽；HTST 均质骆驼乳共有 1166 个肽，具有 29 个独有肽；UHT 均质骆驼乳共有 1145 个肽，具有 60 个独有肽。然而，目前的研究并不旨在确定这些肽是首先在骆驼乳中释放并在整个消化过程中存活，还是通过骆驼乳、胃和肠中不同的蛋白质水解多次释放产生。UHT 均质骆驼乳、HTST 均质骆驼乳的 1500ku 以下肽的个数高于生骆驼乳、均质骆驼乳 ［图 6-29（4）］。虽然 4 种热处理骆驼乳样本肽之间分子质量的差异可以部分地由肽的氨基酸组成的差异来解释，但更大的因素是肽长短的所影响，如图 6-29（3）所示，4 种骆驼乳肽的长度主要集中在 10 左右。然而肽段的长度关乎它们的分数，如图 6-29（2）所示，4 种骆驼乳肽的分数主要集中在

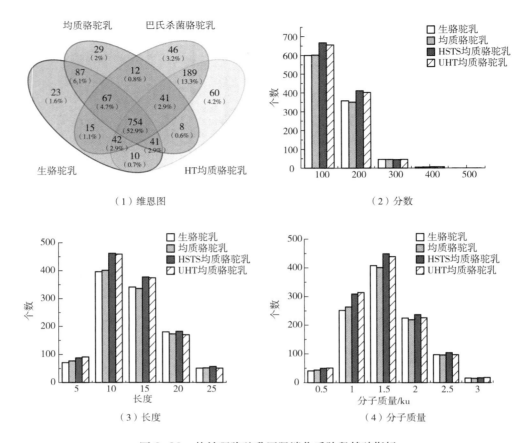

图 6-29　热处理骆驼乳胃肠消化后肽段基础指标

100 左右。

　　对鉴定出的肽段使用软件进行搜库，结果如表 6-11 所示，数据显示大多数肽段来源于酪蛋白。从酪蛋白的组成来看，生骆驼乳、均质骆驼乳中来源于 β-酪蛋白的肽段含量最高，占总肽段的 17.9%、18%；其次是来源于 α_{S1}-酪蛋白和 α_{S2}-酪蛋白的肽段，分别占总肽段的 15.78%、16.07%、6.74% 和 7.12%。而 UHT 均质骆驼乳、HTST 均质骆驼乳来源蛋白质的肽段排名前三的分别是来源于 β-酪蛋白、α_{S1}-酪蛋白和黄嘌呤脱氢酶，所占比例分别为 15.44%、13.64%、5.32% 和 15.55%、14.76%、5.33%。此外，生骆驼乳、均质骆驼乳中排名前十的蛋白质和 UHT 均质骆驼乳、HTST 均质骆驼乳略有不同。UHT 均质骆驼乳、HTST 均质骆驼乳含有胺氧化酶蛋白较多，分别占 3.95% 和 4.89%。

表 6-11　均质和热处理骆驼乳胃肠消化后肽释放肽段数前十蛋白质肽段含量

蛋白质	骆驼乳处理方法			
	生骆驼乳	均质骆驼乳	HTST 均质骆驼乳	UHT 均质骆驼乳
β-酪蛋白	178	187	180	178
α_{S1}-酪蛋白	169	167	159	169

续表

蛋白质	骆驼乳处理方法			
	生骆驼乳	均质骆驼乳	HTST 均质骆驼乳	UHT 均质骆驼乳
黄嘌呤脱氢酶	61	66	62	61
乳运铁蛋白	56	19	46	56
α_{S2}-酪蛋白	53	74	58	53
乳黏附素样蛋白	53	35	61	53
糖基化依赖性细胞黏附分子 1	50	49	48	50
嗜酪蛋白亚家族 1 成员 A1	44	42	45	44
胺氧化酶	37	32	40	37
κ-酪蛋白	32	35	36	32

四、小结

在整个体外消化过程中，热处理骆驼乳 Zeta 电位、粒径分布、脂解速率、微观结构、游离脂肪酸、游离氨基酸以及消化终产物中肽段（<10ku）的组成都存在差异。UHT 均质骆驼乳具有更多的生物活性肽。试验数据可为骆驼乳在婴儿乳制品中的应用提供有价值的信息。

参考文献

［1］Agrawal R P，Jain S，Shah S，et al. Effect of camel milk on glycemic control and insulin requirement in patients with type 1 diabetes：2-years randomized controlled trial［J］. European Journal of Clinical Nutrition，2011，65（9）：1048-1052.

［2］Amador-espejo G G，Suàrez-berencia A，Juan B，et al. Effect of moderate inlet temperatures in ultra-high-pressure homogenization treatments on physicochemical and sensory characteristics of milk［J］. Journal of Dairy Science，2014，97（2）：659-671.

［3］Chen D，Li X，Zhao X，et al. Comparative proteomics of goat milk during heated processing［J］. Food Chemistry，2019，275：504-514.

［4］Chen D，Li X Y，Zhao X，et al. Proteomics and microstructure profiling of goat milk protein after homogenization［J］. Journal of Dairy Science，2019，102（5）：3839-3850.

［5］Cebo C，Martin P. Inter-species comparison of milk fat globule membrane proteins highlights the molecular diversity of lactadherin［J］. International Dairy Journal，2012，24（2）：70-77.

［6］Kamal M，Foukani M，Karoui R. Effects of heating and calcium and phosphate mineral supplementation on the physical properties of rennet-induced coagulation of camel and cow milk gels［J］. Journal of Dairy Research，2017，84（2）：220-228.

［7］Meena G S，Singh A K，Gupta V K，et al. Effect of pH adjustment，homogenization and diafiltration on physicochemical，reconstitution，functional and rheological properties of medium protein milk protein concentrates（MPC70）［J］. Journal of Food Science and Technology，2018，55：1376-1386.

［8］Omar A，Harbourne N，Oruna-concha M J. Quantification of major camel milk proteins by capillary electrophoresis［J］. International Dairy Journal，2016，58：31-35.

［9］Tabea B，Markus E，Sjef B，et al. Effect of processing intensity on immunologically active bovine milk serum proteins［J］. Nutrients，2017，9（9）：963.

［10］Yagil R，Etzion Z. Effect of drought condition on the quality of camel milk［J］. Journal of Dairy Research，1980，47（2）：159-166.

［11］Yang J，Dou Z，Peng X，et al. Transcriptomics and proteomics analyses of anti-cancer mechanisms of TR35-An active fraction from Xinjiang bactrian camel milk in esophageal carcinoma cell［J］. Clinical Nutrition，2019，38（5）：2349-2359.

［12］Anema S G. Heat-induced changes in caseins and casein micelles，including interactions with denatured whey proteins［J］. International Dairy Journal，2021，122：105136.

［13］Claeys W L，Verraes C，Cardoen S，et al. Consumption of raw or heated milk from different species：an evaluation of the nutritional and potential health benefits［J］. Food Control，2014，42（1）：188-201.

［14］Felfoul I，Jardin J，Gaucheron F，et al. Proteomic profiling of camel and cow milk proteins under heat treatment［J］. Food Chemistry，2017，216：161-169.

［15］Holland J W，Gupta R，Deeth H C，et al. Proteomic analysis of temperature-dependent changes in stored UHT milk［J］. Journal of Agricultural & Food Chemistry，2011，59（5）：1837-1846.

［16］Ho T M，Zou Z，Bansal N. Camel milk：A review of its nutritional value，heat stability，and potential food products［J］. Food Research International，2022，153：110870.

[17] Le T T, Holland J W, Bhandari B, et al. Direct evidence for the role of maillard reaction products in protein cross－linking in milk powder during storage [J]. International Dairy Journal, 2013, 31 (2): 83－91.

[18] Mehta B M, Deeth H C. Blocked lysine in dairy products: formation, occurrence, analysis, and nutritional implications [J]. Comprehensive Reviews in Food Science and Food Safety, 2016, 15 (1): 206－218.

[19] Parrón J A, Ripollés D, Ramos S J, et al. Antirotaviral potential of lactoferrin from different origin: effect of thermal and high pressure treatments [J]. BioMetals, 2018, 31 (3): 343－355.

[20] Talukdar D, Ray S, Ray M, et al. A brief critical overview of the biological effects of methylglyoxal and further evaluation of a methylglyoxal－based anticancer formulation in treating cancer patients [J]. Drug Metabolism & Drug Interactions, 2008, 23 (1－2): 175－210.

[21] Wang T T, Guo Z W, Liu Z P, et al. The aggregation behavior and interactions of yak milk protein under thermal treatment [J]. Journal of Dairy Science, 2016, 99 (8): 6137－6143.

[22] 李荣蓉, 苗静, 杨洁. 热处理对骆驼乳蛋白质影响的研究进展 [J]. 中国乳品工业, 2020, 48 (12): 32－37.

[23] 孙佳悦. 乳清蛋白和酪蛋白热凝集反应机理研究 [D]. 大连: 大连工业大学, 2017.

[24] 王立枫. 牦牛乳清蛋白热变性机制及乳蛋白的热凝聚作用 [D]. 哈尔滨: 哈尔滨工业大学, 2018.

[25] Amador－espejo G G, Suarez－berencia A, Juan B, et al. Effect of moderate inlet temperatures in ultra－high－pressure homogenization treatments on physicochemical and sensory characteristics of milk [J]. Journal of Dairy Science, 2014, 97 (2): 659－671.

[26] Anagnostopoulos A K, Katsafadou A, Pierros V, et al. Milk of greek sheep and goat breeds: characterization by means of proteomics [J]. Journal of Proteomics, 2016, 147: 76－84.

[27] Huppertz T. Homogenization of milk high－pressure homogenizers [J]. Encyclopedia of Dairy Sciences (Second Edition), 2011, 2 (10): 755－760.

[28] Pereda J, Jaramillo D P, Quevedo J M, et al. Characterization of volatile compounds in ultra－high－pressure homogenized milk [J]. International Dairy Journal, 2008, 18 (8): 8326－8345.

[29] Qi P X, Ren D, Xiao Y, et al. Effect of homogenization and pasteurization on the structure and stability of whey protein in milk [J]. Journal of Dairy Science, 2015, 98 (5): 2884－2897.

[30] Rona R J, Keil T, Summers C, et al. The prevalence of food allergy: a meta－analysis [J]. Journal of Allergy & Clinical Immunology, 2007, 120 (3): 638－646.

[31] Tabea B, Markus E, Sjef B, et al. Effect of processing intensity on immunologically active bovine milk serum proteins [J]. Nutrients, 2017, 9 (9): 963.

[32] Villa C, Costa J, Oliveira M, et al. Bovine milk allergens: a comprehensive review [J]. Comprehensive Reviews in Food Science and Food Safety, 2018, 17 (1): 137－164.

[33] 陈辉. 应用酶法水解牛乳蛋白研制婴儿配方乳 [D]. 哈尔滨: 东北农业大学, 2003.

[34] 吴庆贺. 新型婴儿配方乳粉的研究 [D]. 哈尔滨: 东北农业大学, 2008.

[35] 韩荣伟, 王加启, 郑楠. 热处理对牛乳成分的变化影响及热损标识物的选择 [J]. 中国食物与营养, 2011 (7): 22－29.

[36] 孙玉雪. 基于组学技术分析山羊乳和牛乳乳清蛋白与脂肪球膜蛋白组成及消化特性 [D]. 长春: 吉林大学, 2019.

[37] 中国营养学会. 中国居民膳食指南 (2016) [M]. 北京: 人民卫生出版社, 2016.

第七章

骆驼乳的功效

第一节　骆驼乳对葡聚糖硫酸钠诱导小鼠结肠炎的保护作用

炎性肠病（Inflammatory bowel disease，IBD）主要包括克罗恩病（Crohn's disease，CD）和溃疡性结肠炎（Ulcerative colitis，UC）。溃疡性结肠炎是一种慢性非特异性肠道炎症性疾病，病变主要在直肠和结肠发生，导致肠上皮表面损伤；溃疡性结肠炎在胃肠道的任何部位均可发生。两者的临床症状都涉及腹痛、肠道出血、便血、体重减轻和腹泻等。目前炎性肠病的病因尚未完全明确，但可归因于与遗传、免疫和环境因素有关。有研究表明，其发病机制主要包括肠上皮屏障破坏、固有免疫防御失控和肠道微生物失调。近年来，炎性肠病发病率逐年攀升，但始终无法彻底根治。因此，越来越多的人们倾向于通过天然食物来预防炎性肠病。

骆驼乳具有多种生物活性成分，因其具有多种保健功能而被广泛食用，已经被作为一种基本营养补充剂来帮助免疫缺陷患者。与其他反刍动物乳相比，骆驼乳还可以被乳糖不耐受患者和牛乳过敏患者食用，并且脂肪、胆固醇和乳糖含量低，钙、镁、铜、锌等矿物质含量高，维生素 A、维生素 B_2、维生素 C、维生素 E 等含量高。除了分泌型免疫球蛋白 A（IgA）和免疫球蛋白 M（IgM）的含量高外，骆驼乳还含有多种具有抗菌和抗病毒活性的纳米抗体，并含有多种具有免疫调节特性的生物活性蛋白质，包括溶菌酶、乳糖过氧化物酶和 N-乙酰氨基葡萄糖酶。此外，骆驼乳中还含有低聚糖，低聚糖是一种益生元，它可以减少致病性微生物附着于结肠黏膜并有利于双歧杆菌数量增加。同时，骆驼乳富含乳铁蛋白，具有较好的抗氧化和抗炎特性。据报道，骆驼乳对糖尿病、肾病和酒精性肝损伤具有保护和减轻作用。然而，关于骆驼乳对炎性肠病保护作用的研究还很有限。因此，本研究旨在探究骆驼乳对葡聚糖硫酸钠（Dextran sulfate sodium，DSS）诱导小鼠结肠炎的预防作用。

本实验将 60 只 C57BL/6 小鼠随机进行分组，平均分为 5 组（每组 12 只），即空白组（CK）、模型组（DSS）、骆驼乳组（CM）和干预组（CM+DSS）。在灌胃期间，空白组和模型组灌胃灭菌后的生理盐水，骆驼乳组和干预组按照每日 10mL/kg 的剂量将鲜骆驼乳粉复原进行灌胃，每日灌胃 2 次，连续灌胃 14d，最后 1 次灌胃结束后进行造模及后续试验。由试验第 1 天起将小鼠尾部进行编号，每 4 只小鼠一笼，并在笼底铺一层木屑以便观察和收集粪便。试验过程中每天在固定时间测量小鼠体重；早晚 2 次观察粪便性状，记录大便是否隐血、便血，计算疾病活动指数（DAI）评分，评估结肠炎受损程度，对组织损伤进行评分计算。

造模短时间内自由饮用 25g/L 葡聚糖硫酸钠（DSS）建立急性动物结肠炎模型。CK 组和 DSS 组，连续灌胃生理盐水 21d；从第 15~21 天开始，DSS 组自由饮用 25g/L 葡聚糖硫酸钠溶液；CM 组和 CM+DSS 组，连续灌胃骆驼乳 21d，从第 15~21 天开始，CM+DSS 组自由饮用 25g/L 葡聚糖硫酸钠溶液。

一、骆驼乳对结肠炎的改善作用

（一）小鼠体重和 DAI 变化

研究表明，DSS 诱导的小鼠结肠炎与人类的炎性肠病（IBD）症状相似。如图 7-1 所示，随着 25g/L DSS 的饮用，CK 组和 CM 组小鼠体重每天缓慢增长，DSS 组和 CM+DSS 组小鼠均表现出体重下降趋势，到第 7 天时分别下降了 14.2% 和 6.1%。与 CK 组相比，DSS 组小鼠从第 4 天开始体重变化率具有显著差异（$P<0.05$）。相比 DSS 组，CM+DSS 组小鼠体重下降程度相对减小，且后期下降趋势减缓，从第 4 天开始体重变化率具有显著的统计学差异（$P<0.05$），表明骆驼乳干预后可以缓解结肠炎小鼠体重减轻症状。

在处死小鼠的前一天，DAI 评分通过结合体重变化、大便隐血和性状等情况综合进行打分。如图 7-1 所示，除体重外，DSS 组和 CM+DSS 组小鼠的饮食和饮水量也开始减少，且第 3 天时小鼠开始腹泻，第 4 天时逐渐开始便血。从第 2 天开始，与 CK 组相比，DSS 组小鼠 DAI 评分具有显著的统计学差异（$P<0.05$），至第 7 天 DAI 评分达到最高，为 9.6 分。与 DSS 组相比，CM+DSS 组 DAI 评分均低于 DSS 组（$P<0.05$），到第 7 天时评分为 6.1 分，且增加幅度相对较小，从第 4 天开始与 DSS 组相比具有显著的统计学差异（$P<0.05$）。此外，补充骆驼乳具有缓解结肠炎小鼠大便隐血、腹泻等病理学特征的作用。

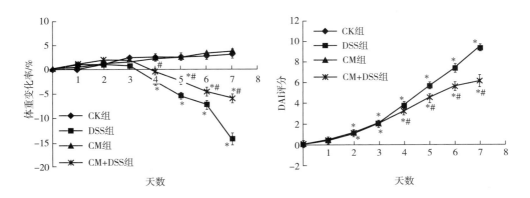

图 7-1　骆驼乳对结肠炎小鼠体重变化率和 DAI 评分的影响

与 DSS 组相比，*代表有显著差异（$P<0.05$）；与 CK 相比，#代表有显著差异（$P<0.05$）。

（二）结肠长度和病理组学评分

解剖后，取出结肠组织，计算每组小鼠结肠长度变化情况。结肠长度变化是衡量炎症的一个重要标准，炎症加剧，结肠会肿胀缩短。如图 7-2 所示，CK 组小鼠结肠长度最长，表面光滑且未见肿胀，肠内粪便成形，而 DSS 组结肠长度最短，与 CK 组结肠长度相比具有显著差异（$P<0.05$），且表现出明显水肿，肠内粪便呈黄色水样脓液。通过骆驼乳干预后，结肠缩短情况有所缓解，CM+DSS 组小鼠结肠长度与 DSS 组相比具有显著差异（$P<0.05$），表明 CM 可以缓解结肠炎小鼠结肠缩短的症状。

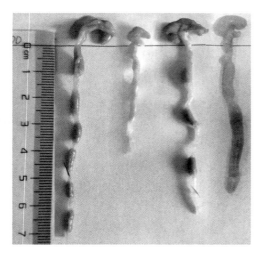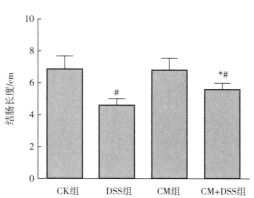

图 7-2　骆驼乳对结肠炎小鼠结肠长度的影响

与 DSS 组相比，＊代表有显著差异（$P<0.05$）；与 CK 组相比，#代表有显著差异（$P<0.05$）。

髓过氧化物酶（MPO）是中性粒细胞浸润的重要标志，可以通过检测 MPO 活性评价中性粒细胞的浸润程度。如图 7-3 所示，饮用 25g/L DSS 后，DSS 组小鼠的结肠 MPO 活性最高，与 CK 组相比具有显著差异（$P<0.05$），表明经 DSS 诱导后小鼠出现中性粒细胞浸润的情况。通过骆驼乳干预后，CM+DSS 组的 MPO 活性明显低于 DSS 组（$P<0.05$），表明骆驼乳可能通过减少中性粒细胞的浸润从而缓解结肠炎症。

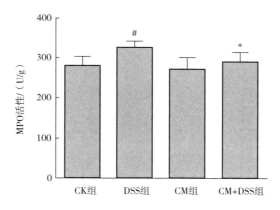

图 7-3　骆驼乳对 MPO 活性的影响

与 DSS 组相比，＊代表有显著差异（$P<0.05$）；与 CK 组相比，#代表有显著差异（$P<0.05$）。

组织损伤评分是判定模型建立成功的关键指标。如图 7-4 所示，通过脱蜡和苏木精-伊红（HE）染色结果表明，CK 组和 CM 组小鼠结肠组织腺体排列整齐，结肠黏膜完整，隐窝正常，未见病变；DSS 组小鼠结肠组织腺体排列紊乱，肠黏膜被破坏，弥漫性溶解坏死，隐窝和杯状细胞明显减少，炎性细胞浸润情况严重，病变严重，导致组织损伤评分显著升高，与 CK 组相比具有显著差异（$P<0.05$）；CM+DSS 组小鼠结肠组织黏膜破坏程度减少，组织较完整，小部分腺体缺失，炎性细胞浸润少，炎症程度较 DSS 组减轻，组织损

伤评分降低，与 DSS 组相比具有显著差异（$P<0.05$），表明骆驼乳可以维持结肠组织形态，且明显改善结肠炎小鼠的组织损伤情况，有抑制炎症的作用。

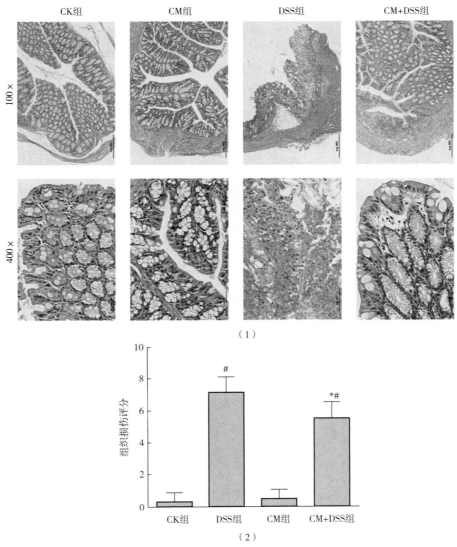

（1）小鼠结肠组织 HE 染色病理图（100×和 400×）（2）小鼠结肠组织损伤评分

图 7-4 小鼠结肠组织 HE 染色病理图及组织损伤评分

，＊代表与 DSS 组相比有显著差异（$P<0.05$）；#代表与 CK 组相比有显著差异（$P<0.05$）。

二、骆驼乳对肠上皮细胞蛋白通透性的作用

肠上皮黏液层是抵御病原体入侵的第一道防线，主要通过细胞间的紧密连接来维持肠道屏障功能，因此检测了紧密连接蛋白 Claudin-1、Occludin 和 ZO-1 在结肠组织中的表达。

（一）骆驼乳对紧密连接蛋白 Claudin-1 表达与分布的影响

通过免疫组织化学染色的方法对各组小鼠结肠中的 Claudin-1 进行半定量，染色结果

如图 7-5 所示。CK 组和 CM 组的肠上皮细胞排列整齐，呈连续性分布，均匀分布着 Claudin-1，阳性细胞标记数量较多，颜色较深；在 DSS 组中肠上皮细胞排列紊乱，呈不连续分布，大部分区域出现完全丢失的情况，相比于 CK 组，模型组中阳性细胞标记数量显著降低，阳性染色明显变浅，说明 DSS 诱导后肠上皮细胞间的 Claudin-1 数量显著减少，肠道屏障被破坏。经骆驼乳干预后，Claudin-1 阳性细胞标记数量显著增加，在肠上皮细胞间阳性染色较 DSS 组显著加深且分布均匀，说明骆驼乳可以有效改善 DSS 引起的 Claudin-1 数量的减少。Claudin-1 的定量结果与染色结果趋势基本一致，与 CK 组相比，模型组中的 Claudin-1 阳性面积占比显著降低。而 CM+DSS 组 Claudin-1 阳性面积占比显著高于模型组（P<0.05），且接近 CK 组和 CM 组。

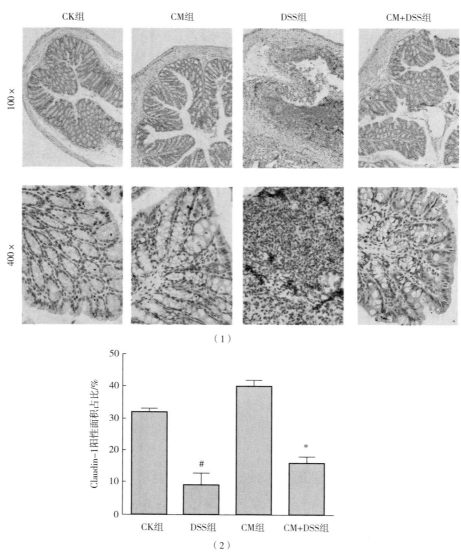

（1）Claudin-1 免疫组织化学染色（100×和 400×）　（2）Claudin-1 阳性面积占比

图 7-5　骆驼乳对紧密连接蛋白 Claudin-1 的影响

与 DSS 组相比，＊代表有显著差异（P<0.05）；与 CK 组相比，#代表有显著差异（P<0.05）。

（二）骆驼乳对紧密连接蛋白 Occludin 表达与分布的影响

对紧密连接蛋白 Occludin 免疫组织化学染色的含量和分布进行观察，染色结果如图 7-6 所示。CK 组和 CM 组中肠上皮细胞排列整齐，呈连续性分布，均匀分布着 Occludin，阳性细胞标记数量较多，颜色较深；与 CK 组相比，在 DSS 组中肠上皮细胞排列紊乱，呈不连续分布，大部分区域出现完全丢失的情况，DSS 组中阳性细胞标记数量显著降低，阳性染色明显变浅，说明 DSS 诱导后肠上皮细胞间的 Occludin 数量显著减少，肠道屏障被破坏。经骆驼乳干预后，Occludin 阳性细胞标记数量显著上升，在肠上皮细胞间阳性染色较 DSS 组显著加深且分布均匀，说明骆驼乳可以有效改善 DSS 引起的 Occludin 数量的减少。Occludin 的定量结果与染色结果趋势基本一致，与 CK 组相比，DSS 组中的 Occludin 阳性面积占比显著降低。经骆驼乳干预后，CM+DSS 组 Occludin 阳性面积占比显著高于 DSS 组（$P<0.05$），且接近 CK 组和 CM 组。

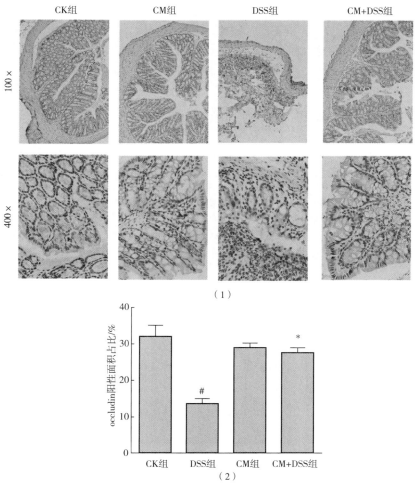

（1）Occludin 免疫组织化学染色（100×和 400×）　（2）Occludin 阳性面积占比

图 7-6　紧密连接蛋白 Occludin 免疫组织化学染色图和含量的分布

与 DSS 组相比，*代表有显著差异（$P<0.05$）；与 CK 组相比，#代表有显著差异（$P<0.05$）。

（三）骆驼乳对紧密连接蛋白 ZO-1 表达与分布的影响

观察紧密连接蛋白 ZO-1 的免疫组织化学染色结果，其分布和含量如图 7-7 所示。在 CK 组和 CM 组中肠上皮细胞排列整齐，呈连续性分布，ZO-1 均匀分布，阳性细胞标记数量较多，颜色深；相比 CK 组，DSS 组中肠上皮细胞排列紊乱，呈不连续分布，大部分区域出现完全丢失的情况，DSS 组中阳性细胞标记数量显著降低，阳性染色明显变浅，说明 DSS 诱导后肠上皮细胞间的 ZO-1 数量显著减少，肠道屏障受损。相比 DSS 组，经骆驼乳干预后 ZO-1 阳性细胞标记数量显著提高，在肠上皮细胞间阳性染色较模型组显著加深且分布均匀，说明骆驼乳可以有效改善 DSS 引起的 ZO-1 数量的减少。ZO-1 的定量结果与染色结果趋势基本一致，DSS 组中 ZO-1 阳性面积占比与 CK 组相比显著降低。与 DSS 组相比，经 CM 干预后 ZO-1 阳性面积占比显著增加（$P<0.05$），且接近 CK 组和 CM 组。

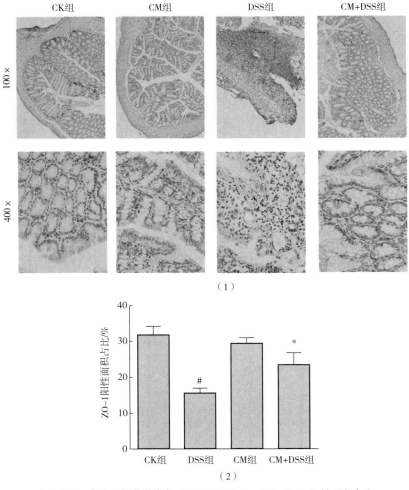

（1）ZO-1 免疫组织化学染色（100×和 400×）　（2）ZO-1 阳性面积占比

图 7-7　紧密连接蛋白 ZO-1 的免疫组织化学染色

与 DSS 组相比，＊代表有显著差异（$P<0.05$）；与 CK 组相比，#代表有显著差异（$P<0.05$）。

三、骆驼乳对结肠炎小鼠炎症的作用

（一）骆驼乳对结肠炎小鼠 IL-1β、 IL-6 和 IL-10 含量的影响

炎性细胞因子与炎性肠病具有重要关系，其过量分泌导致严重级联反应加剧，结肠损伤加重，形成恶性循环。因此，进一步探究骆驼乳对炎性细胞因子含量的影响，检测促炎性细胞因子 IL-1β 和 IL-6、抗炎细胞因子 IL-10 在血清中的含量以及结肠组织中 mRNA 的相对表达量。酶联免疫吸附试验（ELISA）检测结果如图 7-8 所示，与 CK 组相比，DSS 组小鼠中结肠组织的炎性细胞因子 IL-6、IL-10 和 IL-1β 水平显著升高（$P<0.05$），表明 DSS 诱导引起了小鼠结肠炎症；通过骆驼乳干预后，CM+DSS 组小鼠结肠组织中的炎性细胞因子水平显著下降（$P<0.05$），其炎性细胞因子水平接近 CK 组，表明骆驼乳可以通过降低炎性细胞因子水平从而抑制炎症。此外，CK 组与 CM 组之间没有显著的统计学差异。

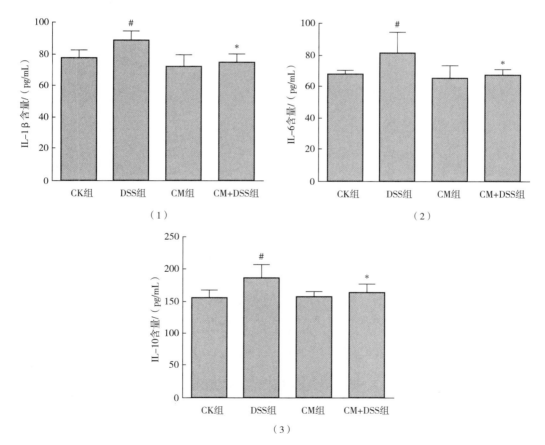

（1）炎性细胞因子 IL-1β　（2）炎性细胞因子 IL-6　（3）血清炎性细胞因子 IL-10

图 7-8　骆驼乳对结肠炎小鼠血清炎性细胞因子含量的影响

与 DSS 组相比，＊代表有显著差异（$P<0.05$）；与 CK 组相比，#代表有显著差异（$P<0.05$）。

通过实时荧光定量 PCR（qPCR）检测炎性细胞因子 IL-6、IL-1β 和 IL-10 在结肠组织中 mRNA 的相对表达量，结果如图 7-9 所示。与 CK 组相比，DSS 组具有最高丰度的 IL-6 mRNA 相对表达量（$P<0.05$），而 CM+DSS 组的 IL-6 mRNA 相对表达量显著低于 DSS 组（$P<0.05$）。CK 组和 CM 组的 IL-1β mRNA 相对表达量较少，而 DSS 组具有最高丰度的 IL-1β mRNA 相对表达量（$P<0.05$）。与 DSS 组相比，CM+DSS 组小鼠的 IL-1β mRNA 水平显著降低（$P<0.05$）。如图 7-9（3）所示，DSS 组中 IL-10 mRNA 相对表达量最高（$P<0.05$），CM+DSS 组的 IL-10 mRNA 相对表达量显著低于 DSS 组（$P<0.05$）。

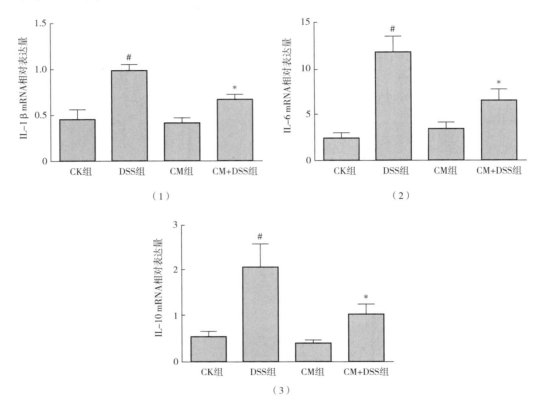

（1）炎性细胞因子 IL-1β　（2）炎性细胞因子 IL-6　（3）炎性细胞因子 IL-10

图 7-9　骆驼乳对结肠炎小鼠炎性细胞因子的 mRNA 影响

与 DSS 组相比，＊代表有显著差异（$P<0.05$）；与 CK 组相比，#代表有显著差异（$P<0.05$）。

（二）骆驼乳对小鼠结肠炎相关蛋白质表达的影响

1. 骆驼乳对结肠炎小鼠 NF-κB 通路蛋白表达的影响

为进一步确定结肠炎小鼠的作用机制，探究骆驼乳是否对 NF-κB 信号通路有影响。由于 NF-κB p65 活化后入核，检测了核蛋白中的 p-p65 和 p-IκBα 的蛋白质表达情况。p65 是 NF-κB 最重要的功能亚基，IκBα 是 NF-κB 抑制蛋白家族中的主要成员。如图 7-10 所示，与 CK 组相比，DSS 组中 p-p65 和 p-IκBα 的相对表达量显著升高（$P<0.05$），说明经 DSS 可以刺激 NF-κB p65 向细胞核转移；与 DSS 组相比，CM+DSS 组显著降低了核内 p-p65 和 p-IκBα 的相对表达量（$P<0.05$），说明骆驼乳可以下调细胞核中 p-p65 和 p-IκBα 蛋白质表达量，从而抑

制 NF-κB 信号通路。

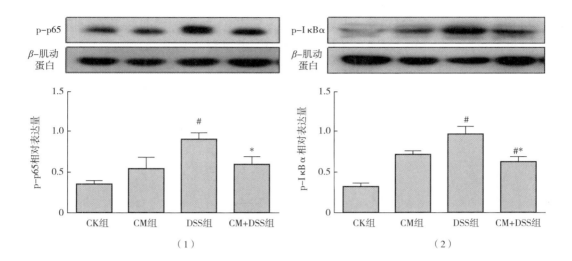

（1）p-p65 蛋白质表达水平　（2）p-IκBα 蛋白质表达水平
图7-10　骆驼乳对结肠组织 NF-κB p65 和 IκBα 表达的影响
与 DSS 组相比，＊代表有显著差异（$P<0.05$）；与 CK 组相比，#代表有显著差异（$P<0.05$）。

2. 骆驼乳对结肠炎小鼠 TLR4 通路蛋白表达的影响

TLR4 属于 Toll 样受体（Toll-like receptors）家族，是一种重要的跨膜蛋白，在患有炎性肠病的动物中表达上调。因此，为探究骆驼乳是否参与炎症发生的过程，检测了 TLR4 蛋白质表达量，结果如图 7-11 所示。与 CK 组相比，DSS 组 TLR4 表达量显著升高（$P<0.05$）；与 DSS 组相比，经骆驼乳干预后 TLR4 表达量显著下调（$P<0.05$），且接近 CK 组。综上所述，TLR4 参与了炎症反应中的信号传递，而骆驼乳可能通过下调 TLR4 表达从而抑制信号通路激活、减少结肠损伤。

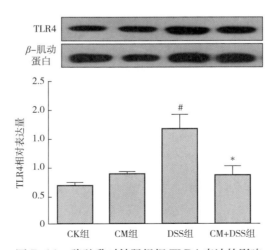

图7-11　骆驼乳对结肠组织 TLR4 表达的影响
与 DSS 组相比，＊代表有显著差异（$P<0.05$）；与 CK 组相比，#代表有显著差异（$P<0.05$）。

3. 骆驼乳对结肠炎小鼠 TAK1 通路蛋白表达的影响

如图 7-12 所示，与 CK 组相比，DSS 组中的 TAK1 表达量显著升高（$P<0.05$）；与 DSS 组相比，经骆驼乳干预后 TAK1 表达量显著下调（$P<0.05$），且接近 CK 组。结果表明，骆驼乳可以通过下调 TAK1 表达从而抑制 NF-κB 的激活。

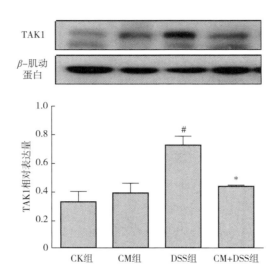

图 7-12　骆驼乳对结肠组织 TAK1 表达的影响

与 DSS 组相比，*代表有显著差异（$P<0.05$）；与 CK 组相比，#代表有显著差异（$P<0.05$）。

四、小结

本节探究了骆驼乳对 DSS 诱导小鼠结肠炎的保护作用，并从肠道屏障、炎症通路方面探究其作用机制，主要结论如下。

（1）骆驼乳可以促进 DSS 诱导的结肠炎小鼠各种体征恢复，包括增加体重和结肠长度、降低疾病活动指数评分和髓过氧化物酶活性，缓解结肠病理损伤。

（2）骆驼乳可调节促炎（IL-6 和 IL-1β）及抗炎（IL-10）细胞因子的水平，改善肠道炎症；上调紧密连接蛋白 Claudin-1、Occludin 和 ZO-1 的表达，提高短链脂肪酸浓度，促进肠屏障修复。

（3）骆驼乳可能通过减少 LPS 水平，下调 TLR4 和 TAK1 表达量，抑制 IκBα 磷酸化和 NF-κB p65 入核，从而抑制 NF-κB 信号通路激活。

第二节　骆驼乳的降糖作用

一、骆驼乳对 2 型糖尿病小鼠的糖脂代谢及胰岛素抵抗的影响

2 型糖尿病是一种多基因遗传倾向疾病，由胰岛 β 细胞分泌胰岛素不足或靶细胞对胰

岛素不敏感（胰岛素抵抗）所致，又称为非胰岛素依赖型糖尿病（Non-insulin-dependent diabetes mellitus，NIDDM）。据国际糖尿病联盟（IDF）统计，全球范围内 2 型糖尿病患者的总人数预计将从 2000 年的 1.71 亿增加到 2030 年的 3.66 亿（Zheng et al.，2017）。目前，糖尿病已成为继心血管和肿瘤疾病之后的第三位"健康杀手"，加强糖尿病防治已刻不容缓。

研究表明，临床上用于辅助控制糖尿病的药物均存在不同程度的禁忌证和不良反应，长期应用还可引起药物的继发性失效，即便使用胰岛素注射的方法在注射部位也会出现脂肪萎缩、肥大并且会导致视力模糊等副作用，因此许多类型的传统食品被应用于糖尿病的治疗（Leiherer et al.，2013；Rudkowska，2009）。对骆驼乳成分的分析表明，骆驼乳中含有一定量的降糖功效因子，如胰岛素、类胰岛素蛋白、乳铁蛋白、维生素 C、免疫球蛋白等，能够对糖尿病人的血糖水平以及血清中其他成分起到调节作用（吉日木图等，2014）。Agrawal 等（2007）研究发现，在印度的 Raica 部落，骆驼乳的消费水平与糖尿病的发病率呈负相关，并且大量的体外试验也证实了骆驼乳的降血糖功效（Al-haj et al.，2010）。然而，目前大部分研究都围绕骆驼乳与 1 型糖尿病开展，针对 2 型糖尿病的研究较少（Shori et al.，2015；Agrawal et al.，2011）。以高脂饲料与链脲佐菌素（SZT）联合诱导的 2 型糖尿病小鼠为研究对象，观察骆驼乳对 2 型糖尿病小鼠的糖脂代谢与胰岛素抵抗的作用效果，可以为今后骆驼乳与 2 型糖尿病的研究提供参考。

选择无特定病原体（SPF）级 7 周龄雄性 C57BL/6J 小鼠 24 只，体重（16±2）g。在严格 12h 光照、12h 黑暗、恒温 20~22℃、相对湿度 65%~70% 的环境下适应性喂养 1 周后开始试验。2 型糖尿病模型小鼠是通过高脂饲料与链脲佐菌素联合诱导。正常组饲喂基础饲料，其余各组饲喂高脂饲料，5 周后各组小鼠禁食不禁水 12h，模型组小鼠连续 5d 腹腔注射链脲佐菌素 [40mg/kg，溶于 0.1mmol/L 柠檬酸缓冲液，pH 4.4，冰浴，现用现配，30min 内用完；正常对照组按等计量腹腔注射柠檬酸-柠檬酸钠缓冲液（0.1mol/L，pH 4.4）]。1 周后测定空腹血糖，将空腹血糖水平大于 11.1mmol/L 的小鼠判定为 2 型糖尿病模型建立成功。

2 型糖尿病小鼠模型建立成功后，将小鼠随机分为 2 组（糖尿病模型组、骆驼乳干预组），每组 8 只。其中，骆驼乳干预组的小鼠用骆驼乳干预 4 周，期间各组小鼠给药方法及计量如下。

（1）正常对照组（NC 组）　普通饲料喂养，自由饮食饮水，每日灌胃 0.01mL/g 的生理盐水。

（2）糖尿病模型组（DC 组）　高脂饲料喂养，自由饮食饮水，每日灌胃同等计量的生理盐水。

（3）骆驼乳干预组（CM 组）　高脂饲料喂养，自由饮食饮水，每日灌胃 0.01mL/g 的骆驼乳。

1. 骆驼乳对 2 型糖尿病小鼠空腹血糖水平（FBG）的影响

图 7-13 所示为骆驼乳对 2 型糖尿病小鼠空腹血糖水平的影响。正常对照组小鼠的空腹血糖试验期间基本保持一个稳定水平，糖尿病模型组小鼠始终保持较高血糖水平，而骆驼乳干预组小鼠血糖水平随时间呈下降趋势。到第 4 周时骆驼乳干预组小鼠的空腹血糖水

平为（16.500±1.55435）mmol/L，糖尿病模型组小鼠为（21.6500±0.71543）mmol/L，两者之间存在极显著差异（$P<0.01$）。以上结果表明，骆驼乳干预可显著降低糖尿病小鼠空腹血糖水平。

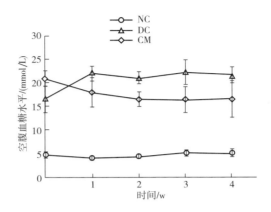

图 7-13　骆驼乳对糖尿病小鼠空腹血糖水平（FBG）的影响

NC—正常对照组；DC—糖尿病模型组　CM—骆驼乳干预组。

2. 骆驼乳对 2 型糖尿病小鼠口服葡萄糖耐量与胰岛素耐量水平的影响

如图 7-14 所示，糖尿病模型组小鼠的口服葡萄糖耐量水平较正常组严重受损，在 0、30、60、90 和 120min 时间点模型组血糖水平极显著高于正常对照组，而骆驼乳干预可对小鼠葡萄糖耐量有不同程度的调节作用。口服葡萄糖耐量曲线下面积（AUC），反映了机体总输出葡萄糖的情况。如图 7-15 所示，灌胃骆驼乳 4 周后骆驼乳干预组小鼠的口服葡萄糖耐量有明显改善，曲线下面积显著降低（$P<0.05$），说明骆驼乳干预可减少机体葡萄糖输出量。

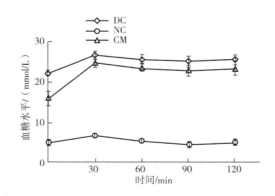

图 7-14　骆驼乳对糖尿病小鼠口服葡萄糖耐量水平的影响

NC—正常对照组；DC—糖尿病模型组；CM—骆驼乳干预组。

如图 7-16 所示，糖尿病模型组小鼠表现出了胰岛素耐量水平受损，在 0、30、60、90 和 120min 时间下，糖尿病模型组血糖水平明显高于正常对照组，并且由图 7-17 可以发

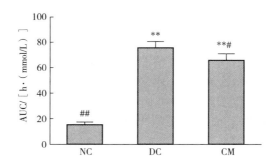

图 7-15 骆驼乳对糖尿病小鼠葡萄糖耐量曲线下面积的影响

与正常对照组（NC组）比较，** 代表有极显著差异（$P<0.01$）；与糖尿病模型组（DC组）比较，#代表有显著差异（$P<0.05$），##代表有极显著差异（$P<0.01$）。

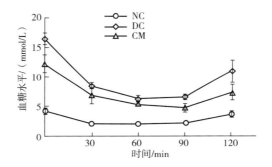

图 7-16 骆驼乳对糖尿病小鼠胰岛素耐量的影响

NC—正常对照组；DC—糖尿病模型组；CM—骆驼乳干预组。

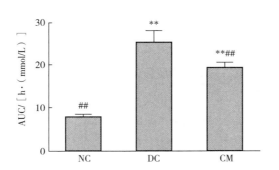

图 7-17 骆驼乳对糖尿病小鼠胰岛素耐量曲线下面积的影响

与正常对照组（NC组）比较，** 代表有极显著差异（$P<0.01$）；与模型组（DC组）比较，##代表有极显著差异（$P<0.01$）。

现，与糖尿病模型组相比，骆驼乳干预可极显著降低糖尿病小鼠胰岛素耐量曲线下面积（$P<0.01$）。说明骆驼乳对小鼠的胰岛素耐量有一定的改善作用。

3. 骆驼乳对 2 型糖尿病小鼠血脂水平的影响

有研究认为，高密度脂蛋白胆固醇/总胆固醇（HDL-C/TC）可能比单项血脂检测更具临床意义，更有利于评价糖尿病并发症的危险性（魏巍等，2003）。如表 7-1 所示，与正常对照组相比，糖尿病模型组小鼠血清中 TC、甘油三酯（TG）水平显著升高（$P<0.05$），低密度脂蛋白胆固醇（LDL-C）水平极显著升高，而 HDL-C/TC 水平极显著降低（$P<0.01$），这表明糖尿病模型组的小鼠体内已发生脂代谢紊乱。骆驼乳干预 4 周后，与糖尿病模型组相比，骆驼乳干预组小鼠的 TC、TG、LDL-C 水平显著降低（$P<0.05$），HDL-C/TC 水平极显著提高（$P<0.01$）。综上所述，骆驼乳能有效改善糖尿病小鼠的脂代谢紊乱，使小鼠血脂逐步恢复到正常水平。并且骆驼乳对改善糖尿病的心血管并发症有积极作用。

表 7-1　　　　　　　　骆驼乳对 2 型糖尿病小鼠血脂水平的影响

组别	正常对照组	糖尿病模型组	骆驼乳干预组
TC/（mmol/L）	2.1267±0.02848[c]	2.5767±0.13968[a]	2.2600±0.04726[e]
TG/（mmol/L）	0.9433±0.01453[c]	1.2300±0.01000[a]	1.0100±0.10263[e]
HDL-C/TC/%	0.4888±0.01010[d]	0.3382±0.1733[b]	0.4012±0.00420[bd]
LDL-C/（mmol/L）	0.4467±0.01202[d]	0.5867±0.01202[b]	0.5400±0.00000[be]

注：a 代表与正常对照组相比，差异显著（$P<0.05$）；b 代表与正常对照组相比，差异极显著（$P<0.01$）；c 代表与糖尿病模型组相比，差异显著（$P<0.05$）；d 代表与糖尿病模型组相比，差异极显著（$P<0.01$）。

4. 骆驼乳对 2 型糖尿病小鼠血清胰岛素水平的影响

研究发现，STZ 能够破坏部分胰腺组织，造成模型动物胰岛素分泌相对不足，引发高血糖症，高血糖反馈性促进胰岛素分泌，高脂饲养后造成模型组小鼠胰岛素抵抗，进一步加重高胰岛素血症，所以糖尿病模型组小鼠胰岛素水平比正常组明显升高（李金磊，2014）。由表 7-2 可知，与正常对照组相比，糖尿病模型组小鼠的血浆胰岛素水平显著升高（$P<0.01$），胰岛素抵抗严重。骆驼乳干预后小鼠的血浆胰岛素水平和胰岛素抵抗指数极显著降低（$P<0.01$），胰岛素敏感指数也极显著升高（$P<0.01$）。试验结果证明，骆驼乳能够改善糖尿病小鼠胰岛素抵抗症状。

表 7-2　　　　　　　　骆驼乳对 2 型糖尿病小鼠胰岛素水平的影响

组别	胰岛素/（mIU/L）	胰岛素抵抗指数（HOMA-IRI）	胰岛素敏感指数（HOMA-ISI）
正常对照组	9.174067±0.8883059[d]	1.775783±0.247760[d]	−3.666725±0.1491161[d]
糖尿病模型组	23.17590±1.2332268[b]	17.50892±1.6155681[b]	−5.96742±0.0945746[b]
骆驼乳干预组	12.36947±1.8582153[d]	6.891067±0.8505641[ad]	−5.02684±0.1332336[bd]

注：a 代表与正常对照组相比，差异显著（$P<0.05$）；b 代表与正常对照组相比，差异极显著（$P<0.01$）；c 代表与糖尿病模型组相比，差异显著（$P<0.05$）；d 代表与糖尿病模型组相比，差异极显著（$P<0.01$）。

二、骆驼乳对 2 型糖尿病小鼠肝脏损伤的保护作用

糖尿病是以高血糖为特征，并具有遗传倾向的内分泌代谢综合征。常会伴随多种并发

症，造成多器官、多系统的损伤。糖尿病性肝病就是常见的糖尿病主要并发症之一，该病主要是由糖尿病肝脏组织和功能病变引起（朱小花等，2016）。据报道，目前糖尿病性肝病的发病率正呈逐年上升的趋势。肝脏作为机体主要的代谢器官之一，一旦受损，会直接导致肝细胞的抗氧化酶活性降低，产生大量的氧自由基（ROS），从而产生氧化应激，导致线粒体功能受损，脂质过氧化增强（Gusdon et al.，2014；Besse-patin et al.，2014）。此外，大量试验研究表明，胰岛素抵抗也会导致机体糖代谢和脂代谢的改变，从而导致肝细胞对 TG 的摄取量增加，使大量 TG 在肝脏内堆积（Kantartzis et al.，2009；Juurinen et al.，2007）。

　　骆驼乳营养成分独特，含有丰富的蛋白质、脂肪、乳糖以及磷、钙、钾等矿质元素和维生素 B、维生素 C、维生素 E 等营养成分，还富含乳铁蛋白、免疫球蛋白、过氧化物酶和溶菌酶等保护性蛋白，具有很高的营养和保健价值（Sawaya et al.，1984；Agrawal et al.，2011）。现代大量研究表明，骆驼乳具有治疗自身免疫缺陷性疾病、水肿、黄疸、肺结核、糖尿病等疾病的作用（Althnaian et al.，2013；Khan et al.，2011）。研究显示，骆驼乳对糖尿病患者和糖尿病模型动物均具有降血糖作用（Agraw et al.，2003；Al-haj et al.，2010）。此外，Korish 等（2014）发现，骆驼乳可以降低空腹血糖水平、胰岛素抵抗指数，并能有效提高胰岛素分泌量。基于前人的研究基础，本文旨在研究鲜骆驼乳对高糖高脂联合链脲佐菌素（STZ）诱导的 2 型糖尿病小鼠肝脏的保护作用，通过对空腹血糖水平、血脂、肝脏的抗氧化指标及肝脏病理组织切片的检测，探讨鲜骆驼乳对 2 型糖尿病小鼠肝脏损伤的保护作用。

　　选取 7 周龄雄性 C57BL/6 小鼠 24 只，饲养温度 20~24℃，湿度 40%~50%，光照 12h。将小鼠随机分为模型组与正常组，其中模型组喂高脂饲料（67%基础饲料+10%猪油+20%蔗糖+2.5%胆固醇+0.5%胆盐），正常组喂普通饲料。高糖高脂的饲料喂养 4 周后，禁食 12h。正常组注射 0.1mol/L 柠檬酸–柠檬酸钠缓冲液，模型组以链脲佐菌素（STZ，40mg/kg）腹腔连续注射 5d。1 周后测空腹血糖水平，以空腹血糖水平≥11.0mmol/L 为模型的合格标准，继续饲养 4 周后处死。

　　2 型糖尿病小鼠模型建立成功后，将小鼠按血糖及体脂量随机分为 3 组：正常组、病理组、骆驼乳组，每组 8 只。试验期间各组大鼠给药方法如下。

　　（1）空白组（NC）　普通饲料，自由饮食饮水，每日灌胃同体积（0.3mL/10g 体重）的生理盐水。

　　（2）模型组（DC）　高脂饲料，自由饮食饮水，每日灌胃同体积（0.3mL/10g 体重）的生理盐水。

　　（3）骆驼乳组（CM）　高脂饲料，自由饮食饮水，每日灌胃骆驼乳 0.3mL/10g 体重。

（一）小鼠模型造模情况

　　试验期间，空白组小鼠精神状态良好、健壮、皮毛有光泽，自主活动正常，反应灵敏，无死亡。与正常组相比，模型组小鼠毛色无光泽，腥臭味重，大小便增加，需要经常更换垫料。STZ 造模 1 周后，糖尿病小鼠与空白组小鼠相比空腹血糖水平明显升高，差异有统计学意义（$P<0.01$）。同时模型组的小鼠出现多饮、多食、多尿的典型 2 型糖尿病症

状。综上所述，表明 2 型糖尿病小鼠模型造模成功。

（二）骆驼乳对糖尿病小鼠空腹血糖水平的影响

试验期间，与正常组相比，模型组小鼠毛色无光泽，腥臭味重，出现多饮、多食、多尿的 2 型糖尿病症状。如图 7-18 所示，灌胃 0 周时，模型组的、骆驼乳组的小鼠空腹血糖水平均显著高于空白组的空腹血糖水平（$P<0.05$），表明糖尿病模型建立成功。灌胃 4 周后，与模型组小鼠相比，骆驼乳干预后小鼠空腹血糖水平显著下降（$P<0.05$），然而未能恢复到空白组的空腹血糖水平（$P<0.05$）。表明骆驼乳虽具有降低血糖水平的作用，但未能使小鼠已受损的糖代谢完全恢复至正常水平。

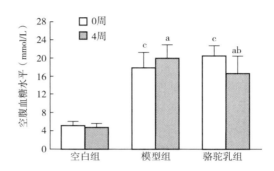

图 7-18　试验前、后各组小鼠的空腹血糖水平比较

a 表示 4 周时与空白组比较，差异显著（$P<0.05$）；b 表示 4 周时与模型组比较，差异显著（$P<0.05$）；c 表示 0 周时与空白组比较，差异显著（$P<0.05$）。

（三）骆驼乳对糖尿病小鼠血脂水平的影响

如表 7-3 所示，模型组小鼠的血清 TC、TG 和 LDL-C 水平均显著高于空白组，HDL-C 水平显著降低（$P<0.05$）；糖尿病小鼠经骆驼乳干预治疗后，与病理组（DC）相比，骆驼乳组（CM）血清 TC、TG、LDL-C 水平均显著降低，而 HDL-C 水平显著升高（$P<0.05$），表明骆驼乳具有改善血脂代谢的作用。

表 7-3　　　　　　　　骆驼乳对糖尿病小鼠血脂水平的影响　　　　　　单位：mmol/L

组别	TC	TG	HDL-C	LDL-C
空白组	2.1825±0.05935	1.0375±0.09473	0.9850±0.02986	0.4875±0.04171
模型组	2.6600±0.12923[a]	1.3925±0.11339[a]	0.8350±0.03175[a]	0.6175±0.01493[a]
骆驼乳组	2.2850±0.04173[b]	1.0600±0.08813[b]	0.9250±0.01500[b]	0.5375±0.00250[b]

注：a 代表与空白组相比，（$P<0.05$）差异显著；b 表示与模型组相比，（$P<0.05$）差异显著。

（四）骆驼乳对糖尿病小鼠抗氧化指标的影响

模型组相对于空白组，血清的丙二醛（MDA）含量显著升高，超氧化物歧化酶（SOD）活力明显下降，且有显著差异（$P<0.05$），说明糖尿病小鼠体内氧化应激反应已

明显异常。灌胃4周后，骆驼乳组各项指标均有所改善（$P<0.05$），具体数据见表7-4。

表7-4 　　　　　　　骆驼乳对糖尿病小鼠MDA含量和SOD活力的影响

组别	剂量	MDA/（nmol/L）	SOD/（U/L）
空白组	—	6.4508±0.36693	94.0510±1.6751
模型组	—	10.3549±0.36599[a]	70.0930±2.8888[a]
骆驼乳组	0.3mL/10g	8.4940±0.53654[ab]	87.2880±1.3442[ab]

注：a代表与空白组相比，差异显著（$P<0.05$）；b代表与模型组相比，差异显著（$P<0.05$）。

如表7-5所示，与空白组比较，模型组小鼠肝脏MDA含量显著升高（$P<0.05$），而SOD、过氧化氢酶（CAT）活性显著低于正常组（$P<0.05$）。与模型组比较，骆驼乳组的MDA含量有所降低，SOD和CAT的活性均不同程度地得到恢复。说明骆驼乳可以有效改善糖尿病小鼠肝脏抗氧化酶的活性。

表7-5 　　　　　骆驼乳对糖尿病小鼠肝脏抗氧化酶活性和MDA的影响

组别	剂量	SOD/（U·mL/蛋白）	CAT/（U·mL/蛋白）	MDA/（nmol·mg/蛋白）
正常组	—	209.39±16.2736	12.2839±0.9245	1.0644±0.0561
模型组	—	97.41±2.7858[a]	9.2657±0.4157[a]	3.3462±0.2100[a]
骆驼乳组	0.3mL/kg	181.30±9.1510[a]	11.4869±0.6113[b]	1.2089±0.0370[b]

注：a代表与正常组相比，差异显著（$P<0.05$）；b表示与病理模型组相比，差异显著（$P<0.05$）。

（五）骆驼乳对糖尿病小鼠肝脏组织病理学的影响

肝脏是胰岛素的敏感器官之一。如图7-19所示，空白组的肝脏肝小叶清晰，结构正常，肝组织的形态完整。而模型组的小鼠肝细胞大量坏死，细胞质内充有大小不等的球形脂滴。灌胃骆驼乳后，与模型组相比，骆驼乳组小鼠的肝组织功能明显变好，空泡数量明显减少，肝核消失症状减弱，肝细胞形态较完整。试验结果表明，与模型组小鼠相比，骆驼乳能改善2型糖尿病小鼠的肝功能。可能由于骆驼乳具有降低血糖功能，调节了肝脏的脂肪代谢，从而改善2型糖尿病小鼠的肝脏功能。

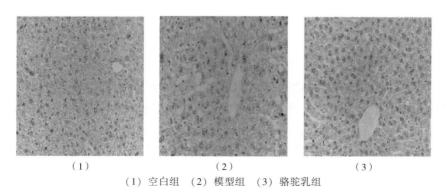

　　　　　（1）　　　　　　　　　（2）　　　　　　　　　（3）
（1）空白组 （2）模型组 （3）骆驼乳组
图7-19 骆驼乳对2型糖尿病小鼠肝脏形态的影响（100×）

第三节　骆驼乳的肝脏保护作用

一、肝损伤概述

肝脏是机体重要的解毒器官。许多药物、毒物通过消化系统或肺部进入机体后被肝脏代谢分解（中华人民共和国卫生部，2003），多种致病因子作用于肝脏后，直接导致不同程度的肝损伤。肝损伤是一种广泛存在的病理现象，其发展特点是从急性肝损伤到慢性肝炎、肝纤维化、肝硬化、肝癌（Zhao et al.，2008）。肝损伤分为急性肝损伤和慢性肝损伤。急性肝损伤是由多种因素造成的，如药物、过量饮酒和肝毒素（如氨基半乳糖和 CCl_4）（Ding et al.，2010）。慢性肝损伤是对急性肝损伤多次修复而导致肝纤维化，甚至是肝硬化，也可能进一步发展为肝癌或肝衰竭（徐航宇，2018）。世界卫生组织（WHO）的数据显示，有效地阻止急性肝损伤向慢性肝损伤（特别是肝纤维化）发展，是科研人员当前研究的重点（Berry et al.，2013）。

（一）急性肝损伤

急性肝损伤是急诊常见的肝病，病理特点主要是肝细胞脂肪变性、有炎性反应甚至发生肝细胞坏死或凋亡，长期存在会引起肝纤维化（Swidsinski et al.，2011）。临床上造成急性肝损伤的主要原因有药物服用不当、酒精摄入过量、食物中毒和病毒感染，预防和治疗急性肝损伤成为临床上治疗肝病的主要环节之一（Swanson et al.，2011）。造成急性肝损伤的发病机制主要有以下两个方面。

（1）氧化应激造成肝损伤　氧化应激可减弱肝细胞膜通透性和流动性，造成肝细胞中 Ca^{2+} 超载，激活蛋白酶、磷脂酶等加速细胞膜分解，造成细胞损伤（朱杰，2018）。

（2）细胞因子造成肝损伤　作为参与各种肝脏疾病发生与发展的关键因子，肿瘤坏死因子-α（TNF-α）能诱发肝细胞凋亡，通过激活肝内皮细胞和 NF-κB 促使炎性基因表达，从而诱发肝细胞损伤。此外，白细胞介素（IL）在介导组织免疫和炎性损伤方面具有重要作用，如 IL-1 作为强促炎细胞因子，能激活血管内皮细胞和中性粒细胞的表达黏附分子，IL-6 能诱导 β 细胞增殖分化且产生抗体，从而增加免疫复合物，激活补体引起炎症反应和靶细胞损伤（Guo et al.，2018）。

（二）慢性肝损伤

急性损伤发生后，肝脏及其功能会逐渐恢复，但对肝脏造成的伤害仍长期存在，反复的急性肝损伤会演变为慢性肝损伤。慢性肝损伤的炎症能促进中性粒细胞、巨噬细胞和免疫细胞的聚集（Bertola et al.，2018），产生大量促炎细胞因子（如 IL-4、IL-6、IL-13 和 TNF-α），可触发成纤维细胞的活化和增殖，生成细胞外基质，引起肝纤维化（Lin et al.，2020）。

肝纤维化是各种慢性肝损伤共有的病理过程，表现为疤痕组织逐渐替代肝脏正常组织，这一过程反复发生可导致肝硬化并发症，进一步引起肝功能衰竭或增加肝癌的风险

（Zhang et al.，2017）。肝纤维化是由特异性肝实质细胞（肝细胞）和非实质细胞（如Kupffer细胞、肝星状细胞和内皮细胞）间相互作用引发的。其中，Kupffer细胞是由受损肝细胞和炎性浸润细胞的膜成分激活，活化的Kupffer细胞释放转化生长因子-β（TGF-β）、活性氧簇等促纤维化因子（Yang et al.，2019），可激活肝星状细胞，引起肌成纤维细胞表型改变，增加胶原合成，导致肝纤维化（Bull et al.，2013）。因此，抑制肝星状细胞的活化是一种有效抗纤维化方法。事实上，抗氧化剂可以通过抑制肝星状细胞的活化和肝细胞的死亡来阻止纤维化，也可以通过抑制肝细胞死亡减少纤维化（Qian et al.，2020）。

二、骆驼乳对急性酒精性肝损伤的保护作用

酒精性肝病（Alcoholic liver disease，ALD）是全球性的公共疾病卫生问题，发病率呈逐年上升的趋势。戒酒和营养支持是ALD的传统治疗手段且无副作用，近些年的研究建议通过膳食补充的手段限制早期ALD的发展。采用短时间灌胃大量（7.3g/kg）酒精的方法复制急性肝损伤小鼠模型，通过测定血清指标丙氨酸氨基转移酶（ALT）、天冬氨酸氨基转移酶（AST）、TNF-α、IL-1β和IL-6、肝脏指标〔MDA、SOD、GSH、谷胱甘肽过氧化物酶（GSH-Px）、TG和TC、观察肝脏组织病理学变化，进而反映鲜骆驼乳急性酒精性肝病保护作用，并基于组学的研究手段探究鲜骆驼乳发挥保肝护肝作用的可能机制，为开发一种天然骆驼乳保肝护肝食品提供试验依据。

（一）急性肝损伤小鼠模型的建立

选用ICR小鼠（美国癌症研究所繁育的小鼠），当小鼠体重增长到（38±4）g时，将24只ICR小鼠随机、平均分为3组（每组8只），即空白组（NC）、模型组（ET）和骆驼乳组（ET+CM）。灌胃试验期间，NC组和ET组灌胃灭菌ddH$_2$O，ET+CM组按照6g/kg体重的剂量复原并灌胃脱脂骆驼乳粉溶液，灌胃体积均为0.3mL，每日灌胃2次，连续灌胃2周，最后一次灌胃结束后进行模型建立及后续试验。

短时间灌胃大量酒精建立急性酒精性肝损伤模型。最后1次灌胃结束后，所有小鼠禁食不禁水6h，ET（MC）组、ET+CM（FCM）组分3次（间隔1h）按照7.3g/kg体重的剂量灌胃体积分数为50%的酒精溶液建立急性酒精性肝损伤模型（Zhaoet al.，2008；Ding et al.，2010）（图7-20），相应地，NC组灌胃等量ddH$_2$O。

模型建立后继续禁食不禁水6h后，用异氟烷麻醉小鼠，眼球采血，颈椎脱臼法处死小鼠。解剖取小鼠肝脏、肾脏以及脾脏，留取肝脏组织，无菌操作环境收集小鼠结肠内容物进行后续分析。

（二）骆驼乳对小鼠急性酒精性肝损伤的保护作用

1. 骆驼乳对急性酒精性肝损伤小鼠体重、ALT和AST指数的影响

连续2周给小鼠灌胃鲜骆驼乳，并不会显著影响小鼠的体重（$P>0.05$）；ET组小鼠肝脏指数较正常组有增大的趋势，该结果表明模型组小鼠肝脏有肿大现象，但是这种差异并没有统计学意义（$P>0.05$），ET+CM组肝脏指数较ET组有降低趋势（$P>0.05$）；ET组和ET+CM组的脾脏指数较NC组极显著降低，三组的肾脏指数之间无显著差异（$P>0.05$）（表7-6）。

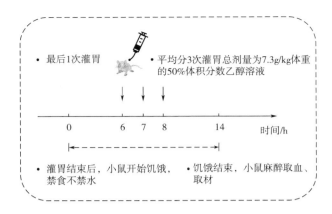

图7-20　急性酒精性肝损伤模型建立流程图

表7-6　　　　　　　　　　骆驼乳对小鼠体重及脏器指数的影响

组别	体重/g	肝脏指数/%	肾脏指数/%	脾脏指数/%
NC 组	39.15±5.14	3.58±0.18	1.49±0.05	0.24±0.05
ET 组	40.39±1.51	3.81±0.23	1.61±0.10	0.16±0.02 **
ET+CM 组	38.61±2.96	3.74±0.11	1.41±0.21	0.15±0.03 **

注：与 NC 组比较，** 代表有极显著差异（$P<0.01$）。

正常情况下，ALT 和 AST 存在于肝细胞中，参与机体的氨基酸代谢。肝细胞受损时，细胞膜的通透性发生改变，ALT 和 AST 被释放到血液，并且这种释放作用会随着肝细胞损伤的加重而增加。因此，临床上可以通过血清 ALT 和 AST 水平来反映肝细胞的受损情况。如图 7-21 所示，与 NC 组相比，ET 组小鼠血清中 ALT 和 AST 水平显著增加（$P<0.05$），其中 ET 组血清 ALT 含量是 NC 组的 1.88 倍，表明小鼠的肝细胞受到损伤，该试验结果能够说明，通过短时间灌胃大量酒精的方式可以成功复制急性酒精性肝损伤模型。而与 ET 组比较，ET+CM 组小鼠血清中 ALT 和 AST 含量均显著降低（$P<0.01$ 或 $P<0.05$），这说明骆驼乳能够在一定程度上保护小鼠肝脏免受酒精损伤。

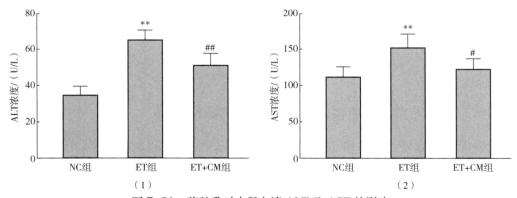

图 7-21　骆驼乳对小鼠血清 ALT 及 AST 的影响

与 NC 组比较，** 表示有极显著差异（$P<0.01$）；与 ET 组比较，# 表示有显著差异（$P<0.05$），## 表示有极显著差异（$P<0.01$）。

2. 骆驼乳对急性肝损伤小鼠肝脏组织病理的影响

将肝脏石蜡切片行 HE 染色能够直观反映肝脏病理变化情况。如图 7-22 所示，光镜下可见 NC 组小鼠肝小叶结构清晰，肝细胞排列整齐、无水肿，未见明显炎症细胞 ［图 7-22（1）］；ET 组小鼠中央静脉周围肝细胞发生细胞肿胀，有大量炎性细胞浸润 ［图 7-22（2），图中以箭头标出］；ET+CM 组小鼠尽管肝细胞排列较为紊乱，但是肝细胞水肿现象减轻，炎性细胞大量减少 ［图 7-22（3）］；与 ET 组比较，ET+CM 组小鼠的肝小叶结构逐渐恢复正常。上述结果说明，骆驼乳能够缓解乙醇对肝细胞的毒性作用，并使肝细胞的炎症浸润现象减弱，从而使肝细胞的结构逐步恢复正常。

图 7-22（4）、（5）、（6）所示为各组小鼠组织油红 O 染色结果，NC 组小鼠肝脏基本没有脂肪变性，也无明显脂肪空泡 ［图 7-22（4）］；ET 组小鼠肝脏有轻度脂肪变性，肝脏脂质主要集中分布在静脉周围，且肝脏内有小型脂肪空泡 ［图 7-22（5）］；ET+CM 组小鼠肝脏内脂肪变性程度减轻，脂肪空泡呈微型 ［图 7-22（6）］。上述结果说明，骆驼乳能够缓解急性肝损伤小鼠肝脏内脂质的淤积情况，使肝细胞的脂肪变性减轻。

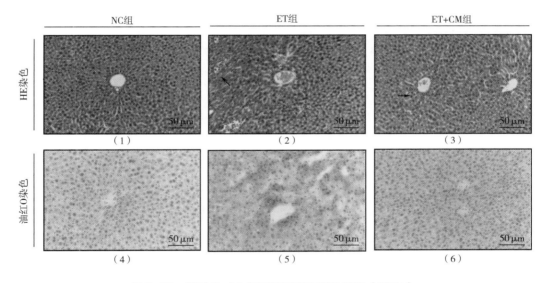

图 7-22　骆驼乳对小鼠肝脏组织病理的影响（200×）

3. 骆驼乳对急性肝损伤小鼠肝脏氧化损伤及炎症反应的影响

ET 组小鼠肝脏内 MDA 含量较 NC 组极显著增加（$P<0.01$），而与 ET 组相比，ET+CM 组小鼠肝脏内 MDA 含量极显著降低（$P<0.01$）并恢复到正常水平，该试验结果表明在 ET 组小鼠体内发生了较为严重的脂质过氧化反应，而骆驼乳能够减轻 ROS 对脂膜结构的氧化损伤。在肝脏的抗氧化能力方面，表 7-7 结果显示，ET 组小鼠肝脏内 SOD、GSH以及 GSH-Px 的含量与 NC 组相比均有下降的趋势，但是无统计学差异（$P>0.05$）；ET+CM 组小鼠肝脏内 SOD 以及 GSH-Px 的含量较 ET 组显著增加（$P<0.05$），基本恢复到正常水平，与 NC 组无显著差异（$P>0.05$）。

表 7-7　　骆驼乳对小鼠肝脏 MDA、 SOD、 GSH、 GSH-Px 含量的影响

组别	MDA/ (nmol/g)	SOD/ (ng/g)	GSH/ (ng/g)	GSH-Px/ (ng/g)
NC 组	85.95±5.65	60.38±4.88	33.81±2.34	366.12±42.79
ET 组	102.87±6.53**	55.37±3.68	31.31±1.27	330.73±13.12
ET+CM 组	85.97±3.64##	62.51±4.78#	34.32±3.50	396.44±40.78#

注: 与 NC 组比较, ** 代表有极显著差异 ($P<0.01$); 与模型组比较, #代表有显著差异 ($P<0.05$), ##代表有极显著差异 ($P<0.01$)。

如图 7-23 所示, 与 NC 组比较, ET 组小鼠血清中 TNF-α、IL-1β 以及 IL-6 的含量极显著升高 ($P<0.01$)。与 ET 组相比, ET+CM 组小鼠血清中 TNF-α、IL-1β 以及 IL-6 的浓度分别降低了 14.62% ($P<0.01$)、9.55% ($P<0.01$) 以及 9.04% ($P<0.01$), 且 ET+CM 组与 NC 组相比没有显著差异 ($P>0.05$)。

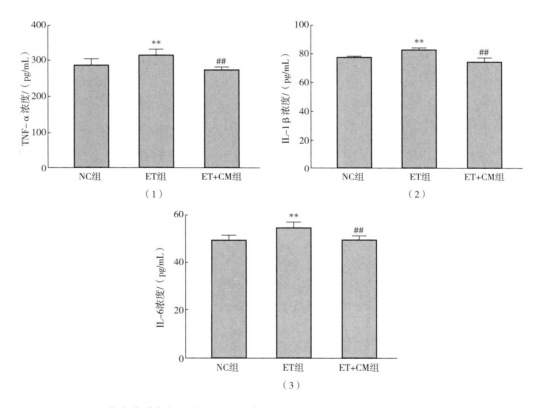

图 7-23　骆驼乳对小鼠血清 TNF-α (1)、 IL-1β (2)、 IL-6 (3)浓度的影响

与正常组比较, ** 代表有极显著差异 ($P<0.01$); 与模型组比较, ##代表有极显著差异 ($P<0.01$)。

4. 鲜骆驼乳对急性肝损伤小鼠肝脏脂质蓄积及小鼠肝脏细胞凋亡的影响

ET 组的 TG、TC 含量较 NC 组分别升高了 20.72% ($P<0.01$) 和 10.93% ($P<0.01$), 这表明 ET 组小鼠的肝脏出现了较为严重的脂肪变性, 这一点与肝脏油红 O 染色结果相吻合 [图 7-22 (4)、(5)、(6)]。与 ET 组比较, ET+CM 组的 TG、TC 浓度极显著降低 ($P<0.01$), 基本恢复至正常水平; 与 ET 组相比, ET+CM 组 HDL-C 的浓度升高了

13.54%（$P<0.01$），LDL-C 浓度没有显著变化（$P>0.05$）。上述结果说明，骆驼乳能够有效降低急性酒精性肝损伤小鼠肝脏内甘油三酯和总胆固醇的浓度，并提高肝脏内胆固醇的转运能力（表7-8）。

表7-8　　　骆驼乳对小鼠肝脏 TG、 TC、 HDL-C、 LDL-C 含量的影响

组别	TG/ (nmol/g)	TC/ (μmol/g)	HDL-C/ (mg/g)	LDL-C/ (mmol/g)
NC 组	6.66±0.44	38.99±1.61	5.08±0.14	39.13±2.40
ET 组	8.04±0.32**	43.25±2.80**	4.43±0.23**	39.12±4.08
ET+CM 组	7.11±0.45##	37.42±1.67##	5.03±0.10##	38.90±4.12

注：与 NC 组比较，*代表有显著差异（$P<0.05$），**代表有极显著差异（$P<0.01$）；与模型组比较，#代表有显著差异（$P<0.05$），##代表有极显著差异（$P<0.01$）。

如图 7-24 所示，（1）、（2）、（3）图分别是 NC 组、ET 组以及 ET+CM 组的肝脏细胞 TUNEL（TdT-mediated duTP Nick-End Labeling）染色结果。如图 7-24（4），NC 组、ET 组以及 ET+CM 组的肝细胞凋亡率分别为 5.26%、21.35%、13.03%，其中 ET 组细胞凋亡率最高，相比 NC 组极显著增加（$P<0.01$）；ET+CM 组肝实质细胞凋亡率较 ET 组显著降低（$P<0.05$），但仍高于 NC 组（$P<0.05$）。该结果提示骆驼乳能够在一定程度上改善酒精诱导的肝实质细胞大量凋亡的状况。

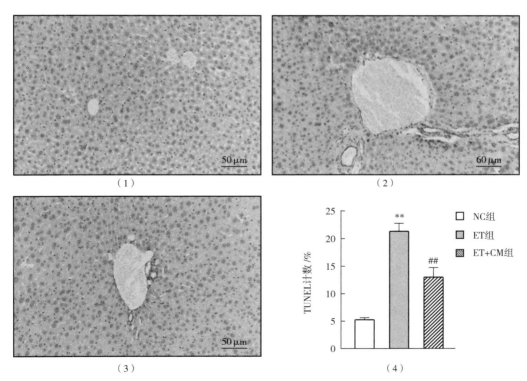

（1）NC 组　（2）ET 组　（3）ET+CM 组　（4）统计结果

图 7-24　骆驼乳对急性肝损伤小鼠肝脏细胞 TUNEL 染色的影响（×200）

与正常组比较，**代表有极显著差异（$P<0.01$）；与模型组比较，##代表有极显著差异（$P<0.01$）。

（三）骆驼乳对小鼠急性酒精性肝损伤的转录组学研究

为了探究骆驼乳对小鼠急性酒精性肝损伤的转录水平上的机制，选择 3 组小鼠中的代表性个体肝脏组织进行转录组学测序。测序数据的原始数据（Raw Data）及干净数据（Clean Data）见表 7-9。各样本测序得到的原始序列（Raw Reads）均在 48720392 条以上，过滤后的干净序列（Clean Reads）均在 48271992 条以上，其中干净序列占原始序列的比例不低于 98.86%，得到的清洁碱基（Clean Bases）数据量均大于 7Gb，测序错误率均小于 0.03%。上述结果说明，本次转录组测序质量较好，可以进行后续生物信息学分析。

表 7-9　　　　　　　　　　　　　　质控数据统计表

样本名	Clean Reads/条	Clean Bases/Gb	Error rate/%	Q20/%	Q30/%	GC content/%
NC_ 1001	55900760	8341335159	0.0287	96.52	90.86	50.01
NC_ 3102	48271992	7197454573	0.0287	96.53	90.88	50.00
NC_ 3304	50663276	7566321032	0.0283	96.7	91.21	49.07
MC_ 3203	49712320	7408488715	0.0295	96.22	90.27	50.23
MC_ 3206	57193220	8537981731	0.0288	96.49	90.76	49.79
MC_ 3302	49525962	7392529548	0.0293	96.32	90.43	50.03
MC_ 4105	50446612	7521082952	0.0291	96.39	90.57	50.00
CM_ 4205	58829934	8778228560	0.0286	96.56	90.94	49.95
CM_ 4301	53123922	7911397035	0.0298	96.1	89.99	49.95
CM_ 4302	49757286	7429227557	0.0287	96.55	90.92	50.18
CM_ 4305	56136786	8384372686	0.0286	96.56	90.93	49.65

注：Clean Reads，统计过滤后测序数据的条数；Clean Bases，Clean Reads 的条数乘以长度，并转化为以 G 为单位；Error rate，测序错误率；Q20、Q30，分别计算 Phred 数值（评估碱基质量的参数）大于 20、30 的碱基占总体碱基的百分比；GC content，计算碱基 G 和 C 的数量总和占总的碱基数量的百分比。

1. 差异表达基因的筛选

筛选到 ET+CM 组与 ET 组（以 ET 组为对照）的差异表达基因总数为 315 个，其中 150 个基因上调，165 个基因下调；ET 组与 NC 组（以 NC 组为对照）的差异表达基因总数为 1764 个，其中 1001 个基因上调，763 个基因下调。

2. 差异基因 GO 功能注释分析

对 ET+CM 组与 ET 组的差异表达基因 GO 功能进行分类注释，按照基因参与的生物学过程（BP）、细胞组分（CC）以及分子功能（MF）分类，共注释到 50 条 GO term，其中在 BP 功能中注释到 24 条，参与的差异基因共 143 个；在 CC 功能中注释到 14 条，参与的差异基因数目有 144 个；在 MF 功能中注释到 12 条，参与的差异基因有 133 个。聚集差异基因数量前十的 GO 类别分别为：细胞（Cell，120 个）、细胞进程（Cellular process，118 个）、细胞组分（Cell part，118 个）、单一生物过程（Single-organism process，117 个）、结合（Binding，101 个）、细胞器（Organelle，92 个）、生物调节作用（Biological regulation，88 个）、代谢过程（Metabolic process，87 个）、生物过程的调节（Regulation of biological process，81 个）以及膜（Membrane，77 个）。

ET 组与 NC 组差异基因的 GO 功能注释，共注释到 57 条 GO 类别，其中 BP、CC、MF 功能分别注释到 26、16、15 条 GO 类别；注释到参与 BP、CC、MF 功能的差异基因数目分别为 789、786、757 个。聚集差异基因数量前十的 GO term 及差异基因数目分别为：细胞进程（676 个）、细胞（669 个）、细胞组分（664 个）、单一生物过程（619 个）、结合（564 个）、细胞器（535 个）、代谢过程（513 个）、生物调节作用（479 个）、生物过程的调节（448 个）、膜（379 个）。

3. 差异基因 KEGG 通路分析

（1）KEGG 通路分类统计结果　彩图 7-1 所示为 ET+CM 组与 ET 组（A）、ET 组与 NC 组（B）差异基因的 KEGG 通路分类统计结果。ET+CM 组与 ET 组、ET 组与 NC 组的差异基因根据其参与的 KEGG 通路不同被分为六大类，若干小类（子通路）。其中，在新陈代谢（Metabolism）通路中，ET+CM 组与 ET 组的差异基因主要参与脂代谢（Lipid metabolism）、异生素生物降解和代谢（Xenobiotics biodegradation and metabolism）通路；ET 组与 NC 组的差异基因主要参与脂代谢和氨基酸代谢（Amino acid metabolism）。此外，尽管参与 KEGG 通路的差异基因数目不同，但是 ET+CM 组与 ET 组、ET 组与 NC 组差异基因主要参与的 KEGG 通路基本一致。

（2）KEGG 富集分析结果　对于骆驼乳干预组的 315 个差异基因（ET+CM 组与 ET 组的差异基因，ET 组为对照），利用 KEGG 数据库对其进行分类统计及富集分析。如彩图 7-2 所示，ET+CM 组与 ET 组的差异基因参与了 175 条代谢通路，其中具有统计学意义（FDR<0.05）的有 3 条，分别是 IL-17 信号通路（IL-17 signaling pathway）、视黄醇代谢（Retinol metabolism）以及 TNF 信号通路（TNF signaling pathway）。参与 IL-17 信号通路和 TNF 信号通路有 8 个差异基因，上调基因：*Gm20257*；下调基因：*IL-1β*、*S100A8*、*S100A9*、*C/EBP-β*、*Mmp9*、*CXCL1*、*MAP3K8*。参与视黄醇代谢通路的有 6 个差异基因，上调基因：*CYP2B9*、*CYP2B10*、*CYP2C38*、*CYP2C39*；下调基因：*DHRS9*、*ADH6-ps1*。视黄醇代谢在酒精性肝病中发挥的作用目前尚未见到研究报道。前期研究结果显示，骆驼乳保护干预四氯化碳诱导的小鼠急性肝损伤所产生的差异基因同样也在视黄醇代谢通路显著富集，视黄醇代谢在骆驼乳发挥保肝护肝作用中所发挥的具体作用还需要进一步的试验研究。此外，除上述显著富集的 3 条通路外，差异基因还参与了其他 KEGG 通路［伪发现率（FDR）>0.05］：如类固醇激素生物合成（Steroid hormone biosynthesis）、细胞因子-细胞因子受体相互作用（Cytokine-cytokine receptor interaction）、沙门菌感染（Salmonella infection）等。

彩图 7-3 为 ET 组与 NC 组差异基因的 KEGG 富集分析结果，ET 组与 NC 组 1764 个差异基因显著富集（FDR<0.05）到 36 条 KEGG 通路。研究中列举了部分显著富集的代谢通路，ET 组与 NC 组差异基因显著富集在 TNF 信号通路、视黄醇代谢、类固醇激素生物合成、细胞因子-细胞因子受体相互作用、MAPK 信号通路（MAPK signaling pathway）、TRP 通道的炎症介质调节（Inflammatory mediator regulation of TRP channels）、PPAR 信号通路（PPAR signaling pathway）以及 AMPK 信号通路（AMPK signaling pathway）等。上述结果

再次说明，一次性给小鼠灌胃大量酒精所造成的急性肝损伤的发病机制是一个复杂的过程，涉及脂质代谢、炎症应答等多条信号通路。

（四）骆驼乳对小鼠急性酒精性肝损伤的肠道微生物学研究

1. 测序数据质控结果

本次测序全部样品共得到859915对序列（Reads），每个样本平均约为47773对。由表7-10可知，NC组的平均原始序列（Raw Reads）为46066对，包含306个运算分类单元（OTU）；ET组为52972对，343个OTU；ET+CM组为44281对，363个OTU。测序的平均覆盖度大于99%，说明测序质量高，可用于后续分析。

表7-10　　　　　　　　　各组小鼠Raw Reads和OTU数值

分组	Raw Reads/对	OTU/个	覆盖度
NC组	46066±14078	306±60	>99.94%
ET组	52972±27769	343±70	>99.95%
ET+CM组	44281±10020	363±48	>99.95%

2. 物种注释结果

运算分类单元（Operational taxonomic units，OTU）是在系统发生学或群体遗传学研究中，为了便于进行分析，人为给某一个分类单元（品系、属、种、分组等）设置的统一标志。通常按照97%的相似性标准将Reads划分为不同的OTU，每一个OTU通常被认为可代表一个微生物物种。相似性处于93%~97%认为是同一属，相似性小于93%，认为属于不同的属。丰度等级曲线（Rank-Abundance curve）能够反映物种的丰度和均匀度。样品的整体趋势相同，整体较平滑，说明物种分布均匀；NC组和ET组内不同样本在横轴上的跨度较大，提示样品间的物种丰度的差异可能较大，ET+CM组样本间的差异较小。如图7-25所示，基于OTU的维恩分析显示，NC组、ET组、ET+CM组3组的共有OTU有414个，NC组、ET组、ET+CM组独有的OTU分别为7、115和26个。

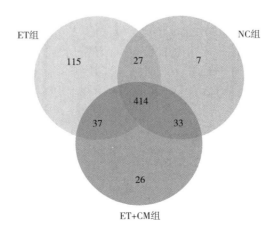

图7-25　基于OTU的维恩分析

3. 物种组成分析

（1）基于门（Phylum）分类水平的分析　在门水平上，主要注释到厚壁菌门、拟杆菌门、疣微菌门、变形菌门、放线菌门、脱铁杆菌门 6 个菌门。其中，厚壁菌门以及拟杆菌门是 3 组中小鼠结肠中的优势菌门，两者的相对丰度之和超过了 80%。与 NC 组相比，灌胃酒精使疣微菌门的相对丰度增加了 9.48%，厚壁菌门的相对丰度减少了 15.84%；与 ET 组相比，灌胃骆驼乳使疣微菌门的相对丰度减少了 11.39%，厚壁菌门的相对丰度增加了 37.44%。

（2）基于属（Genus）分类水平的分析　与 NC 组相比，ET 组结肠内乳酸菌的含量急剧下降，相对丰度从 32.78% 下降到 2.71%。与之相对，酒精导致拟杆菌属的相对丰度提高 5.27%，阿克曼菌属的相对丰度提高 9.48%，另枝菌属的相对丰度提高 5.33%，毛螺菌属的相对丰度有不同程度的提高。研究报道，毛螺菌是一种有害菌（徐航宇，2018），与炎性肠病（IBD）相关（Berry et al.，2013）。过度增多的阿克曼菌会增加黏膜屏障的通透性，诱发炎症反应（Swidsinski et al.，2011）。乳酸菌是一种益生菌，在机体内参与调节结肠黏液层，并促进肠上皮细胞的增殖（Swanson et al.，2011）。与 ET 组相比，ET+CM 组小鼠结肠内乳酸菌的相对丰度增加了 20.74%，拟杆菌属的相对丰度下降了 8.12%，阿克曼菌属的相对丰度下降 11.39%，另枝菌属的相对丰度下降了 6.68%。与 NC 组相比，ET+CM 组乳酸菌的相对丰度下降了 9.33%，这说明灌胃骆驼乳能够减轻酒精对乳酸菌属丰度的降低作用。

4. 物种多样性分析

（1）α 多样性分析　Sobs 指数、Shannon 指数、Simpson 指数、Ace 指数、Chao 指数都能够反映单个分组内的微生物多样性。Sobs 代表物种丰富度，直接反映样本中观察到的 OTU 的物种数目；Shannon 是衡量生态系统中物种丰富度和均匀度的指标。Simpson 指数是另一种测量生态系统中物种多样性的指标，反映了物种的丰度和物种的数目。Ace 指数用于评估生态系统中物种的多样性和稳定性。Chao 指数用来预测未被发现的物种数量和物种丰度的分布情况。

Shannon 指数值越大，说明群落多样性越高；Simpson 指数值越大，说明群落多样性越低。如表 7-11 所示，ET 组的 Shannon 指数显著高于 NC 组，同时 Simpson 指数显著低于 NC 组，说明 ET 组的微生物多样性要优于 NC 组；此外，其他组之间的 α 多样性指数之间无差异（FDR>0.05）。

表 7-11　　　　　　　　各组小鼠肠道菌群 α 多样性指数统计表

组别	Sobs 指数	Shannon 指数	Simpson 指数	Ace 指数	Chao 指数
NC 组	76.67±11.61	2.06±0.30	0.23±0.06	88.28±20.24	85.66±15.72
ET 组	84.00±13.45	2.81±0.41*	0.12±0.05*	91.42±13.71	89.78±14.14
ET+CM 组	85.17±6.85	2.49±0.43	0.17±0.10	90.90±8.50	92.84±10.00

注：* 表示与 NC 组比较 FDR<0.05。

（2）β 多样性分析　如图 7-26 所示，NC 组、ET 组、ET+CM 组内的样本很好地聚在一起，这说明 3 组小鼠结肠内细菌群之间的组间差异大，组内差异小。ET 组小鼠在 PC1 上远离 NC 组及 ET+CM 组，说明酒精摄入对肠道微生物的影响较大；NC 组与 ET+CM 组在 PC1 上基本无差异，在 PC2 上的差异较小，这说明骆驼乳能够在一定程度上防止乙醇对小鼠结肠内微生态平衡的破坏。

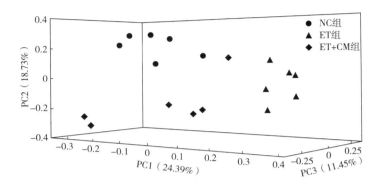

图 7-26　基于 OTU 的肠道菌群 β 多样性分析主坐标分析（PCoA）图

5. 物种差异分析

如图 7-27（1）所示，与 ET 组相比，ET+CM 组乳酸杆菌属的相对丰度极显著增加（P<0.01）；拟杆菌属和另枝菌属的相对丰度显著减少（P<0.05 或 P<0.01）。如图 7-27（2）所示，与 NC 组相比，ET 组另枝菌属、毛螺菌属、布劳特氏菌属（Blautia）的相对丰度极显著增加（P<0.01）；乳酸杆菌属和埃希菌–志贺菌（Escherichia–Shigella）显著降低（P<0.05 或 P<0.01）。

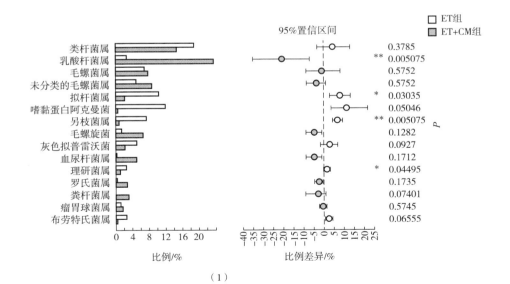

（1）

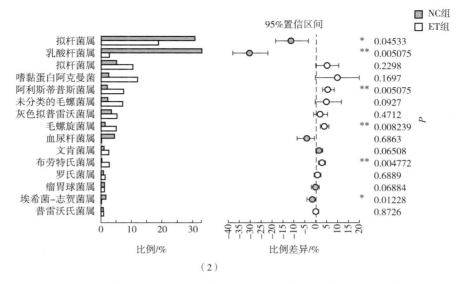

（2）

（1）ET+CM 组与 ET 组的物种组成差异　（2）ET 组与 NC 组的物种组成差异

图 7-27　属水平上的物种组成差异分析

三、骆驼乳对慢性酒精性肝损伤的保护作用

通过建立慢性酒精性肝损伤（NIAAA）模型，研究骆驼乳是否对 Lieber-DeCarli 酒精液体饲料所致的慢性酒精性肝损伤具有保护作用。通过检测小鼠体重、肝脏指数、血清生化指标、肝脏抗氧化、抗炎指标、肝脏细胞凋亡标志物，结合 HE 染色观察肝组织病理学变化、油红 O 染色观察肝脏脂质蓄积程度、TUNEL 染色法检测肝细胞凋亡情况来了解骆驼乳对 ALD 小鼠肝损伤的保护作用。基于上述基础指标，应用实时荧光定量 PCR 和 16S rRNA 测序的手段对骆驼乳的保肝护肝作用的分子机制进行深入研究。

（一）慢性肝损伤小鼠模型的建立

无特定病原体（SPF）级雄性 C57BL/6NCr 小鼠，8~10 周龄，体重（20±2）g，购于北京维通利华试验动物技术有限公司，饲喂于独立通风笼（IVC）动物试验系统内，室温 20~25℃，相对湿度 50% ~ 60%，昼夜交替周期为 12h。试验使用 8~10 周龄的雄性小鼠，体重在 19~20g。

小鼠适应性饲喂 2 周，第 1 周以基础饲料饲喂，第 2 周以液体饲料饲喂，适应性饲喂结束后，随机分为 6 组，每组 10 只：对照组（Con，$n=10$）、模型组（Et，$n=10$）、骆驼乳高剂量组（EtCM_H，$n=10$）、骆驼乳低剂量组（EtCM_L，$n=10$）、牛乳高剂量组（EtNM，$n=10$）、阳性药物组（Mod，$n=10$）。分组后单笼饲喂，饲喂专用饲料，专用 Richter 喂养管给食，饲喂量 30mL/（只/d），不另外提供饮用水（表 7-12）。试验周期为 8 周。前 4 周仅饲喂专用饲料（含对照组），不灌胃；后 4 周饲喂方式不变，灌胃给乳或药（灌胃体积 0.3mL），每日 1 次。此外，专用饲料应每天更换新的，以免乙醇蒸发，导致酒精浓度降低对本试验结果产生影响（Guo et al.，2018）。

表 7-12 每组所饲喂饲料和试验处理

组别	简称	每组数量/只	是否过渡饲喂	饲料（2~9周）	灌胃试验
对照组	Con	10	否	LDC 对照液体饲料	生理盐水，0.3mL
模型组	Et	10	是	LDC 酒精液体饲料	生理盐水，0.3mL
骆驼乳高剂量组	EtCM_H	10	是	LDC 酒精液体饲料	骆驼乳，剂量 3g/kg
骆驼乳低剂量组	EtCM_L	10	是	LDC 酒精液体饲料	骆驼乳，剂量 1.5g/kg
牛乳高剂量组	EtNM	10	是	LDC 酒精液体饲料	牛乳，剂量 3g/kg
阳性药物组	Mod	10	是	LDC 酒精液体饲料	美他多辛，剂量 300mg/kg

注：LDC 为 Liber De-Carli 鼠粮，是一种用于研究酒精性肝病动物模型的饲料配方。

参考 Bertola A 等（2018）的研究，建立 NIAAA 模型（图 7-28）。考虑到小鼠的厌酒性，第 1 周采用过渡饲喂法（Lin et al.，2020），在液体饲料中逐步加入酒精（图 7-29）。第 2~9 周开始，造模组接受 8 周的 4% LDC（Lieber-Pecarli）酒精液体饲料饲喂，对照组喂等热量 LDC 对照液体饲料，进行配对饲喂。造模组在结束液体饲料饲喂后的第 2 天早上 7~9 点，按照 5g/kg 剂量一次性灌胃 31.5%（体积分数）酒精溶液，对照组灌胃等热量的麦芽糊精溶液。

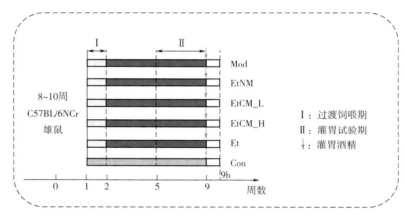

图 7-28　NIAAA 模型

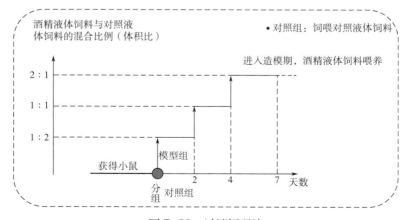

图 7-29　过渡饲喂法

上述大剂量酒精溶液灌胃结束后，禁食禁水 9h，用异氟烷麻醉小鼠，眼眶采血，颈椎脱臼法处死小鼠，解剖留取其肝脏组织。并在无菌操作台上收集小鼠结肠部粪便，保存于灭菌后的 EP 管中，液氮速冻后保存于-80℃冰箱。

本试验所用基础饲料和 Lieber-DeCarli 饲料购自南通特洛菲饲料科技有限公司，饲料配方如表 7-13 所示。

表 7-13　　　　　　　　　　　　　Lieber-DeCarli 饲料配方

饲料名称	LDC 对照饲料（TP4030B）	LDC 液体饲料（TP4030C）
脂肪	35%	35%
蛋白质	18%	18%
碳水化合物	19%	47%
酒精	28%	—

（二）骆驼乳对小鼠慢性酒精性肝损伤的保护作用

1. 骆驼乳对慢性酒精性肝损伤小鼠体重和肝脏指数的影响

如表 7-14 所示，造模前各组小鼠的体重无显著差异。造模后，与 Con 组相比较，Et 组和 Con 组之间小鼠体重有显著差异（$P<0.05$），这可能是因为小鼠的厌酒性导致食欲下降，体重降低。与 Et 组相比，EtCM_H、EtCM_L、EtNM 和 Mod 组小鼠体重显著降低（$P<0.05$）。这一结果表明 4 组干预处理对小鼠体重有明显的改善效果，特别是 Mod 组效果更佳。

此外，与 Con 组相比，Et 组和 Con 组之间小鼠肝脏指数有显著差异（$P<0.05$）。表明造模后的小鼠肝脏出现肝大，导致肝脏指数升高。与 Et 组相比，EtCM_H、EtCM_L 和 Mod 组小鼠肝脏指数显著降低（$P<0.05$）。特别是骆驼乳的干预效果可以达到美他多辛的水平。

表 7-14　　　　　　　　　　骆驼乳对小鼠体重及肝脏指数的影响

组别	剂量/（g/kg）	初始体重/g	试验后体重/g	肝脏指数/%
Con 组	—	24.88±0.76[a]	35.99±4.70[a]	4.07±0.30[bc]
Et 组	—	24.43±0.81[a]	31.73±1.72[b]	4.32±0.15[a]
EtCM_H 组	3	24.92±0.75[a]	28.67±1.14[c]	3.92±0.12[c]
EtCM_L 组	1.5	24.74±0.71[a]	28.15±0.95[c]	3.92±0.14[c]
EtNM 组	3	24.09±0.89[a]	28.56±2.55[c]	4.19±0.08[ab]
Mod 组	0.3	24.20±0.87[a]	27.68±1.27[c]	3.99±0.13[c]

注：同列标有不同字母表示组间差异显著（$P<0.05$），标有相同字母表示差异不显著（$P>0.05$）。

2. 骆驼乳对慢性酒精性肝损伤小鼠血清丙氨酸转氨酶（ALT）和天冬氨酸转氨酶（AST）的影响

如图 7-30 所示，与 Con 组相比，Et 组小鼠血清中 ALT 和 AST 水平显著升高

（*P*<0.05），其中 Et 组血清 ALT 含量是 Con 组的 2.45 倍，表明小鼠的肝脏细胞受损。该试验结果能够说明，通过 NIAAA 模型可以成功复制慢性酒精性肝损伤模型。与 Et 组相比，EtCM_H、EtCM_L、EtNM 和 Mod 组小鼠血清中 ALT 和 AST 含量均显著降低（*P*<0.05），其中 EtCM_H 组血清中的 ALT 和 AST 含量显著降低（*P*<0.05），但没有达到 Con 水平，说明骆驼乳能够在一定程度上保护小鼠肝脏免受酒精的损伤作用。

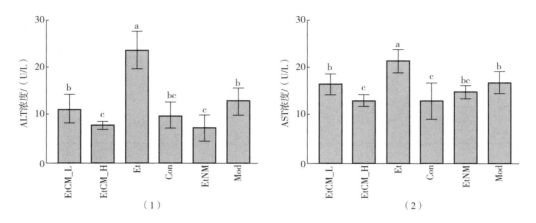

图 7-30　骆驼乳对慢性酒精性肝损伤小鼠血清 ALT（1）及 AST（2）浓度的影响

标有不同字母表示差异显著（*P*<0.05），标有相同字母表示差异不显著（*P*>0.05）。

3. 骆驼乳对慢性酒精性肝损伤小鼠血清中血清脂肪酶（LPS）含量的影响

如图 7-31 所示，与 Con 组相比，Et 组小鼠血清中血清脂肪酶含量显著增加（*P*<0.05）。与 Et 组相比，EtCM_H、EtCM_L、EtNM 和 Mod 组小鼠血清中 LPS 含量显著降低（*P*<0.05），其中 EtCM_H、EtCM_L 和 EtNM 组小鼠血清中 LPS 含量小于 Con 组小鼠。试验结果表明骆驼乳和牛乳可以预防酒精引起的结肠功能障碍，能够抑制血清中 LPS 含量的升高。

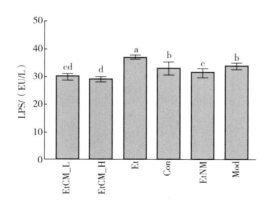

图 7-31　骆驼乳对慢性酒精性肝损伤小鼠血清中 LPS 含量的影响

4. 骆驼乳对慢性酒精性肝损伤小鼠肝脏组织病理的影响

肝脏石蜡切片 HE 染色能够直观反映肝脏病理变化情况。如图 7-32 所示，光镜下可见，Con 组小鼠肝细胞中有严重水肿空泡，无病变；Et 组小鼠肝细胞中有严重脂肪性病变，严重水肿空泡；EtCM_H 组和 EtCM_L 组小鼠肝细胞中细胞排列较为规则，有轻微脂肪病变，部分细胞水肿空泡；EtNM 组小鼠肝细胞有中度脂肪性病变，细胞轻微水肿空泡；Mod 组小鼠肝细胞出现脂肪性病变，轻微水肿空泡；这可能是因为美他多辛灌胃剂量不足，导致药效较弱。与 Con 组比较，Et 组小鼠肝细胞有严重的脂肪性病变，表明 NIAAA 模型可以诱发酒精性脂肪变性；与 Et 组比，EtCM_H、EtCM_L 和 Mod 组小鼠肝细胞脂肪病变，肝细胞水肿现象减轻，肝小叶结构逐渐恢复正常。特别是 EtCM_H 组小鼠肝细胞排列较为规则。上述结果证明，骆驼乳和美他多辛都能够缓解乙醇引起的肝细胞脂肪病变和肝细胞水肿情况，从而使得肝细胞的结构逐渐恢复正常。

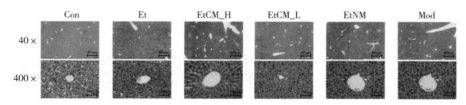

图 7-32　骆驼乳对小鼠肝脏组织病理的影响（HE 染色，400×）

Con：对照组；Et：LDC 酒精液体模型组；EtCM_H：骆驼乳高剂量组；EtCM_L：骆驼乳低剂量组；EtNM：牛乳高剂量组；Mod：阳性药物组。

5. 骆驼乳对慢性酒精性肝损伤小鼠肝脏脂肪变性的影响

如图 7-33 所示，与 Con 组比较，Et 组小鼠肝组织甘油三酯含量显著升高（$P<0.05$）。其中 Et 组小鼠肝细胞中的 TG 含量是 Con 组的 2.04 倍。表明小鼠肝细胞中有大量脂质蓄积。与 Et 组相比，EtCM_H、EtCM_L、EtNM 和 Mod 组小鼠肝组织 TG 的含量显著降低（$P<0.05$），表明骆驼乳干预处理显著抑制了慢性酒精引起的肝脏甘油三酯的积累。并且如图 7-34 油红 O 染色结果所示，Con 组小鼠肝脏有明显小型脂肪空泡，无脂肪变性；表明等热量饲喂会引起脂质蓄积。Et 组小鼠肝脏有严重脂肪变性，且肝脏内有大型脂肪空泡，出现大量脂滴，这与 HE 显微镜检查的结果一致。EtCM_H、EtCM_L、EtNM 和 Mod 组小鼠肝脏内脂肪变性不同程度减轻，其中 EtCM_H 效果最佳。为了进一步证实骆驼乳改善脂肪蓄积和脂肪变性的能力，通过实时荧光定量 PCR 来评估肝脂肪代谢相关基因的表达。如图 7-35 所示，慢性酒精摄入显著上调了 *FAS* 和 *SCD1* 脂肪生成基因的肝表达（$P<0.05$）。经骆驼乳，牛乳和美他多辛干预处理完全逆转了这种增强。如先前报道，长期饮酒会减少与脂肪氧化有关的基因，例如 *Sirtuin-1* 和 *PPARa*。然而，骆驼乳成功阻止了酒精介导的脂肪生成基因表达的下降，并显著减少了 PPARa 的消耗（$P<0.05$），而基因 *Sirtuin-1* 表达有逐渐上升趋势（$P>0.05$）。以上结果表明，骆驼乳可以抑制酒精诱导的脂肪生成，进而恢复脂肪酸转运和氧化。证实了骆驼乳具有防止肝脏脂肪蓄积和脂肪变性的能力。

6. 骆驼乳对慢性酒精性肝损伤小鼠肝脏氧化损伤的影响

如表 7-15 所示，与 Con 组相比，Et 组小鼠肝组织超氧化物歧化酶（SOD）活力和谷胱甘肽（GSH）含量显著降低（$P<0.05$），丙二醛（MDA）含量显著升高（$P<0.05$）。表明酒精造成小鼠肝细胞内发生较严重的脂质过氧化反应。与 Et 组相比，EtCM_H、EtCM_L、EtNM 和 Mod 组小鼠肝组织 SOD 活力和 GSH 含量均显著升高（$P<0.05$），MDA 含量显著

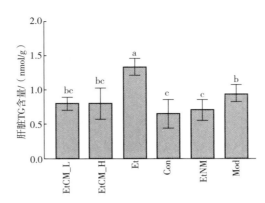

图 7-33　骆驼乳对慢性酒精性肝损伤小鼠肝脏 TG 含量的影响

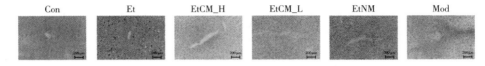

图 7-34　骆驼乳对慢性酒精性肝损伤小鼠肝脏脂肪变性组织病理学影响（油红 O 染色，200×）

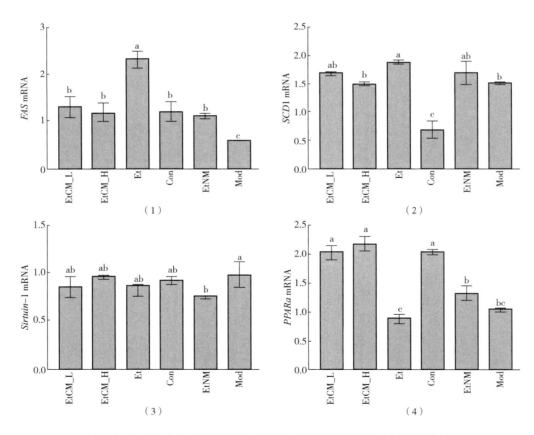

图 7-35　骆驼乳对慢性酒精性肝损伤小鼠脂肪代谢基因表达的影响

降低（$P<0.05$）并恢复到正常水平，此外，骆驼乳增加 GSH 含量超出正常水平。这一结果表明骆驼乳对酒精引起的脂质过氧化具有明显的保护作用。

表7-15　　　　　　　　　　骆驼乳对小鼠肝脏氧化损伤的影响

组别	SOD/（U/mg 蛋白质）	GSH/（μmol/g 蛋白质）	MDA/（nmol/mg 蛋白质）
Con 组	1142.98±71.92[a]	12.50±6.24[b]	1.22±0.14[c]
Et 组	864.98±84.79[e]	3.70±1.91[c]	2.02±0.40[a]
EtCM_H 组	1069.22±36.92[bc]	21.55±0.95[a]	1.44±0.13[bc]
EtCM_L 组	1044.13±37.55[c]	18.93±2.14[a]	1.35±0.15[bc]
EtNM 组	977.79±48.63[d]	14.62±2.45[b]	1.38±0.20[bc]
Mod 组	1119.60±59.37[ab]	12.23±2.56[b]	1.59±0.18[b]

注：同列标有不同字母表示组间差异显著（$P<0.05$），标有相同字母表示差异不显著（$P>0.05$）。

7. 骆驼乳对慢性酒精性肝损伤小鼠机体炎症反应的影响

如图 7-36 所示，与 Con 组相比，Et 组小鼠肝组织 TNF-α、IL-1β 和 IL-6 含量显著升高（$P<0.05$），IL-10 的含量显著降低（$P<0.05$）。表明酒精大量摄入诱导肝脏细胞释放大量炎症相关因子。与 Et 组相比，EtCM_H 和 EtCM_L 组小鼠肝组织 TNF-α、IL-1β 和 IL-6 的含量显著降低（$P<0.05$），IL-10 含量显著上升（$P<0.05$），其中 EtCM_H 组小鼠肝组织 IL-10 含量是 Et 组的 1.35 倍。说明骆驼乳剂量的增加会产生大量抗炎因子来抑制促炎因子的释放，并具有剂量依赖性。EtNM 组小鼠肝组织 TNF-α 和 IL-6 含量显著降低（$P<0.05$），IL-1β 和 IL-10 含量无显著差异（$P>0.05$）。这一结果表明，骆驼乳诱导产生抗炎因子的能力优于牛乳。Mod 组小鼠肝组织 TNF-α、IL-1β 和 IL-6 含量显著降低（$P<0.05$），IL-10 的含量显著上升（$P<0.05$）。

此外，为了研究骆驼乳对慢性酒精诱导的炎症反应的保护作用的分子机制，通过实时荧光定量 PCR 定量基因髓样分化因子［图 7-36（5）］、巨噬细胞炎性蛋白-1α［图 7-36（6）］、嗜中性粒细胞标记物 Ly6G［图 7-36（7）］的肝表达。与 Con 组相比，Et 组小鼠肝组织中基因 *MyD88*、*MIP-1α* 和 *Ly6G* 表达水平显著上升（$P<0.05$），表明酒精通过激活 MyD88 非依赖性信号转导途径，导致产生氧化应激，促炎性细胞因子和趋化因子，造成肝损伤；并且酒精使嗜中性粒细胞聚集，促进嗜中性粒细胞对小鼠肝脏的浸润，进一步诱导酒精性肝损伤。而经骆驼乳、牛乳和美他多辛干预处理 4 周后，EtCM_H、EtCM_L、EtNM 和 Mod 组小鼠肝组织中基因 *MIP-1α*、*MyD88* 和 *Ly6G* 表达水平显著降低（$P<0.05$）。其中补充骆驼乳的组基因 *MIP-1α*、*MyD88* 和 *Ly6G* 表达水平可以达到正常水平。以上数据表明，骆驼乳可预防慢性酒精诱导的肝损伤。

8. 骆驼乳对慢性酒精性肝损伤小鼠肝脏细胞凋亡的影响

如图 7-37 和图 7-38 所示，6 组的肝细胞凋亡率分别为 Con28.64%、Et48.20%、EtCM_H34.59%、EtCM_L39.34%、EtNM41.24% 和 Mod37.25%。其中 Et 组肝细胞凋亡率最高。各剂量组和 Mod 组肝细胞凋亡率较 Et 组显著下降（$P<0.05$），其中 EtCM_H 组肝细胞凋亡率最低（$P<0.05$），达到 Con 组水平。

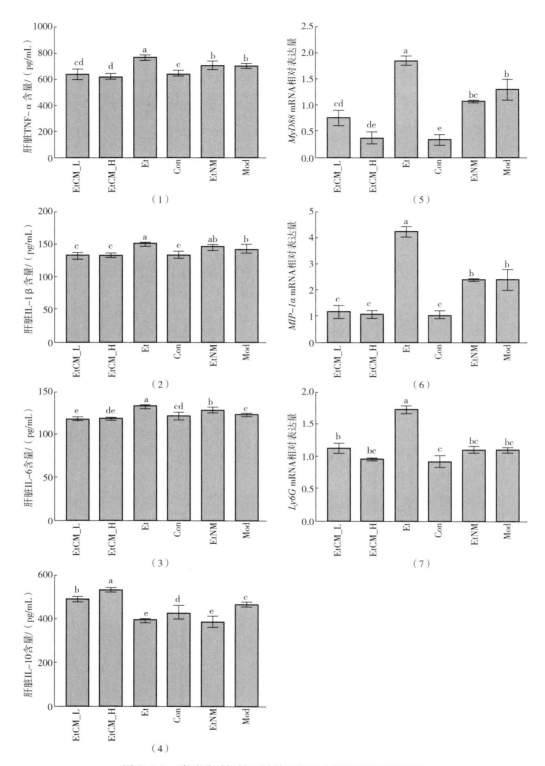

图 7-36　骆驼乳对慢性酒精性肝损伤小鼠炎症反应的影响

注:(4)、(5)、(6)通过实时荧光定量 PCR 定量分析基因巨髓样分化因子,噬细胞炎性蛋白-1α,嗜中性粒细胞标记物 Ly6G 的肝 mRNA 水平。

胱天蛋白酶-3（Caspase-3）结果如图 7-38（1）所示，与 Con 组相比，Et 组小鼠肝组织 Caspase-3 活性显著升高（$P<0.05$）。与 Et 组相比，EtCM_H、EtCM_L、EtNM 和 Mod 组小鼠肝组织 Caspase-3 的活性显著降低（$P<0.05$），且骆驼乳高剂量组的效果最佳。该结果与 TUNEL 染色结果相一致。表示骆驼乳能够在一定程度上改善酒精诱导的肝细胞大量凋亡的情况。

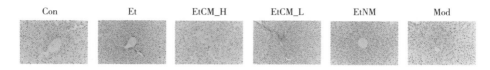

图 7-37　骆驼乳对慢性酒精性肝损伤小鼠肝脏细胞凋亡组织病理学影响（TUNEL 200×）

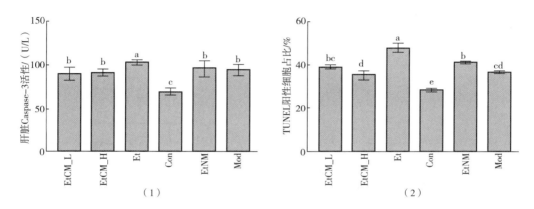

图 7-38　骆驼乳对慢性酒精性肝损伤小鼠肝脏细胞凋亡的影响

（三）骆驼乳对慢性肝损伤小鼠肠道微生物的影响

1. 测序结果与 α 多样性分析

通过 Illumina MiSeq 高通量测序，24 只小鼠结肠肠道粪便样品共获得 982138 条优化序列，平均长度 415.23bp。去除无重复的单序列和嵌合体后，共获得 1302783 条有效序列。Con 组优化序列共获得 242544 条，有效序列共获得 184395 条，OTU 共获得 1456 个。Et 组优化序列共获得 254115 条，有效序列共获得 211228 条，OTU 共获得 1285 个。EtCM 组优化序列共获得 247523 条，有效序列共获得 200678 条，OTU 共获得 1404 个。EtNM 组优化序列共获得 237956 条，有效序列共获得 192632 条，OTU 共获得 1321 个。

长期大量饮酒会降低细菌多样性。研究人员通过 α 多样性来检查 OTU 数量（Zhang et al.，2017），α 多样性可以度量单个样本中微生物群落的丰度和均匀度（Yang et al.，2019）。试验采用 ACE 指数、Chao 指数、Shannon 指数、Simpson 指数、Coverage 指数和稀释曲线来评估单个样本的 α 多样性。

对有效序列通过随机抽样的方法绘制稀释曲线，以抽到的序列数与它们对应的 OTU 数目构建稀释曲线（Rarefaction curve），并用 Mothur 软件计算不同随机抽样下的 α 多样性指数，利用 R 语言工具制作曲线图（Bull et al.，2013）。在 OTU 水平上，小鼠肠道菌群的多样性指数 Sobs 稀释曲线趋于平坦，说明本次测序数据量合理，增加数据量只会产生少量新 OTU。并且小鼠肠道菌群的多样性指数 Shannon 稀释曲线也趋向平坦，说明测序数据量足够大，可以反映样本中绝大多数的微生物多样性信息。

ACE 和 Chao 指数反映样本中所含微生物群落丰度。Shannon 和 Simpson 指数反映样本中所含微生物群落丰度和均匀度两方面评估。覆盖（Coverage）指数反映样本中所含微生物群落的覆盖度（Qian et al.，2015）。如图 7-39 所示，每个样本的 Coverage 值均为 0.997 以上，表明测序深度良好，覆盖率高，可以真实反映样本中的微生物群落状况［图 7-39（1）］。根据 ACE［图 7-39（2）］和 Chao［图 7-39（3）］指数结果，Et 组小鼠粪便微生物丰度显著降低，而 EtCM 组小鼠粪便微生物丰度显著升高，并且 Shannon［图 7-39（4）］和 Simpson［图 7-39（5）］指数结果显示，Et 组小鼠粪便微生物群落均匀度显著降低，而 EtCM 组小鼠粪便微生物群落均匀度呈上升趋势。以上结果表明，尽管 EtCM 组小鼠粪便微生物群落均匀度略低，但是有更高的丰度，表现出比其他组更高的多样性。

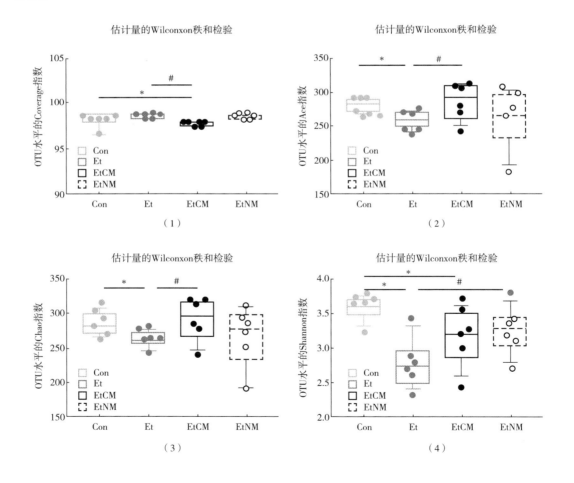

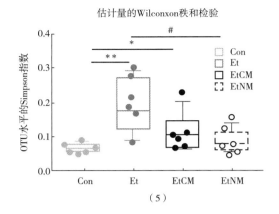

（5）

图 7-39　基于 OTU 总数的 α 多样性指数图

与对照组比较，＊代表有显著差异（$P<0.05$），＊＊代表有极显著差异（$P<0.01$）；与模型组比较，#代表有显著差异（$P<0.05$）。

2. 在 OTU 水平上的维恩图分析

如图 7-40 所示，维恩图可用于统计多组或多个样本中所共有和独有的物种（如 OTU）数目，可以直观展现不同组样本中物种（如 OTU）结构相似性及重叠情况（Qian et al.，2016）。4 组样本中总共检验出 1413 个 OTU。EtCM 组样本 OTU 数最多，达到 370 个，其次是 Con 组，OTU 数为 357 个；EtNM 组和 Et 组 OTU 分别为 345 个和 341 个。长期大量饮酒，导致小鼠 OTU 数有所降低，这可能是酒精使小鼠肠道菌群失调，影响肠道菌群结构。经骆驼乳干预处理后，小鼠 OTU 数显著增加，并且较 Con 组小鼠 OTU 数高出 13 个。表明骆驼乳可以显著提高小鼠粪便微生物群落的多样性。该结果与 α 多样性检测结果相一致。从维恩图进一步得出，4 组共有 OTU 数 258 个，Con、Et、EtCM 和 EtNM 组独有的 OTU 数分别为 99、83、112 和 87 个，分别占各组总 OTU 数的 27.73%、24.34%、30.27%和 25.22%。

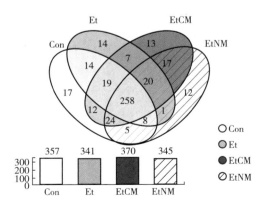

图 7-40　各组微生物群落 OTU 水平的维恩图

3. β多样性分析

β多样性是度量样本间微生物群落结构的相似度大小的指标。PCoA分析法用于考察和区分样本间的菌群结构差异，是β多样性分析方法之一。通过β多样性分析可以确定不同组间微生物群落是否存在差异（Feng et al.，2019）。每组样本点分散区域比较密集，表明组内差异比较小，微生物群落结构相似。$P<0.001$ 表明组间差异很大，Con、Et、EtCM和EtNM组能很好地区分开，说明酒精、骆驼乳和牛乳对小鼠的微生物群落有显著影响。而EtCM组和EtNM组组间差异很小，两组小鼠肠道菌群结构无显著差异（$P>0.05$）。

根据α多样性和β多样性分析可以确定，试验测序数据量足够大，可以反映样本中绝大多数的微生物多样性信息；其中EtCM组小鼠粪便微生物群落α多样性最高，而Et组小鼠粪便微生物群落α多样性最低。

通过PCoA分析，发现Con组与Et组小鼠肠道菌群结构上有显著差异，表明酒精使小鼠肠道菌群结构发生了明显的结构变化。经骆驼乳和牛乳干预处理后，发现Et组与EtCM组和EtNM组小鼠相比，肠道菌群结构上有显著差异，说明骆驼乳和牛乳能一定程度改变小鼠肠道菌群环境，来调节小鼠肠道菌群结构。此外，我们发现EtCM组和EtNM组小鼠肠道菌群结构上无显著差异。Morrin等（2019）研究发现，牛乳可以直接调节肠道细胞表面，并可能改变细胞的糖基化状态，进而可以促进不同细菌群落［如双歧杆菌（*Bifidobacterium*）］的黏附。Morrin等（2020）研究发现，牛乳中的免疫球蛋白G刺激肠道上皮细胞表面来增加双歧杆菌对肠上皮细胞的黏附。Zhao等（2020）研究发现，新鲜的骆驼乳具有较高的细菌多样性，并且是分离新型乳酸菌的宝贵天然资源。Ming等（2020）研究表明，骆驼乳通过调节ALD小鼠肠道菌群来减轻肝脏炎症应答，发挥保肝作用。因此骆驼乳如牛乳一样，通过改变肠道菌群的生存环境，调节肠道菌群的丰度，来调整菌群结构，促进有益菌在肠道内黏附，减少有害菌的增殖，并且防止乙醇对小鼠结肠内微生态平衡的破坏。

4. 物种结构分析

（1）基于门水平的物种结构分析　物种结构分析采用统计学分析方法，可得各样本在各类水平（域、界、门、纲、目、科、属、种、OTU等）上含哪些优势物种，并且得到各优势物种相对丰度。本试验重点分析了门水平和属水平，探究骆驼乳和牛乳对慢性ALD小鼠肠道菌群结构的影响。图7-41所示为在门水平上4组细菌种类的相对丰度，检测到厚壁菌门、拟杆菌门、疣微菌门、变形菌门、放线菌门（Actinobacteria）、脱铁杆菌门等为小鼠结肠肠道中相对丰度较高的菌门，其中厚壁菌门和拟杆菌门的丰度最高，两者的相对丰度之和超过了80%。与Con组相比，Et组厚壁菌门丰度提高了4.97%，而拟杆菌门的丰度降低了4.30%。与Et组相比，EtCM组厚壁菌门丰度降低了30.96%，拟杆菌门丰度提高了27.9%，EtNM组厚壁菌门丰度降低了20.71%，拟杆菌门丰度提高18.70%。其中，EtCM组有效提高了小鼠肠道菌群的丰度。

（2）基于属水平的物种结构分析　在属水平上，瘤胃菌科（Ruminococcaceae）下的副拟杆菌属、拟杆菌属、阿克曼菌属，Muribaculaceae科下的未知属 *norank_ f_Muribaculaceae*、柔嫩梭菌属（*Faecalibaculum*）、*Romboutsia* 属、毛螺旋菌科（Lachnospiraceae）下的未知属 *norank_ f_Lachnospiraceae* 等是在小鼠结肠肠道中相对丰度较高的菌属。其中瘤胃菌科下的未知属 *Ruminococcaceae_ UCG-*013、副拟杆菌属、拟杆菌属、阿克曼菌属的丰度最高。此外，瘤胃菌科下的未知属 *Ruminococcaceae_ UCG-*013 是Et组丰度最高的优势菌属，相对

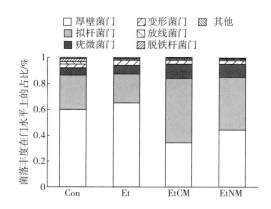

图 7-41 小鼠肠道菌群门水平物种结构分析柱状图

丰度占 41%。副拟杆菌属、拟杆菌属和阿克曼菌属均为 EtCM 组和 EtNM 组的优势菌属，3 个菌属的丰度均占 10% 以上，其中 EtCM 组的 3 个菌属丰度之和最高约为 45%。而 EtNM 组的 3 个菌属丰度之和最高约为 36%，这与门水平结构分析结果相一致。研究发现，瘤胃菌会加重肌萎缩性侧索硬化症。Ponziani 等（2019）还研究发现，肝癌患者肠道菌群中瘤胃菌属丰度增加，双歧杆菌丰度减少。试验中 Et 组小鼠结肠菌群的瘤胃菌科下的未知属 *Ruminococcaceae_ UCG*-013 丰度显著提高，表明瘤胃菌科下的未知属 *Ruminococcaceae_ UCG*-013 可能是加重慢性 ALD 的一类菌属。Wang 等（2020）研究发现，白藜芦醇处理的小鼠微生物菌群结构发生了显著变化，拟杆菌科、毛螺菌科下的未知属 *Lachnospiraceae_* NK4A136_ group、*Lachnoclostridium*、布劳特氏菌（*Blautia*）、副拟杆菌属和 *Ruminiclostridium*_9 丰度显著提高，并且这些菌群能调节脂肪代谢，还通过减少炎症来改善肠屏障功能。Henning 等（2018）也得到了相同结果。最新研究发现，罗斯伯里氏菌属（*Roseburia*）、阿克曼菌属、丙酸杆菌属（*Propionibacterium*）等可以参与未来益生菌的开发当中，称为潜在益生菌（Sanders et al.，2019）。总的来说，骆驼乳和牛乳均拥有改善肠道屏障功能的优势菌群，但骆驼乳的优势菌群丰度比牛乳高。骆驼乳的作用机制很可能是通过提高副拟杆菌属、拟杆菌属、阿克曼菌属的丰度来降低瘤胃菌科下的未知属 *Ruminococcaceae_* UCG-013 丰度，从而达到调节小鼠结肠肠道菌群的目的。

四、骆驼乳对四氯化碳诱导肝损伤小鼠的保护作用

（一）四氯化碳诱导肝损伤小鼠模型的建立

无特定病原体（Specific pathogen free，SPF）级 C57BL/6 小鼠（12 周龄，南方模式生物科技发展有限公司）。饲养环境为：昼夜循环照明（12h/12h），温度 22 ~ 25℃，湿度 50% ~ 60%，饲料、水、垫料、鼠笼等试验用品全部经过高温高压灭菌或消毒处理，小鼠自由进食和饮水。

1. 急性肝损伤小鼠分组及干预

经过一周的适应期后，将小鼠随机分为 3 组（每组 10 只，共 30 只），即对照组（AN

组）、急性肝损伤模型组（AM 组）和骆驼乳组（AC 组）。

AN 组和 AM 组小鼠每天上午 9 点灌胃灭菌蒸馏水（10mL/kg 体重）1 次，AC 组小鼠每天灌胃骆驼乳（10mL/kg 体重）一次，连续 2 周。第 15 天，AN 组小鼠一次性腹腔注射橄榄油（0.5mL/kg 体重），AM 组和 AC 组小鼠一次性腹腔注射 CCl_4（0.5mL/kg 体重，橄榄油 1∶4 稀释）（Ma，2009）。24h 后采用异氟烷麻醉小鼠，摘眼球取血，在无菌条件下收集小鼠结肠内容物。取肝脏，一部分立即用液氮速冻用于 RNA-Seq、RT-qPCR 等分析，另一部分用 4% 多聚甲醛固定进行组织学分析。

2. 慢性肝损伤纤维化小鼠分组及干预

适应 1 周后的小鼠随机分为 3 组（每组 10 只，共 30 只），分别为对照组（FN 组）、慢性肝损伤纤维化模型组（FM 组）和骆驼乳组（FC 组）。第 1 周到第 8 周，FN 组和 FM 组小鼠每天 9 点灌胃灭菌蒸馏水（10mL/kg 体重）1 次，FC 组小鼠每天灌胃骆驼乳（10mL/kg 体重）1 次。第 3 周到第 8 周，FN 组小鼠在下午 3 点腹腔注射橄榄油（0.5mL/kg 体重，橄榄油 1∶4 稀释），FM 组和 FC 组小鼠腹腔注射 CCl_4（0.5mL/kg 体重），每周 2 次（共计 12 次）。最后一次腹腔注射 24h 后麻醉小鼠。

（二）骆驼乳对四氯化碳诱导肝损伤小鼠的保护

1. 肝脏组织学分析

（1）急性肝损伤小鼠组织学分析　为探究骆驼乳对急性肝损伤小鼠肝脏的保护作用，通过对成年小鼠腹腔进行一次性注射 CCl_4，分析注射后 24h 肝组织的形态学。由图 7-42HE 染色结果可以看出，AN 组小鼠的肝组织肝小叶结构清晰，肝细胞完整单行排列，细胞核呈圆形，位于细胞中央，无变性、坏死、炎性细胞浸润 [图 7-42（1）]；AM 组小鼠的肝组织以肝小叶的中央静脉为中心呈现明显的大面积坏死，坏死区出现核碎裂、溶解，甚至出现细胞核消失，在两个中央静脉之间出现连接的坏死带 [图 7-42（2）]；AC 组小鼠的肝组织坏死区面积明显小于 AM 组，没有发现连接的坏死带 [图 7-42（3）]。因此，CCl_4 对 AC 组小鼠造成的肝损伤明显减轻，说明骆驼乳对急性肝损伤小鼠具有保护作用。

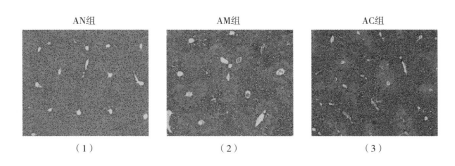

图 7-42　急性肝损伤小鼠肝组织 HE 染色

（2）慢性肝纤维化小鼠组织学分析　多次注射 CCl_4 会激活肝脏星形细胞从而合成大量的胶原纤维，导致严重的肝细胞纤维化。为了研究骆驼乳对慢性肝损伤纤维化小鼠的保护作用，6周连续注射 CCl$_4$ 后，取小鼠的肝脏组织进行 HE 和天狼星红（Sirius Red）染色（图 7-43）。在 FN 组中，HE 染色结果［图 7-43（1）-1］显示出清晰完整的肝细胞，未出现坏死和炎症。Sirius Red 染色结果［图 7-43（1）-2］显示红色沉淀只出现在大血管壁的周围，说明没有纤维化。在 FM 组中，HE 染色结果［图 7-43（2）-1］显示在肝细胞中央静脉周围出现连接坏死带、炎性细胞浸润和结缔组织明显增生。Sirius Red 染色结果［图 7-43（2）-2］显示红色沉淀连接在肝小叶中央静脉之间，说明胶原纤维大量积累，小鼠发生了广泛的纤维化。与 FM 组相比，FC 组小鼠的 HE 染色结果［图 7-43（3）-1］显示的炎症和坏死区域明显减少，且肝小叶的结构也基本完整。同时 Sirius Red 染色结果［图 7-43（3）-2］显示少量的纤维化，说明胶原纤维积累减少，提示骆驼乳可以缓解 CCl$_4$ 诱导小鼠肝脏的纤维化。

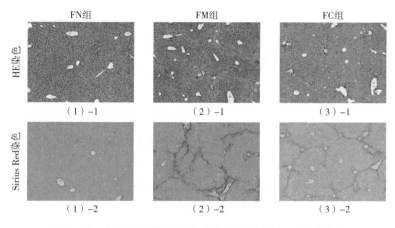

图 7-43 慢性肝损伤纤维化小鼠 HE 和 Sirius Red 染色

2. 肝损伤小鼠血清丙氨酸转氨酶和天冬氨酸转氨酶水平分析

（1）急性肝损伤小鼠血清丙氨酸转氨酶和天冬氨酸转氨酶水平分析 AM 组小鼠血清 ALT 和 AST 水平较 AN 组小鼠显著升高（$P<0.01$），而 AC 组小鼠 ALT 和 AST 水平介于二者之间。这个结果（图 7-44）与上述 HE 染色结果（图 7-43）一致，说明 CCl$_4$ 注射 24h 后，AM 组小鼠肝脏损伤严重，而 AC 组小鼠的肝损伤较轻，表明骆驼乳可以缓解 CCl$_4$ 对小鼠造成肝损伤的程度。

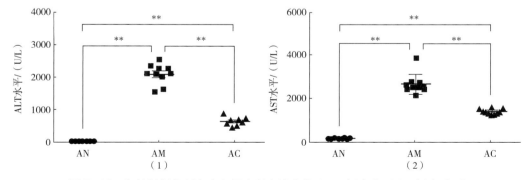

图 7-44 急性肝损伤研究中各组小鼠血清中的 ALT（1）和 AST（2）水平

** 代表有极显著差异（$P<0.01$）。

（2）慢性肝损伤纤维化小鼠血清丙氨酸转氨酶和天冬氨酸转氨酶水平分析　经过6周连续注射 CCl_4，FM组小鼠较 FN 组小鼠血清 ALT 和 AST 水平显著升高（$P<0.01$），FC 组小鼠血清 ALT 和 AST 水平显著低于 FM 组（$P<0.01$），这个结果（图7-45）与 HE 和 Sirius Red 染色结果（图7-43）互相印证，再次表明骆驼乳能够减轻 CCl_4 长期诱导造成的肝纤维化。

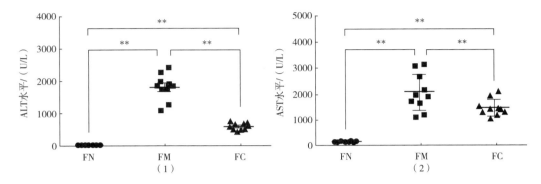

图7-45　慢性肝损伤研究中各组小鼠血清中的 ALT（1）和 AST（2）水平

** 代表有极显著差异（$P<0.01$）。

3. 肝损伤小鼠肝组织丙二醛、谷胱甘肽和超氧化物歧化酶水平分析

（1）急性肝损伤小鼠肝组织丙二醛、谷胱甘肽和超氧化物歧化酶水平分析　如图7-46所示，从 CCl_4 诱导急性肝损伤小鼠肝组织丙二醛（MDA）、谷胱甘肽（GSH）和超氧化物歧化酶（SOD）水平变化分析结果可知：AM 组小鼠的肝组织 MDA 水平显著高于 AN 组（$P<0.01$），AC 组 MDA 水平与 AM 组相比显著降低（$P<0.01$）；AC 组小鼠肝组织 GSH 和 SOD 水平高于 AM 组，AN 组小鼠最高，且3组之间差异显著（$P<0.05$）。试验结果表明，骆驼乳能够清除脂质过氧化物的堆积，增强机体抗氧化防御机制。

（2）慢性肝损伤纤维化小鼠肝脏组织丙二醛、谷胱甘肽和超氧化物歧化酶水平分析　为了探索骆驼乳对 CCl_4 诱导慢性肝损伤纤维化小鼠肝组织抗氧化能力的影响，检测了 MDA、GSH 和 SOD 水平变化（图7-47），试验结果各组之间的变化趋势与急性肝损伤小鼠肝组织 MDA、GSH 和 SOD 水平变化一致，即 FM 组小鼠肝组织 MDA 水平显著高于 FN 组（$P<0.01$），FC 组小鼠肝组织 MDA 水平与 FM 组相比显著降低（$P<0.01$）；FN 组小鼠肝组织 GSH 和 SOD 水平最高，FM 组最低，FC 组介于二者之间，且3组之间差异显著（$P<0.05$）。上述结果说明，骆驼乳无论是对 CCl_4 诱导的急性还是慢性肝损伤都具有保护作用。

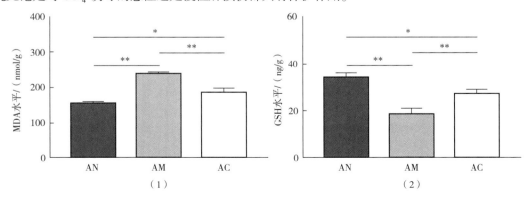

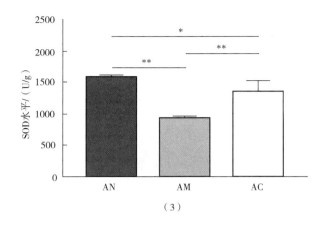

（3）

图7-46 急性肝损伤研究中各组小鼠肝组织MDA（1）、GSH（2）和SOD（3）水平

*代表有显著差异（P<0.05），**代表有极显著差异（P<0.01）。

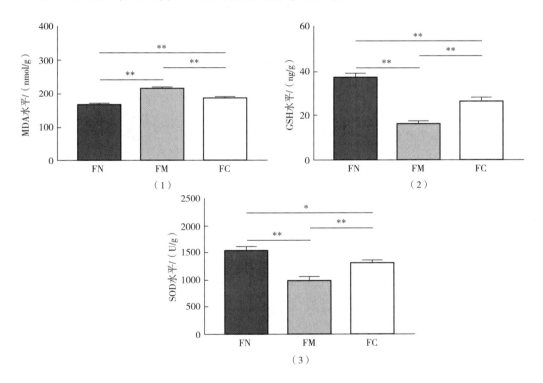

（1）

（2）

（3）

图7-47 慢性肝损伤研究中各组小鼠肝组织MDA（1）、GSH（2）和SOD（3）水平

*代表有显著差异（P<0.05），**代表有极显著差异（P<0.01）。

（三）骆驼乳对四氯化碳诱导肝损伤小鼠保护转录组学研究

1. 差异基因表达分析

（1）急性肝损伤小鼠差异基因表达分析　如图7-48所示，通过对差异基因表达分析，AM与AC组的差异基因为22732个，其中显著差异基因为3740个（上调基因数为

2572 个，下调基因数为 1168 个）；AN 与 AM 组的差异基因为 21081 个，其中显著差异基因为 5378 个（上调基因数为 3591 个，下调基因数为 1787 个）；AN 与 AC 组的差异基因为 20313 个，其中显著差异基因为 7560 个（上调基因数为 5517 个，下调基因数为 2043 个）。图 7-48 还展示了 AN 和 AC 组非差异基因相交于 AM 组构成的差异基因为 694 个，可以从这些基因中进一步筛选骆驼乳对 CCl_4 诱导急性肝损伤小鼠保护作用的相关基因。

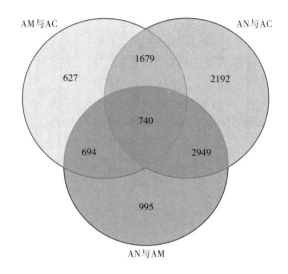

图 7-48　急性肝损伤研究中各组小鼠肝组织差异基因数比较分析

不同深度的圆圈代表两组间样本的差异基因，数值代表 2 组样本或 3 组样本间共有或特有的差异基因数，圆圈内部所有数字之和代表该组差异基因数总和，圆圈间交叉区域代表各组差异基因的共有基因数。

（2）慢性肝纤维化小鼠差异基因表达分析　如图 7-49 所示，通过对差异基因表达分析，FM 与 FC 组的差异基因为 21874 个，其中显著差异基因为 2712 个（上调基因数为 1821 个，下调基因数为 891 个）；FN 与 FM 组的差异基因为 20980 个，其中显著差异基因为 6250 个（上调基因数为 4699 个，下调基因数为 1551 个）；FN 与 FC 组筛选的差异基因为 20929 个，其中显著差异基因为 7940 个（上调基因数为 6488 个，下调基因数为 1452 个）。从图 7-49 差异基因的维恩图可直观看出骆驼乳对 CCl_4 诱导的慢性肝损伤小鼠保护作用的差异基因在各组共有和特有分布状况，发现 FN 和 FC 组的非差异基因相交于 FM 组构成的差异基因为 639 个，试验将对这些基因进一步筛选出骆驼乳对 CCl_4 诱导慢性肝损伤小鼠保护作用的相关基因。

2. 差异基因 GO 分类统计

（1）急性肝损伤小鼠差异基因 GO 分类统计　利用 GO 数据库，可以将 AM 和 AC 组间的差异基因按照生物过程（Biological process，BP）、细胞组分（Cellular component，CC）、分子功能（Molecular function，MF）进行分类，以 AC 组为对照，将上下调基因 GO 注释分类。在 BP 分类中，注释到基因的个数和比例排在前三的有细胞过程（上调基因注释到 1605 个，下调基因注释到 659 个）、单体过程（上调基因注释到 1554 个，下调基因注释到 631 个）和生物调节（上调基因注释到 1280 个，下调基因注释到 462 个）；在 CC 分类中，排在前三的有细胞（上调基因注释到 1608 个，下调基因注释到 674 个）、细胞组

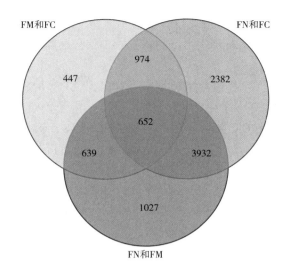

图 7-49　慢性肝纤维化研究中各组小鼠肝组织差异基因数比较分析

不同深度的圆圈代表两组间样本的差异基因，数值代表两组样本或三组样本间共有或特有的差异基因数，圆圈内部所有数字之和代表该组差异基因数总和，圆圈间交叉区域代表各组差异基因的共有基因数。

分（上调基因注释到 1606 个，下调基因注释到 668 个）和结合（上调基因注释到 1436 个，下调基因注释到 565 个）；在 MF 分类中，排在前三的有催化活性（上调基因注释到 576 个，下调基因注释到 313 个），受体活性（上调基因注释到 224 个，下调基因注释到 56 个），分子换能器活性（上调基因注释到 198 个，下调基因注释到 48 个）。以上结果显示，AM 和 AC 组间差异基因集中注释到 BP 分类中，而在 MF 分类中被注释到的基因很少。

（2）慢性肝损伤纤维化小鼠差异基因 GO 分类统计　以 FC 组为对照，将上下调基因 GO 注释分类。在 BP 分类中，注释到基因的个数和比例排在前三的有细胞过程（上调基因注释到 1012 个，下调基因注释到 480 个）、单体过程（上调基因注释到 956 个，下调基因注释到 463 个）和生物调节（上调基因注释到 784 个，下调基因注释到 336 个）；在 CC 分类中，排在前三的有细胞（上调基因注释到 1037 个，下调基因注释到 471 个）、细胞组分（上调基因注释到 1036 个，下调基因注释到 468 个）和细胞器（上调基因注释到 789 个，下调基因注释到 389 个）；在 MF 分类中，排在前三的有结合（上调基因注释到 933 个，下调基因注释到 415 个）、催化活性（上调基因注释到 403 个，下调基因注释到 201 个）、分子换能器活性（上调基因注释到 135 个，下调基因注释到 40）。以上结果显示，FM 和 FC 组间的差异基因主要注释到 CC 分类中，而在 MF 分类中被注释到的基因很少。

3. 差异基因 KEGG 代谢通路分析

（1）急性肝损伤小鼠差异基因 KEGG 代谢通路分析　AM 和 AC 组小鼠肝组织转录组差异基因富集在 TNF 信号通路。模型组小鼠肝组织 NF-κB 蛋白表达上调，触发 MAPK 信号通路，导致 DNA 损伤，从而引起机体一系列基因的异常表达。此外，PI3K 蛋白在模型组的高表达，激活 PI3K-Akt 信号通路，诱导 NF-κB 表达上调，间接影响肝细胞存活。骆驼乳能阻断 CCl_4 引起 TNF 信号通路基因表达的异常，维持肝细胞 DNA 完整性和细胞存活。

（2）慢性肝损伤纤维化小鼠差异基因 KEGG 通路分析　FM 和 FC 组小鼠肝组织转录组差异基因富集在 Jak-STAT 信号通路。模型组小鼠细胞因子和同源物激活受体表达上调，触发 JAK 磷酸化，使细胞 DNA 受损从而影响脂质代谢，还可以触发 PI3K-Akt 信号通路，影响细胞的存活。骆驼乳能阻断 CCl_4 引起 Jak-STAT 信号通路基因表达的异常，维持细胞脂质代谢和细胞存活。

4. 差异基因的定量逆转录聚合酶链反应（RT-qPCR）验证

（1）急性肝损伤小鼠差异基因的 RT-qPCR 验证　为了确定转录组测序（RNA-seq）数据的可靠性，采用 RT-qPCR 方法对 RNA-Seq 结果中 18 个差异基因进行了验证。结果如图 7-50 所示，骆驼乳能明显抑制由 CCl_4 干预所引起急性肝损伤小鼠的上调基因（*Atf5*、*Bc021614*、*Calr*、*Cxcl1*、*Dus2*、*Hsph1*、*Hsp90b1*、*Ldha*、*Lrg1*、*Nfkbiz*、*Sdf2l1*、*Snai2* 和 *Sphk2*）和下调基因（*Fmo2*、*Kdr*、*Siglec1*、*Txnip* 和 *Vsig4*），上述基因相对表达的高度变化与 RT-qPCR 验证结果相一致，进一步证明骆驼乳对 CCl_4 诱导急性肝损伤小鼠的 RNA-Seq 测序数据的可靠性。

（2）慢性肝损伤纤维化小鼠差异基因的 RT-qPCR 验证　同样，对肝纤维化小鼠测序结果也采用 RT-qPCR 方法进行验证。选取 RNA-Seq 测序结果中 16 个参与肝纤维表达变化的基因（包括 *Atf5*、*Bc021614*、*Bcl3*、*Calr*、*Cxcl1*、*Dus2*、*Fgb*、*Hsp90b1*、*Kdr*、*Ldha*、*Lrg1*、*Nfkbiz*、*Sdf2l1*、*Snai2*、*Txnip* 和 *Vsig4*），RT-qPCR 验证结果与 RNA-Seq 基因相对表达的高度变化一致，这一结果证实了 RNA-Seq 结果的准确性，同时验证了这些差异基因在肝纤维中的变化趋势（图 7-51）。

（四）肝损伤小鼠肠道微生物分析

1. 扩增子测序数据质控

急性肝损伤试验中，30 个肠道微生物样本扩增子测序共获得 1963320 条有效序列，平均每个样品 65444 条序列，优化序列平均长度为 439bp。所有样品高通量测序 Q20 均 >97.45，测序质量较高，可进一步进行生物信息学分析。

慢性肝损伤试验中，30 个肠道微生物样本扩增子测序共获得 1102449 条有效序列，平均每个样品 36748 条序列，优化序列平均长度为 439bp。所有样品高通量测序 Q20 均 >97.61，测序质量较高，可进一步进行生物信息学分析。

鉴于急性肝损伤和慢性肝损伤研究分批次进行，不同批次的宏基因组 DNA 浓度的差异及高通量测序均可引起有效序列数量的差异。同时，CCl_4 的长期诱导对肠道微生物的种类和丰度影响较大。尽管如此，慢性肝损伤试验中的序列数量足够将该研究中的肠道微生物鉴定到属水平。

2. 肠道微生物物种注释与组成

（1）急性肝损伤小鼠肠道微生物物种注释与组成　通过生物信息学分析，3 组肠道微生物样本扩增子测序的核心 OTU 数为 488。在门水平，共鉴定得到疣微菌门、厚壁菌门、放线菌门、拟杆菌门、变形菌门、脱铁杆菌门和软壁菌门 7 个门（绝对丰度由高到低）。其中，疣微菌门和厚壁菌门为优势菌门，相对平均丰度分别达 35.39% 和 30.95%。疣微菌门富集于骆驼乳组小鼠肠道微生物（48.67%），而 AM 组仅占比 23.00%；厚壁菌门、拟杆菌门和变形菌门富集于模型组小鼠肠道微生物，与 AN 组和 AC 组相比，模型组中的放线菌门相对丰度最低，仅为 3.18%（彩图 7-4）。

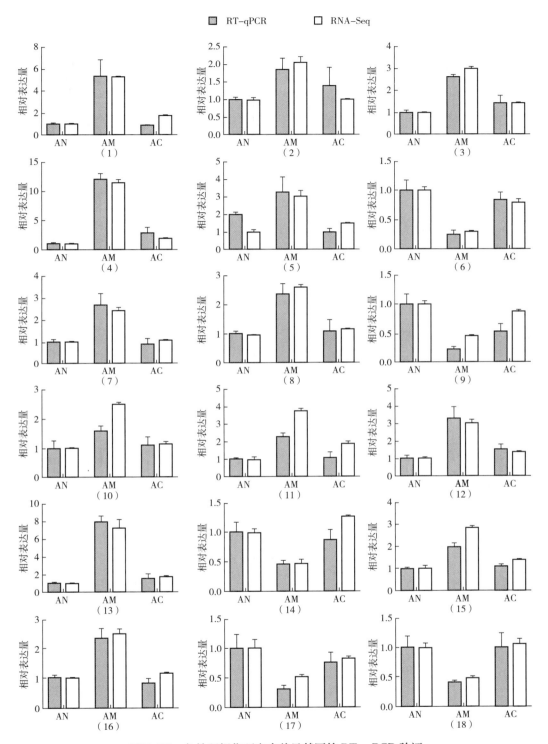

图 7-50　急性肝损伤研究中差异基因的 RT-qPCR 验证

RT-qPCR 对 18 个相关基因 RNA-Seq 表达水平的验证，这些基因分别是 （1） *Atf5* （2） *Bc021614* （3） *Calr* （4） *Cxcl1* （5） *Dus2* （6） *Fmo2* （7） *Hsph1* （8） *Hsp90b1* （9） *Kdr* （10） *Ldha* （11） *Lrg1* （12） *Nfkbiz* （13） *Sdf2l1* （14） *Siglec1* （15） *Snai2* （16） *Sphk2* （17） *Txnip* （18） *Vsig4*。

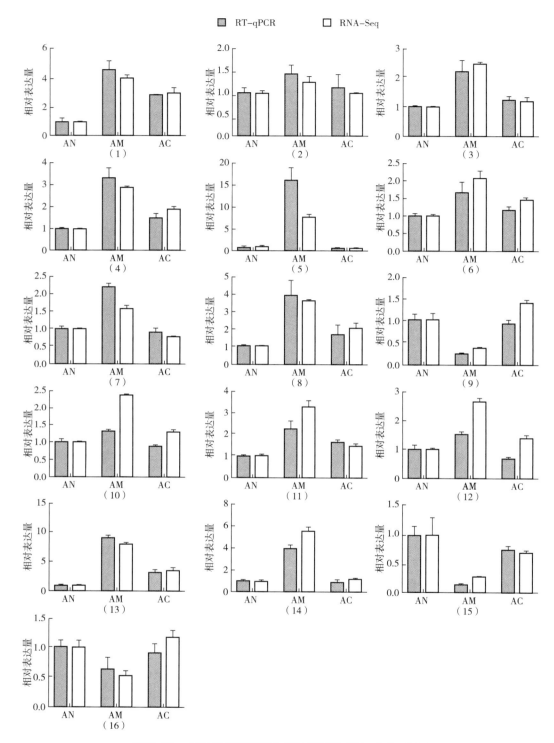

图 7-51　慢性肝损伤研究中差异基因的 RT-qPCR 验证

注：RT-qPCR 对 16 个相关基因 RNA-Seq 表达水平的验证，这些基因分别是（1）*Atf5*（2）*Bc021614*（3）*Bcl3*（4）*Calr*（5）*Cxcl1*（6）*Dus2*（7）*Fgb*（8）*Hsp90b1*（9）*Kdr*（10）*Ldha*（11）*Lrg1*（12）*Nfkbiz*（13）*Sdf2l1*（14）*Snai2*（15）*Txnip*（16）*Vsig4*。

（2）慢性肝损伤纤维化小鼠肠道微生物物种注释与组成 通过生物信息学分析，3 组肠道微生物样本扩增子测序的核心 OTU 数为 353。在门水平，共鉴定得到厚壁菌门、疣微菌门、拟杆菌门、放线菌门、变形菌门、脱铁杆菌门和软壁菌门 7 个门（绝对丰度由高到低）。其中，厚壁菌门和疣微菌门为优势菌门，相对平均丰度分别达 42.74% 和 29.52%。尽管厚壁菌门和疣微菌门同为急性肝损伤和慢性肝损伤研究中小鼠肠道微生物中的优势菌门，慢性肝损伤中的厚壁菌门的相对丰度高于疣微菌门，急性肝损伤小鼠肠道微生物中的优势菌门则反之。与 AN 组和 AC 组相比，疣微菌门（48.26%）和拟杆菌门（16.94%）富集于 AM 组肠道微生物中，而厚壁菌门（23.70%）和放线菌门（4.20%）相对丰度较低（彩图 7-5）。

3. 微生物多样性

（1）急性肝损伤小鼠肠道微生物多样性 基于统计学分析，通过对单一样品的 α 多样性解析微生物群落的多样性，包括：群落的丰富度（ACE 和 Chao 指数）、群落的均匀度（Heip 和 Shannoneven 指数）和群落多样性（Shannon 和 Simpson 指数），如图 7-52 所示。通过各种指数的比较（Simpson 指数与 α 多样性成负相关）发现，AN 组和 AC 组肠道微生物的 α 多样性在丰富度、均匀度和多样性上极显著低于 AM 组的肠道微生物（$P<0.01$），说明注射 CCl_4 增加了急性肝损伤小鼠肠道微生物的 α 多样性。

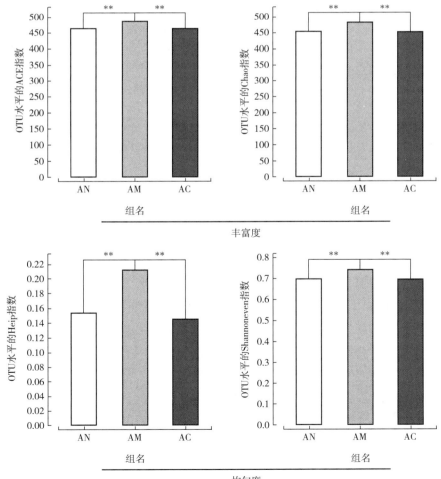

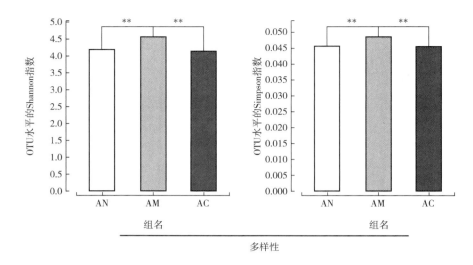

图 7-52　急性肝损伤研究中小鼠肠道微生物的 α 多样性

** 代表有极显著差异（$P<0.01$）。

　　基于 OTU，采用 Bray-Curtis 距离算法的主坐标分析（PCoA），可直观反映 3 组小鼠肠道微生物群落组成的差异，即 β 多样性（图 7-53）。PCoA 结果显示，分别表示 3 组小鼠的肠道微生物的样本点聚为 3 类，AM 组小鼠的肠道微生物群落组成明显偏离对照组和骆驼乳组，而 AN 组和 AC 组小鼠肠道微生物群落组成更为接近。说明骆驼乳的摄入对急性肝损伤小鼠的肠道微生物有重要的调节作用。

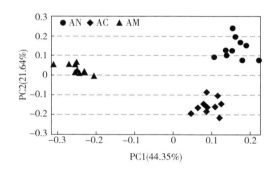

图 7-53　急性肝损伤研究中小鼠肠道微生物的 β 多样性

　　（2）慢性肝损伤小鼠肠道微生物多样性　慢性肝损伤与急性肝损伤研究中，FM 组小鼠肠道微生物的 α 多样性呈现相反的结果，即慢性肝损伤研究中模型小鼠的 α 多样性低于 FN 组和 FC 组肠道微生物的 α 多样性。在群落的丰富度分析中，FM 组的 ACE 指数显著低于 FN 组和 FC 组（$P<0.01$），FM 组的 Chao 指数显著低于 FN 组（$P<0.05$）而与 FC 组无显著差异（$P<0.05$）。尽管 FM 组的群落均匀度和多样性均低于 FN 组和 FC 组，但是无显著差异（$P>0.05$）。与急性肝损伤研究中肠道微生物 α 多样性比较，可知随着注射 CCl_4，模型小鼠肠道微生物的 α 多样性逐渐降低（图 7-54）。

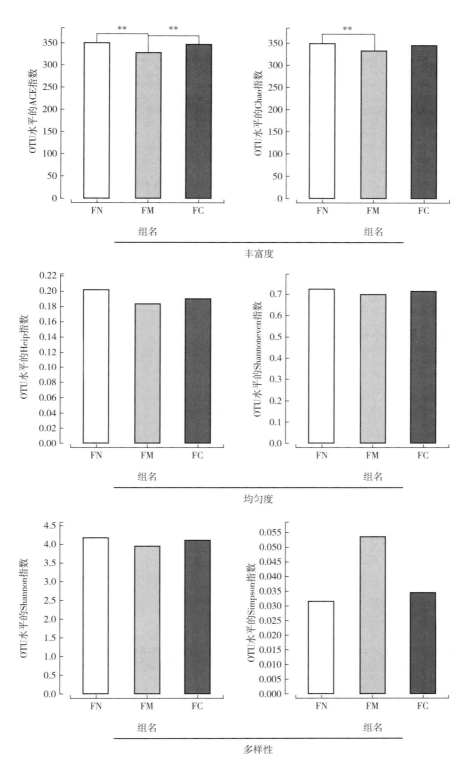

图7-54 慢性肝损伤研究中小鼠肠道微生物的 α 多样性

** 代表有极显著差异（$P<0.01$）。

PCoA 结果显示，慢性肝损伤研究中的 3 组小鼠肠道微生物的样本点聚为 3 类，FM 组小鼠的肠道微生物群落组成明显偏离 FN 组和 FC 组，而 FN 组和 FC 组小鼠的肠道微生物群落组成更为接近（图 7-55）。说明骆驼乳的摄入，对慢性肝损伤小鼠的肠道微生物有重要的调节作用。

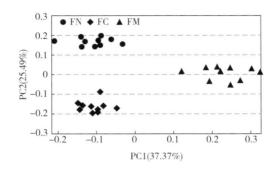

图 7-55　慢性肝损伤研究中小鼠肠道微生物的 β 多样性

4. 肠道微生物功能预测

（1）急性肝损伤小鼠肠道微生物代谢通路　通过 PICRUSt 软件对急性肝损伤小鼠肠道微生物功能和第三级（Level 3）相关代谢通路进行预测，结果如表 7-16 所示。通过 KEGG 共注释得到 193 条代谢通路，包括（丰度由高到低）：ABC 转运蛋白（ko02010）、核糖体（ko03010）、嘌呤代谢（ko00230）、嘧啶代谢（ko00240）、氨基糖和核苷酸糖代谢（ko00520）等。其中，AM 组小鼠中显著富集的通路有细胞凋亡（ko04210）、细菌趋化（ko02030）、药物代谢-其他酶（ko00983）、细菌入侵上皮细胞（ko05100）、幽门螺杆菌感染中的上皮细胞信号转导（ko05120）、鞭毛组装（ko02040）、二甲苯降解（ko00622）、霍乱弧菌致病周期（ko05111）等。AC 组小鼠 KEGG 通路主要富集在生物素代谢（ko00780）、不饱和脂肪酸生物合成（ko01040）、脂肪酸代谢（ko00071）、叶酸生物合成（ko00790）、甘油磷脂代谢（ko00564）、糖胺聚糖降解（ko00531）、谷胱甘肽代谢（ko00480）、氧化磷酸化（ko00190）、苯丙氨酸代谢（ko00360）、内质网蛋白质加工（ko04141）、视黄醇代谢（ko00830）、核黄素代谢（ko00740）、酪氨酸代谢（ko00350）、色氨酸代谢（ko00380）等。

表 7-16　　　　　　　　　急性肝损伤研究中小鼠肠道微生物代谢通路

通路	AC 组	AM 组	AN 组	通路名称
ko02010	748180	1097484	765883	ABC 转运蛋白
ko03010	750864	735641	755097	核糖体
ko00230	686536	709345	680919	嘌呤代谢
ko00240	559293	615728	573584	嘧啶代谢
ko00520	444851	505061	463774	氨基糖和核苷酸糖代谢
ko02020	378562	539632	376788	双组分系统

续表

通路	AC 组	AM 组	AN 组	通路名称
ko00330	412768	438204	394120	精氨酸和脯氨酸代谢
ko00190	428646	383544	410055	氧化磷酸化
ko00680	367360	444600	371896	甲烷代谢
ko00970	360672	378416	362103	氨酰基 tRNA 生物合成
ko00250	338891	350983	339197	丙氨酸、天冬氨酸和谷氨酸代谢
ko00010	332484	341374	320079	糖酵解/糖新生
ko00720	343777	313215	327740	原核生物中的碳固定途径
ko00620	315739	331122	301863	丙酮酸代谢
ko03440	287869	293553	290682	同源重组
ko00260	290013	294537	280263	甘氨酸、丝氨酸和苏氨酸代谢
ko00500	265449	334802	260636	淀粉和蔗糖代谢
ko00270	278303	280420	278512	半胱氨酸和甲硫氨酸代谢
ko00400	276914	277107	271018	苯丙氨酸、酪氨酸和色氨酸生物合成
ko00051	249247	278646	265733	果糖和甘露糖代谢
ko00052	235279	299349	244146	半乳糖代谢
ko00300	250379	264751	244291	赖氨酸生物合成
ko00030	240797	277779	239650	戊糖磷酸途径
ko03430	249793	256224	251905	不匹配修复
ko00290	255155	259546	234003	缬氨酸、亮氨酸和异亮氨酸生物合成
ko00550	234493	250073	238663	肽聚糖生物合成
ko00020	243118	192162	220749	三羧酸循环（TCA 循环）
ko00670	214024	215594	210378	叶酸的一个碳库
ko03030	211100	212391	213865	DNA 复制
ko00340	209632	203926	212688	组氨酸代谢

（2）慢性肝损伤小鼠肠道微生物代谢通路 通过 PICRUSt 软件对慢性肝损伤小鼠肠道微生物功能和第三级（Level 3）相关代谢通路进行预测，结果如表 7-17 所示，通过 KEGG 共注释得到 193 条代谢通路，包括（丰度由高到低）：ABC 转运蛋白（ko02010）、核糖体（ko03010）、嘌呤代谢（ko00230）、嘧啶代谢（ko00240）、氨基糖和核苷酸糖代谢（ko00520）等。其中，细胞凋亡（ko04210）、细菌趋化性（ko02030）、药物代谢细胞色素 P450（ko00982）、药物代谢-其他酶（ko00983）、幽门螺杆菌感染中的上皮细胞信号转导（ko05120）、脂多糖生物合成（ko00540）在 FM 组小鼠肠道微生物中显著富集（$P<0.05$）。

表 7-17　　　　　　　　　　慢性肝损伤研究中小鼠肠道微生物代谢通路

通路	FC 组	FM 组	FN 组	通路名称
ko02010	489097	614641	612355	ABC 转运蛋白
ko03010	443214	569553	564598	核糖体
ko00230	393490	524637	502302	嘌呤代谢
ko00240	336778	425021	426065	嘧啶代谢
ko00520	276638	346451	343135	氨基糖和核苷酸糖代谢
ko00190	224737	325981	285980	氧化磷酸化
ko02020	222736	320783	292279	双组分系统
ko00330	221346	318483	281087	精氨酸和脯氨酸代谢
ko00680	220496	285847	283023	甲烷代谢
ko00970	218230	279979	279497	氨酰基 tRNA 生物合成
ko00010	187443	262443	244523	糖酵解/糖新生
ko00250	191335	254594	238866	丙氨酸、天冬氨酸和谷氨酸代谢
ko00720	181833	266196	235648	原核生物中的碳固定途径
ko00620	172737	249878	224139	丙酮酸代谢
ko03440	172550	220222	218561	同源重组
ko00051	166109	204261	204587	果糖和甘露糖代谢
ko00270	158549	212080	197110	半胱氨酸和甲硫氨酸代谢
ko00260	154111	217393	193829	甘氨酸、丝氨酸和苏氨酸代谢
ko00500	152163	203911	192731	淀粉和蔗糖代谢
ko00400	148656	206234	186216	苯丙氨酸、酪氨酸和色氨酸生物合成
ko03430	148961	193209	188022	不匹配修复
ko00030	146199	194293	185320	戊糖磷酸途径
ko00550	142649	181802	181133	肽聚糖生物合成
ko00300	138979	189942	174222	赖氨酸生物合成
ko00052	141959	178496	178117	半乳糖代谢
ko00290	128570	194808	165073	缬氨酸、亮氨酸和异亮氨酸生物合成
ko00020	114316	185578	154811	三羧酸循环（TCA 循环）
ko03030	125927	160714	159575	DNA 复制
ko03070	110170	177900	143737	细菌分泌系统
ko00340	121530	158641	148340	组氨酸代谢

第四节　骆驼乳的肾脏保护作用

一、急性肾损伤小鼠模型的建立

选用 C57BL/6 雄性小鼠［6~8 周龄，体重（20±2）g］，将 40 只 C57BL/6 雄性小鼠随机分为 5 组（每组 8 只），正常对照组（NC 组）、模型组（Mo 组）、骆驼乳干预组（CM 组）、牛乳干预组（BM 组）和阳性对照组（NT 组）。NC 组与 Mo 组灌胃灭菌 ddH$_2$O，CM 组灌胃脱脂骆驼乳粉溶液（4.5g/kg 体重），BM 组灌胃脱脂牛乳粉溶液（4.5g/kg 体重），NT 组灌胃尿毒清颗粒（4.16g/kg 体重）。灌胃体积为 0.2mL，每日 1 次，连续灌胃两周，每 3 天记录一次体重（1、4、7、10、14d）。第 14 天除 NC 组外，各组均腹腔注射 15mg/kg 顺铂，诱导急性肾损伤（AKI）模型（图 7-56）。造模 72h 后记录小鼠体重，禁食不禁水 6h 后，用异氟烷麻醉小鼠，眼眶取血，颈椎脱臼法处死小鼠。将血样进行血清分离，解剖取小鼠肾脏，称量肾脏质量，其中一个肾放入 4% 多聚甲醛中保存，另一个肾在 -80℃ 下冷冻保存。

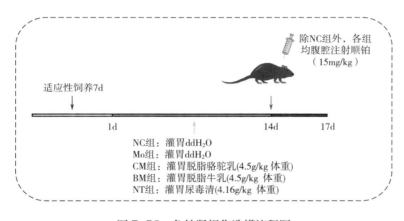

图 7-56　急性肾损伤造模流程图

二、骆驼乳对小鼠急性肾损伤的保护作用

（一）骆驼乳预防急性肾损伤对小鼠体重、肾体指数、肾毒性标志物的影响

如图 7-57 所示，与对照组相比，摄入顺铂后各组小鼠体重骤降，Mo 组小鼠肾体指数与 NC 组存在显著差异（$P<0.05$），CM 组与 Mo 组相比有显著差异（$P<0.05$），说明骆驼乳的干预能改善急性肾损伤小鼠肾体指数。

血尿素氮（BUN）和血清肌酐（Cre）是评价机体肾功能的重要指标，其中 BUN 是机体代谢的主要产物，肾功能不全时其水平会升高，可作为早期鉴定肾损伤的标志性指标；Cre 能较准确反映肾小球的滤过功能，在肾损伤时水平呈上升趋势。如图 7-57（3）、图 7-57（4）所示，与 NC 组相比，Mo 组血清 BUN、Cre 含量显著上升（$P<0.05$），与 Mo 组相比，CM、BM 和

NT 组血清 BUN、Cre 含量显著下降（$P<0.05$），表明骆驼乳干预能改善顺铂引起的肾损伤。

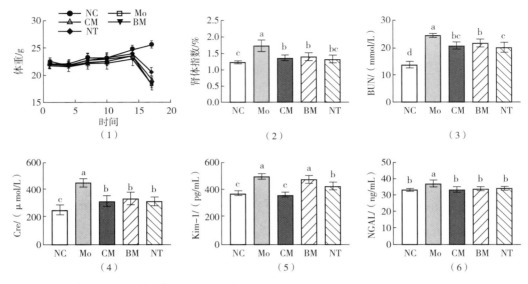

（1）体重　（2）肾体指数（肾脏质量/体重）　（3）BUN　（4）Cre　（5）Kim-1　（6）NGAL

图 7-57　骆驼乳对小鼠体重、肾体指数及肾毒性标志物的影响

不同字母表示组间有显著差异（$P<0.05$），相同字母表示组间无显著差异（$P>0.05$）。

中性粒细胞明胶酶相关载脂蛋白（NGAL）可以在肾脏的中性粒细胞和上皮细胞中表达，若发生肾损伤，NGAL 合成分泌水平会显著上升（马威等，2021）；肾损伤分子-1（Kim-1）是一种 1 型跨膜蛋白，会在去分化近端小管细胞中表达，若肾脏出现局部缺血或毒性损伤，其表达水平会上升（毕海燕等，2019）。图 7-57（5）、图 7-57（6）显示，与 NC 组相比，Mo 组肾脏 Kim-1 与 NGAL 浓度水平显著升高（$P<0.05$）；与 Mo 组相比，CM 组与 NT 组 Kim-1 与 NGAL 含量显著下降（$P<0.05$）。综上所述，在顺铂刺激下，肾脏组织中 Kim-1 和 NGAL 的含量升高，这在一定程度上反映出小鼠肾脏产生了严重的肾小管损伤；然而通过骆驼乳干预能明显降低肾脏中 Kim-1 和 NGAL 的含量，从而改善小鼠肾脏组织的损伤。

（二）骆驼乳预防急性肾损伤对小鼠血清氧化指标的影响

超氧化物歧化酶（SOD）、谷胱甘肽（GSH）是肾脏中重要的抗氧化酶，可显示肾脏抗氧化能力的强弱。丙二醛（MDA）是脂质氧化的产物，能促进活性氧（ROS）的产生，可间接反映抗氧化能力。ROS 过量会引发肾细胞的氧化应激，进而引起炎症反应。如图 7-58（1）、图 7-58（2）所示，与 NC 组相比，Mo 组血清 SOD、GSH 含量均显著下降（$P<0.05$）；与 Mo 组相比，CM 组 SOD 与 GSH 含量均升高，其升高趋势与 NT 阳性对照组相近。图 7-58（3）、（4）显示，与 NC 组相比，Mo 组血清 MDA、ROS 含量显著升高（$P<0.05$）；与 Mo 组相比，CM 组血清 MDA 和 ROS 含量显著下降（$P<0.05$）。由此表明骆驼乳干预会增加顺铂诱导的抗氧化酶物质含量，即增加抗氧化能力，同时减缓顺铂诱导的氧化物和氧化产物含量上升，缓解氧化损伤。

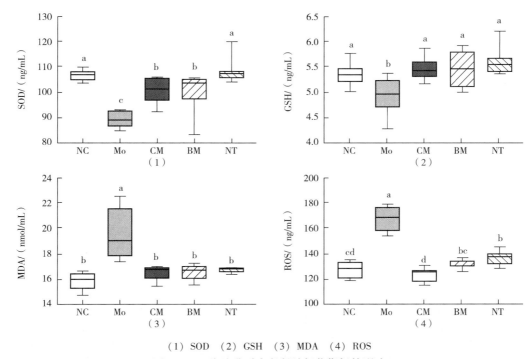

（1）SOD　（2）GSH　（3）MDA　（4）ROS

图7-58　骆驼乳对小鼠肾脏氧化指标的影响

不同字母表示组间有显著差异（$P<0.05$），相同字母表示组间无显著差异（$P>0.05$）。

（三）骆驼乳预防急性肾损伤对小鼠肾脏组织炎症指标的影响

肾组织受损导致炎性细胞浸入，并释放出肿瘤坏死因子-α（TNF-α）、白介素-1β（IL-1β）、白介素-6（IL-6）等促炎因子，促使白细胞渗入，从而加重肾损伤。如图7-59所示，与NC组相比，Mo组肾脏TNF-α、IL-6含量显著升高（$P<0.05$），IL-1β含量升高但没有显著性。与Mo组相比，CM组肾脏IL-6、IL-1β、TNF-α含量显著降低（$P<0.05$）。这说明骆驼乳干预能降低肾脏中促炎细胞因子的含量，抑制肾脏炎症反应。

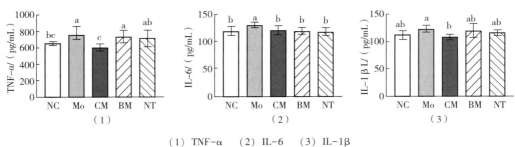

（1）TNF-α　（2）IL-6　（3）IL-1β

图7-59　骆驼乳对肾脏炎症指标的影响

（四）HE染色

如彩图7-6所示，NC组小鼠肾小球与肾小管结构清晰完整，形态结构未见异常。与

NC 组相比，Mo 组小鼠肾脏组织呈现明显的病理性改变，主要表现为肾小球收缩畸形，肾小管扩张和坏死，出现蛋白质沉淀，肾间质有炎性细胞浸润。骆驼乳干预的小鼠肾组织切片显示出肾小管上皮细胞坏死减少，无明显炎性浸润。BM 组小鼠肾脏组织出现肾小球收缩与畸变，NT 组效果与 CM 组相似。结果表明，骆驼乳干预能减轻病理损伤，小鼠肾组织得到显著改善。

（五） TUNEL 染色

肾细胞凋亡是顺铂导致肾损伤的重要机制。通过 TUNEL 染色，评估骆驼乳对小鼠急性肾损伤肾细胞凋亡的影响。染色结果如图 7-60 所示，结合 TUNEL 染色图与细胞凋亡率统计图发现，NC 组肾组织中无 TUNEL 标记的亮绿色荧光，说明细胞无凋亡情况。与 NC 组相比，Mo 组中能观察到大量凋亡细胞，表明顺铂导致肾组织细胞凋亡。与 Mo 组相比，骆驼乳干预后的 CM 组，TUNEL 阳性荧光的凋亡细胞显著减少（$P<0.05$），表明骆驼乳可以缓解顺铂引起的急性肾损伤；BM 组凋亡细胞显著低于 Mo 组，但显著高于 CM 组（$P<0.05$），NT 组与 CM 组效果相似。

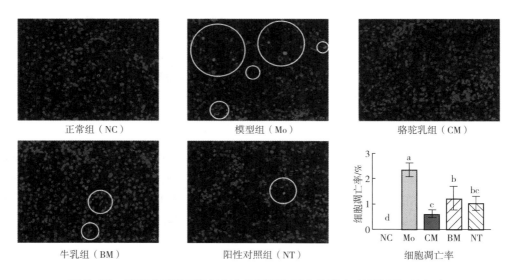

图 7-60　骆驼乳干预对肾损伤小鼠肾细胞凋亡的影响（TUNEL 400×）

不同小写字母表示组间有显著性差异（$P<0.05$）。

三、骆驼乳对小鼠急性肾损伤的转录组学研究

为探究骆驼乳对小鼠急性肾损伤的转录水平上的机制，在 NC、Mo、CM 3 组小鼠中各选择 5 个代表性个体肾脏组织进行转录组学测序。测序数据的 Raw Data 及 Clean Data 的数据详情见表 7-18 及表 7-19。各样本测序得到的 Raw Reads 均在 41780392 条以上，过滤后的 Clean Reads 数均在 41449838 条以上，其中 Clean Reads 占 Raw Data 的比例不低于98.76%，得到的 Clean Data 均达到 6.21Gb 以上，测序错误率均小于 0.03%。上述结果说明，本次转录组学测序质量较好，可以进行后续生物信息学分析。

表7-18　　　　　　　　　　　测序数据统计表

样本名	Raw reads/个	Raw bases/bp	Error rate/%	Q20/%	Q30/%	GC content/%
NC_1	43959352	6637862152	0.024	98.45	95.17	48.84
NC_2	44054500	6652229500	0.024	98.45	95.13	48.15
NC_3	45597216	6885179616	0.0239	98.5	95.27	47.48
NC_4	60696980	9165243980	0.024	98.44	95.2	46.7
NC_5	46525782	7025393082	0.024	98.47	95.13	47.09
Mo_1	51114886	7718347786	0.024	98.46	95.21	48.64
Mo_2	45889540	6929320540	0.0237	98.57	95.51	48.25
Mo_3	47103494	7112627594	0.0236	98.58	95.53	48.82
Mo_4	46484820	7019207820	0.0236	98.61	95.57	48.51
Mo_5	49285954	7442179054	0.0241	98.42	95.1	47.79
CM_1	48701180	7353878180	0.0237	98.55	95.44	48.93
CM_2	41780392	6308839192	0.0239	98.46	95.27	48.03
CM_3	51551208	7784232408	0.0239	98.48	95.23	48.77
CM_4	46787994	7064987094	0.024	98.44	95.17	49.27
CM_5	49232988	7434181188	0.0239	98.49	95.26	48.16

注：Raw reads，原始测序数据的总条目数（reads，代表测序读段，1个reads即为1条）；Raw bases，原始测序总数据量（即Raw reads数目乘以reads读长）；Error rate，质控数据对应的测序碱基平均错误率，一般在0.1%以下；Q20、Q30，对质控后测序数据进行质量评估，Q20、Q30分别指测序质量在99%和99.9%以上的碱基占总碱基的比，一般Q20在85%以上，Q30在80%以上；GC content，质控数据对应的G和C碱基总和占总碱基的比。

表7-19　　　　　　　　　　　质控数据统计表

样本名	Clean reads/个	Clean bases/bp	Error rate/%	Q20/%	Q30/%	GC content/%
NC_1	43667110	6550150147	0.024	98.45	95.17	48.84
NC_2	43791806	6572553682	0.024	98.45	95.13	48.15
NC_3	45322718	6791360781	0.0239	98.5	95.27	47.48
NC_4	59942958	8751402667	0.024	98.44	95.2	46.7
NC_5	46265814	6864310907	0.024	98.47	95.13	47.09
Mo_1	50718640	7559314300	0.024	98.46	95.21	48.64
Mo_2	45590250	6795298569	0.0237	98.57	95.51	48.25
Mo_3	46815520	6992705493	0.0236	98.58	95.53	48.82
Mo_4	46200198	6905826023	0.0236	98.61	95.57	48.51
Mo_5	48934156	7311962287	0.0241	98.42	95.1	47.79
CM_1	48401700	7258042175	0.0237	98.55	95.44	48.93
CM_2	41449838	6214185603	0.0239	98.46	95.27	48.03
CM_3	51248806	7664688129	0.0239	98.48	95.23	48.77

续表

样本名	Clean reads/个	Clean bases/bp	Error rate/%	Q20/%	Q30/%	GC content/%
CM_4	46459850	6960258702	0.024	98.44	95.17	49.27
CM_5	48927338	7271163459	0.0239	98.49	95.26	48.16

注：Clean reads，质控后测序数据的总条目数；Clean bases，质控后测序总数据量（即 Clean reads 数目乘以 reads 长度），Error rate，质控数据对应的测序碱基平均错误率，一般在 0.1% 以下；Q20、Q30，对质控后测序数据进行质量评估，Q20、Q30 分别指测序质量在 99% 和 99.9% 以上的碱基占总碱基的比，一般 Q20 在 85% 以上，Q30 在 80% 以上；GC content，质控数据对应的 G 和 C 碱基总和占总碱基的比。

（一）基因表达量分析

利用 RSEM 软件并以 TPM 值（Transcripts per million，每 100 万个转录本的数量）为表达量指标，NC 组检测到 13186 个基因，Mo 组检测到 14326 个基因，CM 组检测到 13981 个基因。其中 NC 组特有基因为 234 个，Mo 组特有基因为 581 个，CM 组特有基因为 249 个。

（二）差异表达基因筛选

Mo 组与 NC 组相比，共有 3437 个差异基因，其中 2396 个基因表达上调，1041 个基因表达下调。CM 组与 Mo 组相比，识别出 510 个差异基因，其中 122 个基因表达上调，388 个基因表达下调。NC 组与 CM 组相比，共检测到 2929 个差异基因，其中 1849 个基因表达上调，1080 个基因表达下调。通过绘制火山图展示 NC 组与 Mo 组和 Mo 组与 CM 组之间的差异基因表达情况（图 7-61）。

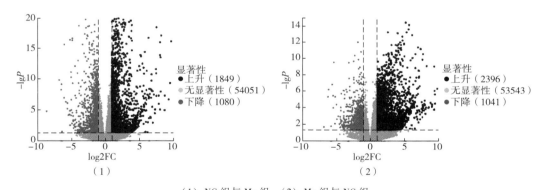

（1）NC 组与 Mo 组　（2）Mo 组与 NC 组

图 7-61　差异基因火山图

log2FC 为差异倍数的对数值。

（三）差异基因 GO 功能注释分析

CM 组与 Mo 组的差异表达基因 GO 功能进行分类注释，按照基因参与的 BP、CC 以及 MF 分类，共注释到 46 条 GO 类别，其中在 BP 功能中注释到 23 条；在 CC 功能中注释到 14 条；在 MF 功能中注释到 12 条。聚集差异基因数量前十的 GO 类别分别为：细胞组分（Cell part，283 个）、结合（Binding，257 个）、细胞进程（Cellular process，239 个）、生物调节作用（Biological regulation，197 个）、膜组分（Membrane part，157 个）、细胞器（Organelle，155 个）、膜（Membrane，131 个）、刺激反应（Response to stimulus，118 个）、代谢过程（Metabolic process，111 个）以及催化活性（Catalytic activity，111 个）。

CM 与 NC 组差异基因的 GO 功能注释，共注释到 53 条 GO 类别，其中 BP、CC、MF 功能分别注释到 23、16、14 条。聚集差异基因数量前十的 GO 类别分别为：细胞组分（1841 个）、细胞进程（1563 个）、结合（1552 个）、生物调节作用（1322 个）、细胞器（1064 个）、膜组分（941 个）、细胞器组分（Organeue part，822 个）、膜（795 个）、代谢过程（754 个）以及催化活性（736 个）。

（四）差异基因 KEGG 通路分析

CM 组与 Mo 组、Mo 组与 NC 组的差异基因根据其参与的 KEGG 通路不同被分为五大类，若干小类（子通路）。其中，在代谢通路中，CM 组与 Mo 组的差异基因主要参与氨基酸代谢（Amino acid metabolism）、异生素生物降解和代谢（Xenobiotics biodegradation and metabolism）与碳水化合物代谢（Carbohydrate metabolism）通路；Mo 组与 NC 组的差异基因主要参与脂代谢（Lipid metabolism）、碳水化合物代谢与氨基酸代谢通路。此外，尽管参与到 KEGG 通路的差异基因数目不同，但是 CM 组与 Mo 组、Mo 组与 NC 组差异基因主要参与的 KEGG 通路基本一致。

（五）qPCR 结果分析

为了验证骆驼乳对顺铂诱导的急性肾损伤的预防作用与 Nrf2/HO-1 通路有关，选取小鼠肾组织中 Nrf2、HO-1、IL-6、IL-1β、TNF-α 5 个炎症相关的基因进行实时荧光定量 PCR 测定。结果如表 7-20 所示，与 NC 组相比，Mo 组的 IL-6、IL-1β、TNF-α 的 mRNA 表达量显著上升（$P<0.05$），Nrf2、HO-1 的 mRNA 表达量显著降低。与 Mo 组相比，CM 组的 IL-6、IL-1β、TNF-α mRNA 表达量显著降低（$P<0.05$），而 Nrf2、HO-1 的 mRNA 表达量显著升高（$P<0.05$）。由此说明骆驼乳干预通过影响 Nrf2/HO-1 通路上的基因，可缓解顺铂诱导的急性肾损伤炎症反应。

表 7-20 小鼠肾组织中 Nrf2、 HO-1、 IL-6、 IL-1β、TNF-α mRNA 表达水平比较

mRNA	NC	Mo	CM	BM	NT
Nrf2	1.19±0.2[a]	0.80±0.19[b]	1.19±0.22[a]	0.92±0.40[ab]	1.11±0.25[ab]
HO-1	1.27±0.47[a]	0.74±0.13[b]	1.19±0.26[a]	0.98±0.24[ab]	0.83±0.36[b]
IL-6	0.87±0.13[c]	11.65±5.26[a]	3.95±2.95[bc]	7.86±6.40[ab]	6.29±4.04[b]
IL-1β	0.66±0.16[c]	1.20±0.61[a]	0.38±0.30[bc]	0.95±0.24[ab]	0.67±0.11[b]
TNF-α	0.94±0.06[c]	3.36±1.12[a]	1.23±0.34[c]	2.84±0.46[ab]	2.31±0.49[b]

注：同行不同字母表示组间有显著差异（$P<0.05$），相同字母表示组间无显著差异（$P>0.05$）。

参考文献

［1］Moreira A P B, Texeir T F S, Ferreir A B, et al. Influence of a high-fat diet on gut microbiota, intestinal permeability and metabolic endotoxaemia ［J］. British Journal of Nutrition, 2012, 108 (5): 801-809.

［2］Agrawal R P, Swamin S C, Beniwal R, et al. Effect on camel milk on glycemic control, lipid profile and diabetes quality of life in type-1 diabetes: a randomized prospective controlled cross over study ［J］. Indian Journal of Animal Sciences, 2003, 73 (10): 1105-1110.

［3］Agrawal R P, Budania S, Sharma P, et al. Zero prevalence of diabetes in camel milk consuming raica community of north-west rajasthan, India ［J］. Diabetes Research and Clinical Practice, 2007, 76 (2): 290-296.

［4］Agrawal R P, Sharma P, Gafoorunissa S J, et al. Effect of camel milk on glucose metabolism in adults with normal glucose tolerance and type 2 diabetes in Raica community: a crossover study ［J］. Acta Biomedica Scientifica, 2011, 82 (3): 181-186.

［5］Agrawal R P, Jain S, Shah S, et al. Effect of camel milk on glycemic control and insulin requirement in patients with type 1 diabetes: 2-years randomized controlled trial ［J］. European Journal of Clinical Nutrition, 2011, 65 (9): 1048-1052.

［6］Al-Haj O A, Al-Kanhal H A. Compositional, technological and nu-tritional aspects of dromedary camel milk -A review ［J］. International Dairy Journal, 2010, 20 (12): 1-11.

［7］Al-Haj O A, Al-Kanhal H A. Compositional, technological and nutritional aspects of dromedary camel milk ［J］. International Dairy Journal, 2010, 20 (12): 811-821.

［8］Althnaian T, Albokhadaimd I, El-Bahr S M. Biochemical and histopathological study in rats intoxicated with carbontetrachloride and treated with camel milk ［J］. Springer Plus, 2013, 2 (1): 57-64.

［9］Besse-Patin A, Estall J L. An intimate relationship between ros and insulin signalling: implications for antioxidant treatment of fatty liver disease ［J］. International Journal of Cell Biology, 2014, 2014 (1): 1-9.

［10］Gusdon A M, Song K X, Qu S. Nonalcoholic fatty liver disease: pathogenesis and therapeutics from a mitochondria-centric perspective ［J］. Oxidative Medicine and Cellular Longevity, 2014, 2014 (1): 20.

［11］Juurinen L, Tikkainen M, Hakkinen A M, et al. Effects of insulin therapy on liver fat content and hepatic insulin sensitivity in patients with type 2 diabetes ［J］. American Journal of Physiology Endocrinology & Metabolism, 2007, 292 (3): E829-35.

［12］Kantartzis K, Machicao F, Machann J, et al. The *DGAT2* gene is a candidate for the dissociation between fatty liver and insulin resistance in humans ［J］. Clinical Science, 2009, 116 (6): 531-537.

［13］Khan A A, Alzohairy M A. Hepatoprotective effects of camel milk against CCl_4-induced hepato-toxicity in rats in rats ［J］. Asian Journal Biochem, 2011, 6 (2): 171-180.

［14］Korish A A. The antidiabetic action of camel milk in experimental type 2 diabetes mellitus: an overview on the changes in incretin hormones, insulin resis-tance, and inflammatory cytokines ［J］. Hormone and Metabolic Research, 2014, 46 (6): 404-411.

［15］ Leiherer A, Mundlein A, Drexel H. Phyto-chemicals and their im-pact on adipose tissue inflammation and diabetes ［J］. Vascular Pharmacology, 2013, 58 (1/2): 3-20.

［16］ Rudkowska I. Functional foods for health: focus on diabetes ［J］. Maturitas, 2009, 2 (3): 203-209.

［17］ Shori B A. Camel milk as a potential therapy for controlling diabetes and its complications: a review of *in vivo* studies ［J］. Journal of Food and Drug Analysis, 2015, 23 (4): 609-618.

［18］ Sawaya W N, Khalil J K, Al-shalhat A, et al. Chemical composition and nutritional quality of camel milk ［J］. Journal of Food Science, 1984, 49 (3): 744-747.

［19］ Tang A, Rabasalhoret R, Castel H, et al. Effects of insulin glargine and liraglutide therapy on liver fat as measured by magnetic resonance in patients with type 2 diabetes: A randomized trial ［J］. Diabetes Care, 2015, 38 (9): e148.

［20］ Zheng Y, Ley S H, Hu F B. Global aetiology and epidemiology of type 2 diabetes mellitus and its complications ［J］. Nature Reviews Endocrinology, 2017, 14 (2): 88-98.

［21］ Berry D, Reinisch W. Intestinal microbiota: A source of novel biomarkers in inflammatory bowel diseases ［J］. Best practice and research Clinical Gastroenterology, 2013, 27 (1): 47-58.

［22］ Bertola A, Mathews S, Ki S H, et al. Mouse model of chronic and binge ethanol feeding (the NIAAA model) ［J］. Nature Protocols, 2013, 8 (3): 627-637.

［23］ Bull O L, Feng W K I, Wang Y, et al. Metagenomic analyses of alcohol induced pathogenic alterations in the intestinal microbiome and the effect of lactobacillus rhamnosus GG treatment ［J］. PloS One, 2013, 8 (1): 1-10.

［24］ Bajaj J S. Alcohol liver disease and the gut microbiota ［J］. Nature Reviews Gastroenterology and Hepatology, 2019, 16 (4): 235-246.

［25］ Chu J, Ryang K, Saem-Yi Kim Sung E, et al. Prebiotic UG1601 mitigates constipation-related events in association with gut microbiota: a randomized placebo-controlled intervention study ［J］. World Journal of Gastroenterology, 2019, 25 (40): 6129-6144.

［26］ Ding W X, Li M, Chen X, et al. Autophagy reduces acute ethanol-induced hepatotoxicity and steatosis in mice ［J］. Gastroenterology, 2010, 139 (5): 1740-1752.

［27］ Feng J, Zhao F, Sun J, et al. Alterations in the gut microbiota and metabolite profiles of thyroid carcinoma patients ［J］. International Journal of Cancer, 2019, 144 (11): 2728-2745.

［28］ Guo F, Zheng K, Benedé-Ubieto R, et al. The lieber-De Carli diet-a flagship model for experimental Alcoholic Liver Disease (ALD) ［J］. Alcoholism: Clinical and Experimental Research, 2018, 42 (10): 1828-1840.

［29］ Henning S M, Yang J, Hsu M, et al. Decaffeinated green and black tea polyphenols decrease weight gain and alter microbiome populations and function in diet-induced obese mice ［J］. European Journal of Nutrition, 2018, 57 (8): 2759-2769.

［30］ Lin H, Chen D, Du Q, et al. Dietary copper plays an important role in maintaining intestinal barrier integrity during alcohol-induced liver disease through regulation of the intestinal HIF-1 alpha signaling pathway and oxidative stress ［J］. Frontiers in Physiology, 2020, 11: 1-10.

［31］ Ma X. Loss of steroid receptor co-activator-3 attenuates carbon tetrachloride-induced murine hepatic injury and fibrosis ［J］. Laboratory Investigation, 2009, 89 (8): 903-914.

［32］ Morrin S T, Lane J A, Marotta M, et al. Bovine colostrum-driven modulation of intestinal epithelial cells for increased commensal colonization [J] . Applied Microbiology and Biotechnology, 2019, 103 (6): 2745-2758.

[33] Morrin S T, McCarthy G, Kennedy D, et al. Immunoglobulin G from bovine milk primes intestinal epithelial cells for increased colonization of bifidobacteria [J] . AMB Express, 2020, 10 (1): 1-10.

[34] Ming L, Qiao X Y, Yi L, et al. Camel milk modulates ethanol-induced changes in the gut microbiome and transcriptome in a mouse model of acute alcoholic liver disease [J] . Journal of Dairy Science, 2020, 103 (5): 3937-3949.

[35] Pan H, Liu H, Liu Y, et al. Understanding the relationships between grazing intensity and the distribution of nitrifying communities in grassland soils [J] . Science of the Total Environment, 2018, 634: 1157-1164.

[36] Ponziani F R, Bhoori S, Castelli C, et al. Hepatocellular carcinoma is associated with gut microbiota profile and inflammation in nonalcoholic fatty liver disease [J] . Hepatology, 2019, 69 (1): 107-120.

[37] Qian X B, Chen T, Xu Y P, et al. A guide to human microbiome research: study design, sample collection, and bioinformatics analysis [J] . Chinese Medical Journal, 2020, 133 (15): 1833-1844.

[38] Swanson P A, Kumar A, Samarin S, et al. Enteric commensal bacteria potentiate epithelial restitution via reactive oxygen species-mediated inactivation of focal adhesion kinase phosphatases [J] . Proceedings of the National Academy of Sciences, 2011, 108 (21): 8803-8808.

[39] Swidsinski A, Dorffel Y, Loening-Baucke V, et al. Acute appendicitis is characterized by local invasion with Fusobacterium nucleatum/necrophorum [J] . Gut, 2011, 60 (1): 34-40.

[40] Sanders M E, Merenstein D J, Reid G, et al. Probiotics and prebiotics in intestinal health and disease: from biology to the clinic [J] . Nature Reviews Gastroenterology and Hepatology, 2019, 16 (10): 605-616.

[41] Wang Y, Xu L, Gu Y Q, et al. MetaCoMET: a web platform for discovery and visualization of the core microbiome [J] . Bioinformatics, 2016, 32 (22): 3469-3470.

[42] Wang H, Li J, Zhang Q, et al. Grazing and enclosure alter the vertical distribution of organic nitrogen pools and bacterial communities in semiarid grassland soils [J] . Plant and Soil, 2019, 439 (1): 525-539.

[43] Wang P, Li D, Ke W, et al. Resveratrol-induced gut microbiota reduces obesity in high-fat diet-fed mice [J] . International Journal of Obesity, 2020, 44 (1): 213-225.

[44] Yang Y, Misra B B, Liang L, et al. Integrated microbiome and metabolome analysis reveals a novel interplay between commensal bacteria and metabolites in colorectal cancer [J] . Theranostics, 2019, 9 (14): 4101-4114.

[45] Zhang W, Zhong W, Sun Q, et al. Hepatic overproduction of 13-hode due to alox15 upregulation contributes to alcohol-induced liver injury in mice [J] . Scientific Reports, 2017, 7: 1-10.

[46] Zhao J, Chen H, Li Y. Protective effect of bicyclol on acute alcohol-induced liver injury in mice [J] . European Journal of Pharmacology, 2008, 586 (1-3): 322-331.

[47] Zhao J N, Fan H, Kwok L Y, et al. Analyses of physicochemical properties, bacterial microbiota, and lactic acid bacteria of fresh camel milk collected in Inner Mongolia [J] . Journal of Dairy Science, 2020, 103 (1): 106-116.

[48] Hamed H, Gargouri M, Boulila S, et al. Fermented camel milk prevents carbon tetrachloride induced

acute injury in kidney of mice ［J］. Journal of Dairy Research, 2018, 85 (2): 251-256.

［49］ Lameire N, Van B W, Vanholder R. Acute kidney injury ［J］. The Lancet, 2008, 372 (9653): 1863-1865.

［50］ 毕海燕, 刘静, 侯衍豹, 等. 肾毒性生物标志物的研究进展及其意义 ［J］. 药物评价研究, 2019, 42 (1): 204-211.

［51］ 吉日木图, 陈钢粮, 孟和毕力格, 等. 骆驼产品与生物技术 ［M］. 北京: 中国轻工业出版社, 2014.

［52］ 李金磊. 黄芪散改善 2 型糖尿病胰岛素抵抗模型小鼠糖脂代谢及其机制研究 ［D］. 广州: 广州中医药大学, 2014.

［53］ 马威, 李小全, 王跃玲, 等. NGAL 和 KIM-1 检测对脓毒症所致急性肾损伤的诊断价值 ［J］. 湖北民族大学学报 (医学版), 2021, 38 (3): 91-93.

［54］ 庞浩文, 安宁, 杨陈, 等. Th17 细胞及 IL-17 在急性肾损伤中作用的研究进展 ［J］. 临床肾脏病杂志, 2021, 21 (11): 944-950.

［55］ 魏巍, 左云飞, 李铭志, 等. 2 型糖尿病, 冠心病, 脑梗死患者血脂, 载脂蛋白和脂蛋白 (a) 的检测及其意义 ［J］. 大连医科大学学报, 2003, 25 (3): 210-212.

［56］ 徐航宇. 黄芩汤对溃疡性结肠炎小鼠肠道菌群的影响及肠黏膜屏障的保护作用机制研究 ［D］. 北京: 中国中医科学院, 2018.

［57］ 于冬冬, 王永欣, 庄语, 等. 基于 Nrf2-HO-1 信号通路的针灸改善顺铂肾损伤小鼠的作用机制研究 ［J］. 时珍国医国药, 2022, 33 (11): 2794-2797.

［58］ 朱杰. 基于肠道菌群理论: 姜黄石膏制剂对糖尿病小鼠血糖干预的研究 ［D］. 南京: 南京中医药大学, 2018.

［59］ 朱小花, 蒋爱民, 程永霞, 等. 香蕉粉对 Ⅱ 型糖尿病大鼠肝脏的保护作用 ［J］. 食品研究与开发, 2016, 37 (7): 48-51.

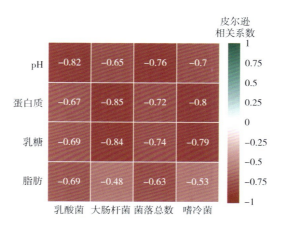

彩图 3-1　相关可培养微生物与骆驼乳营养成分及 pH 相关性分析

热图中数字表示相关性指数 r，$-1 < r < 1$，认为 $|r| > 0.8$ 为高度相关，$0.5 < |r| < 0.8$ 为中度相关，$0.3 < |r| < 0.5$ 为低度相关，$|r| < 0.3$ 为不相关。

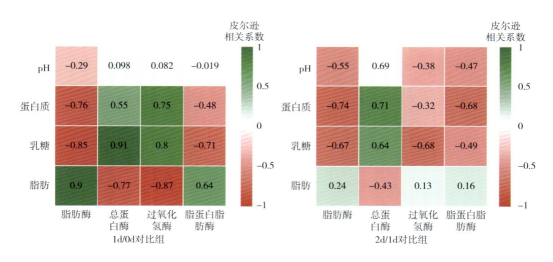

彩图 3-2

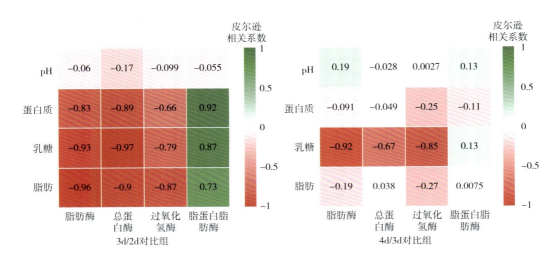

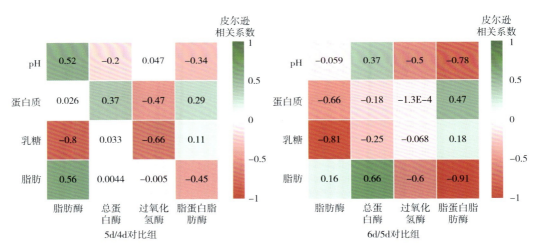

彩图 3-2　关键酶活性与原料骆驼乳主要营养品质相关性分析

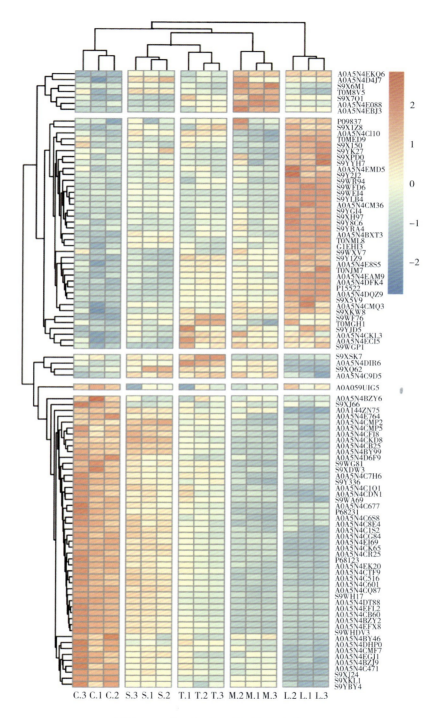

彩图 4-1　不同泌乳期骆驼乳蛋白质热图

蓝色代表蛋白质丰度下降，红色代表蛋白质丰度上升。

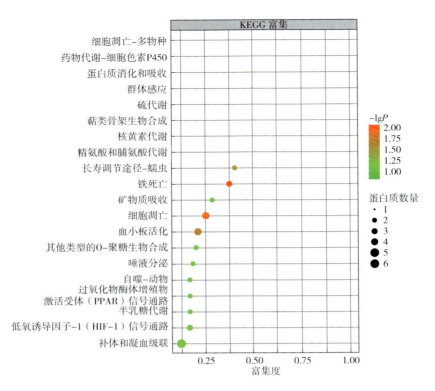

彩图 4-2　S 与 C 组差异蛋白的 KEGG 富集分析

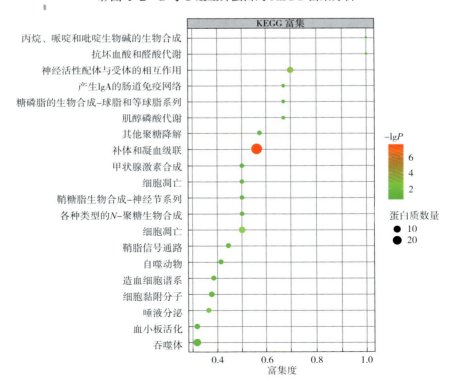

彩图 4-3　T 与 C 组差异蛋白的 KEGG 富集分析

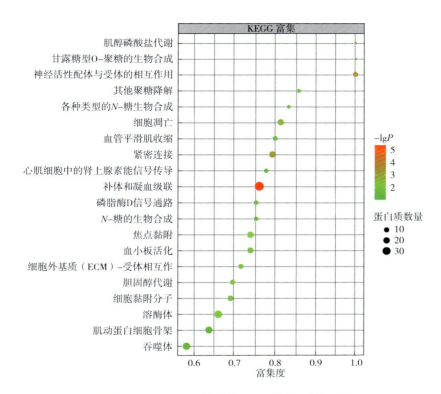

彩图 4-4 M 与 C 组差异蛋白的 KEGG 富集分析

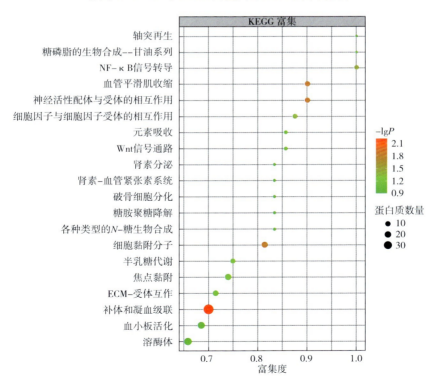

彩图 4-5 L 与 C 组差异蛋白的 KEGG 富集分析

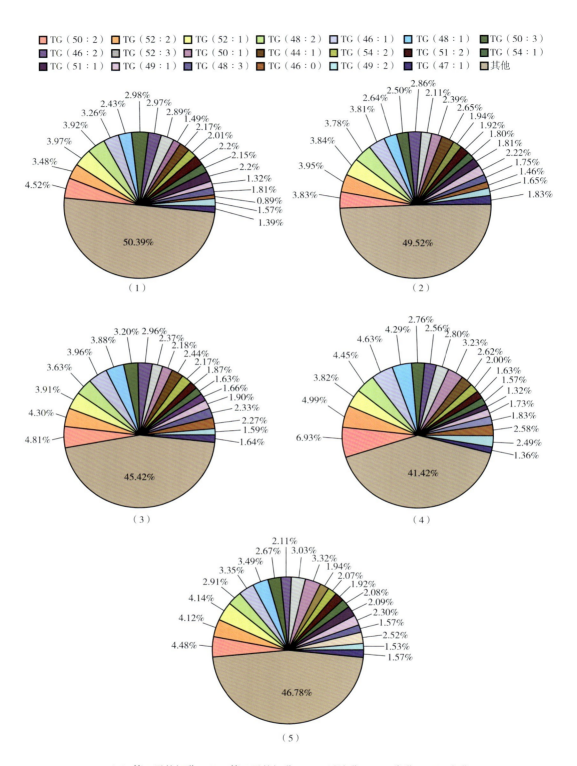

（1）第 1 天的初乳　（2）第 7 天的初乳　（3）过渡乳　（4）常乳　（5）末乳

彩图 4-6　不同泌乳期骆驼乳 TG 种类的占比

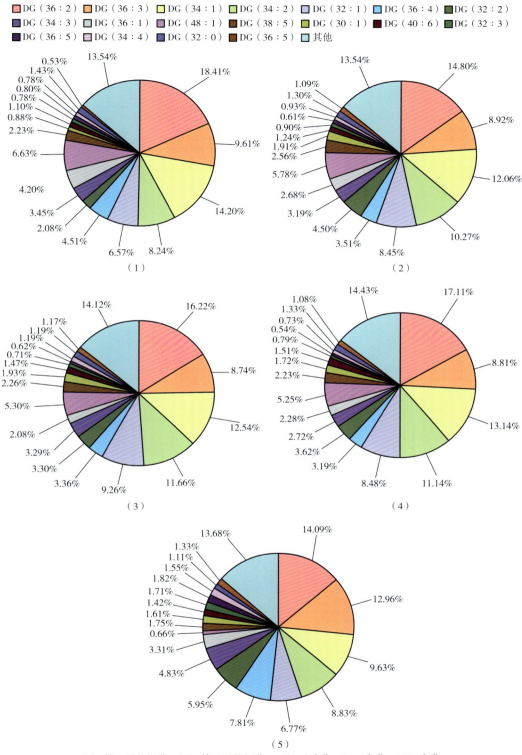

图例：
DG（36：2） DG（36：3） DG（34：1） DG（34：2） DG（32：1） DG（36：4） DG（32：2）
DG（34：3） DG（36：1） DG（48：1） DG（38：5） DG（30：1） DG（40：6） DG（32：3）
DG（36：5） DG（34：4） DG（32：0） DG（36：5） 其他

（1）第1天的初乳　（2）第7天的初乳　（3）过渡乳　（4）常乳　（5）末乳

彩图 4-7　不同泌乳期骆驼乳 DG 种类的占比

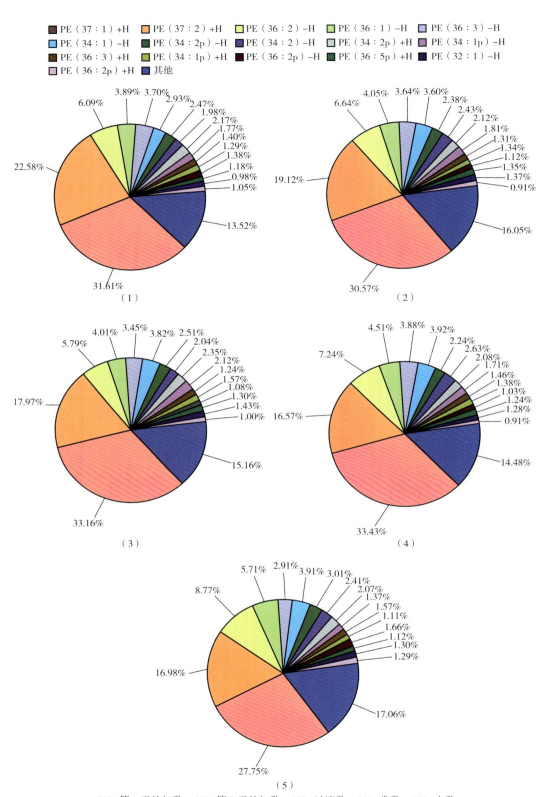

（1）第 1 天的初乳　（2）第 7 天的初乳　（3）过渡乳　（4）常乳　（5）末乳

彩图 4-8　不同泌乳期骆驼乳 PE 种类的占比

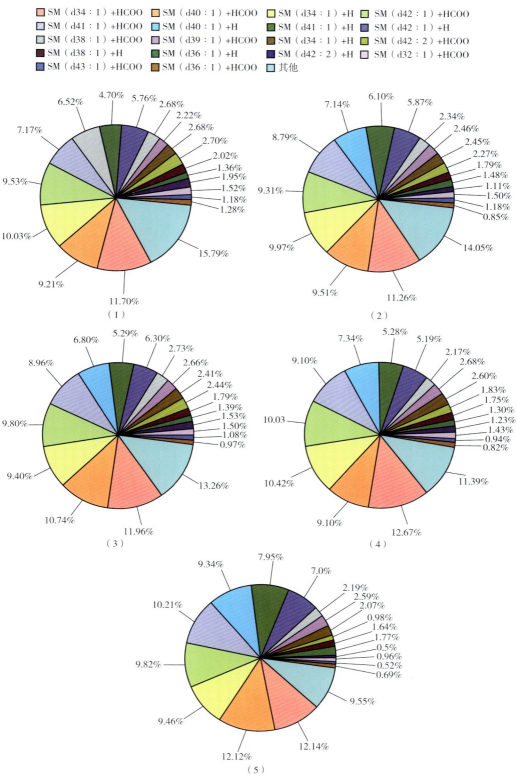

（1）第1天的初乳　（2）第7天的初乳　（3）过渡乳　（4）常乳　（5）末乳

彩图4-9　不同泌乳期骆驼乳SM种类的占比

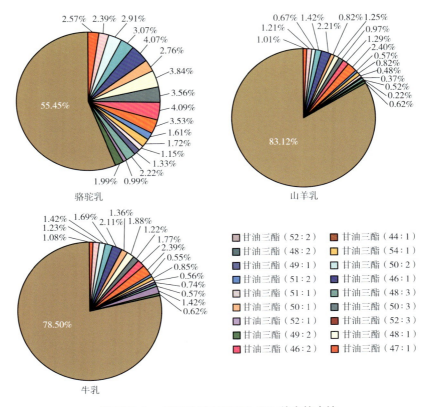

彩图 5-1　不同乳源 MFGM-TG 种类的占比

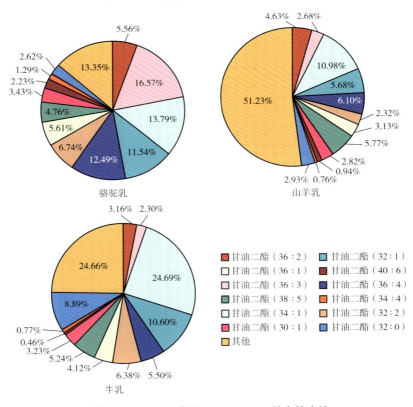

彩图 5-2　不同乳源 MFGM-DG 种类的占比

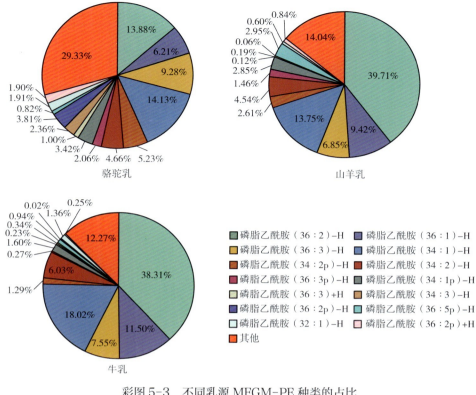

彩图 5-3　不同乳源 MFGM-PE 种类的占比

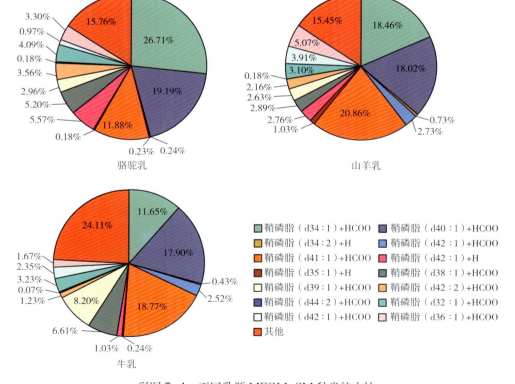

彩图 5-4　不同乳源 MFGM-SM 种类的占比

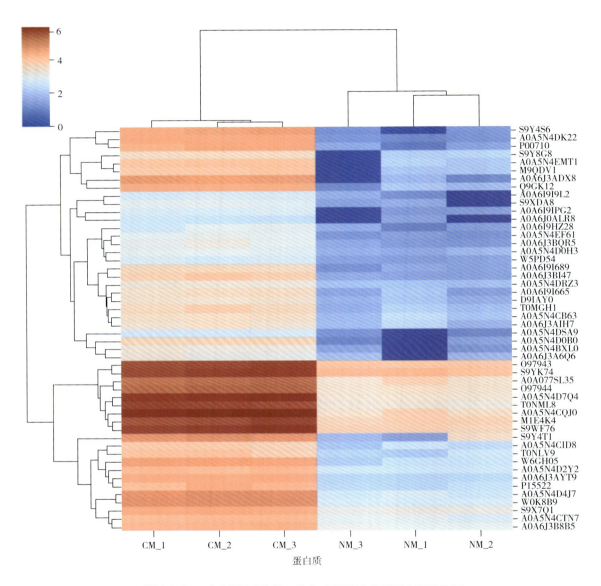

彩图 5-5　不同乳源（骆驼、牛） MFGM 差异蛋白聚类热图

蓝色代表蛋白质丰度下降，红色代表蛋白质丰度上升。CM 表示骆驼乳，NM 表示牛乳。

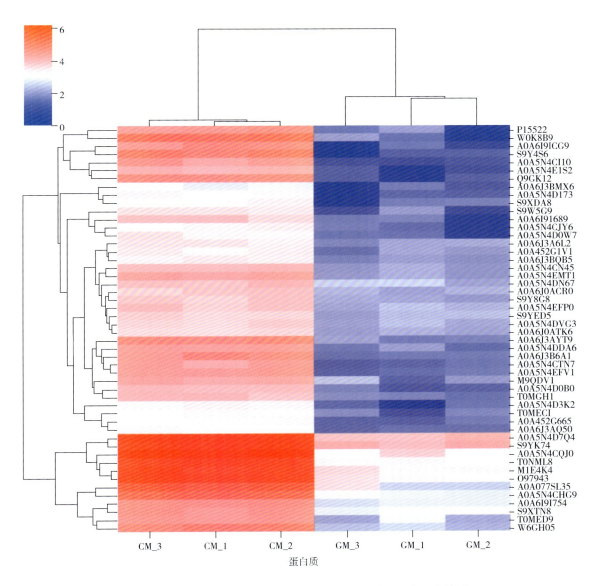

彩图 5-6 不同乳源（骆驼、山羊）MFGM 差异蛋白聚类热图

蓝色代表蛋白质丰度下降，红色代表蛋白质丰度上升。CM 表示骆驼乳，GM 表示山羊乳。

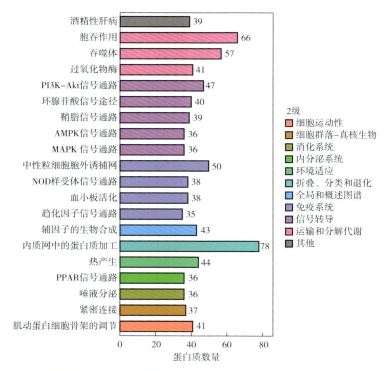

彩图 5-7　CM 与 NM 组间的 KEGG 差异蛋白富集通路

CM 表示骆驼乳，NM 表示牛乳。PI3K—磷脂酰肌醇-3-激酶；Akt—蛋白激酶 B；AMPK—AMP 依赖的蛋白激酶；MAPK—丝裂原活化蛋白激酶；NOD—核苷酸结合寡聚化结构域；PPAR—过氧化物酶体增殖物激活受体。

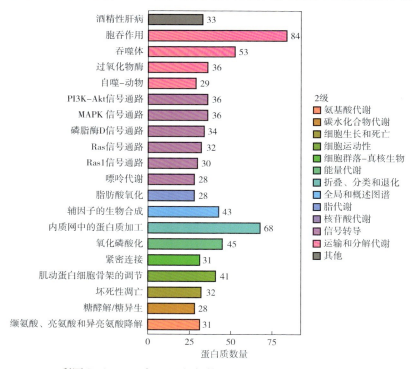

彩图 5-8　CM 与 GM 组间的 KEGG 差异蛋白富集通路

CM 表示骆驼乳，GM 表示山羊乳。PI3K—磷脂酰肌醇-3-激酶；Akt—蛋白激酶 B。

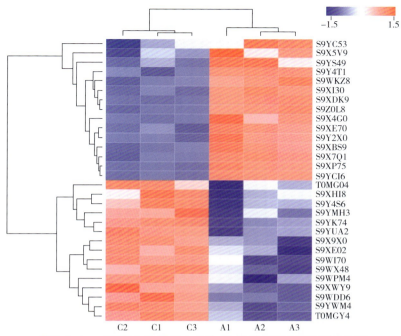

彩图 6-1 对照组和均质组丰度前 60 的差异蛋白层次聚类热图

C 表示均质组（C1、C2、C3 代表 3 个样本），A 表示对照组（A1、A2、A3 代表 3 个样本）。

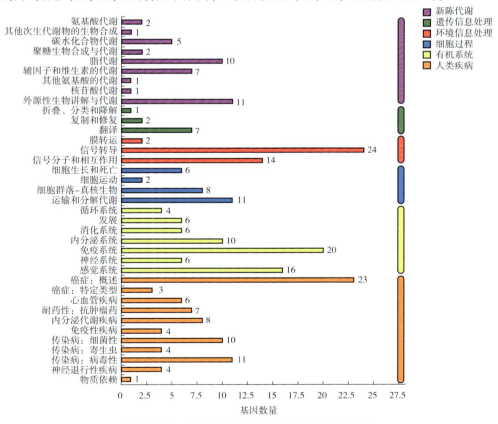

彩图 7-1 差异基因 KEGG 通路分类统计分析

纵坐标为 KEGG 代谢通路名称；横坐标为注释到该通路下的基因数量。

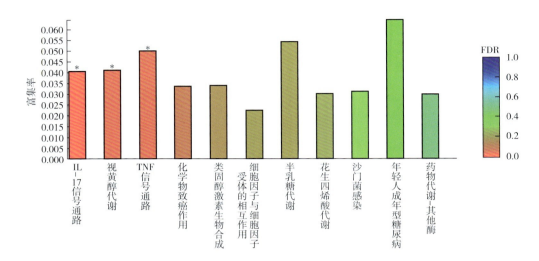

彩图 7-2　ET+CM 组与 ET 组差异基因的 KEGG 富集分析结果

　　横坐标表示通路名称，纵坐标表示富集率，颜色表示富集的显著性即伪发现率（FDR），颜色越深表示该通路越显著富集，∗ 表示 FDR<0.05，右侧颜色梯度表示 FDR 的大小。

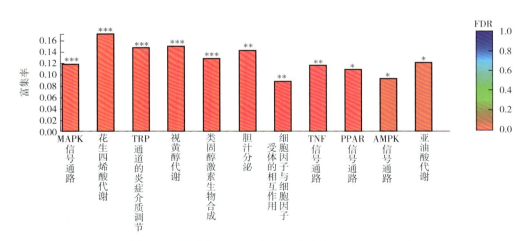

彩图 7-3　ET 组与 NC 组差异基因的 KEGG 富集分析结果

　　横坐标表示通路名称；纵坐标表示富集率。颜色表示富集的显著性即伪发现率（FDR），颜色越深表示该通路越显著富集，其中 FDR<0.001 的标记为 ∗∗∗，FDR<0.01 的标记为 ∗∗，FDR<0.05 的标记为 ∗，右侧颜色梯度表示 FDR 的大小。

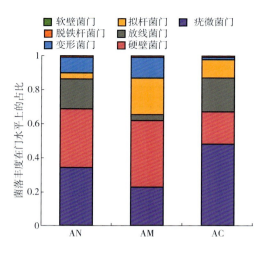

彩图 7-4　急性肝损伤研究中各组小鼠肠道微生物组成（门水平）

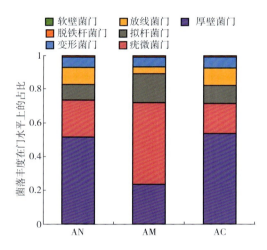

彩图 7-5　慢性肝损伤研究中各组小鼠肠道微生物组成（门水平）

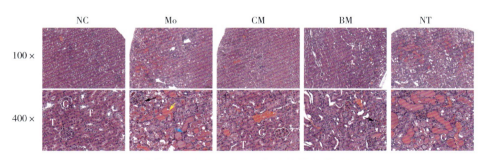

彩图 7-6　不同处理组肾脏的病理组织变化

　　正常的肾小球（G）和肾小管（T）；肾小球收缩和畸形（黑色箭头）；肾小管扩张坏死，出现蛋白质样物质沉积（黄色箭头）；间质内炎细胞浸润（蓝色箭头）。